建筑工程施工管理与技术

于 飞 闫 伟 亓领超 著

吉林科学技术出版社

图书在版编目（CIP）数据

建筑工程施工管理与技术 / 于飞，闫伟，亓领超著

. -- 长春 ：吉林科学技术出版社，2022.9

ISBN 978-7-5578-9790-1

Ⅰ．①建… Ⅱ．①于… ②闫… ③亓… Ⅲ．①建筑工程－施工管理②建筑工程－工程施工 Ⅳ．①TU7

中国版本图书馆 CIP 数据核字（2022）第 179535 号

建筑工程施工管理与技术

著	于 飞 闫 伟 亓领超
出 版 人	宛 霞
责 任 编 辑	程 程
封 面 设 计	南昌德昭文化传媒有限公司
制 版	南昌德昭文化传媒有限公司
幅 面 尺 寸	185mm×260mm
开 本	16
字 数	380 千字
印 张	17.5
印 数	1-1500 册
版 次	2022 年 9 月第 1 版
印 次	2023 年 3 月第 1 次印刷

出 版	吉林科学技术出版社
发 行	吉林科学技术出版社
地 址	长春市南关区福祉大路 5788 号出版大厦 A 座
邮 编	130118

发行部电话/传真　0431—81629529　　81629530　　81629531
　　　　　　　　　　81629532　　81629533　　81629534

储运部电话　0431-86059116

编辑部电话　0431-81629510

印 刷	三河市嵩川印刷有限公司

书 号	ISBN 978-7-5578-9790-1
定 价	125.00 元

前言

　　随我国社会经济的快速发展，建筑行业迎来了巨大的发展机遇，整个行业的内部竞争也越来越激烈。在这种情况下，各个建筑工程管理主体就应结合当前行业内办部的发展形势，有针动性地分析建求工程管理中创新模式的发展情况，做好管理模式的创新调整工作。值得一提的是，当前的传统管理模式已经很难适应各类新型建筑工程的发展建筑工程企业如果不进行优化创新，就很难保证企业的整体效益。在这种背景下，建筑工程企业就必须针对建筑工程管理创新模式的具体应用，开展全面分析工作，并且积极探寻创新模式的发展策略。

　　建筑施工技术是建筑类专业的一门主干专业课程。其主要内容是研究建筑工程各个部分项工程的施工工艺流程、施工方法、技术措施和要求以及质量验收方法等，对培养学生在施工一线的岗位能力有着重要的作用。建筑施工技术涉及面广，综合性、实践性强，其发展又日新月异。建筑工程施工组织与管理它所研究的内容是建筑施工项目管理科学的重要组成部分，它对统筹建筑施工项目全过程，推动建筑企业进步和优化建筑施工项目管理起到核心作用。通过该门课程的学习将使学生掌握建筑施工组织设计与管理的基本概念、基本方法及流程，并通过实操训练、案例学习和项目实训获得进行建筑施工组织与管理的技能，对培养学生的专业和岗位能力，使学生较快成为具有实际工作能力的建筑施工技术和管理人才有重要作用。

　　目前，在我国建筑工程行业的发展过程中，工程管理是非常重要的一项工作，它在很大程度上决定了建筑工程的质量。基于此，本文首先阐述了建筑工程管理、基础施工技术以及主体结构技术，其次分析了建筑工程管理的不同工程情况下的技术，最后结合智能化建筑技术来析建筑工程管理，用期为完善工程管理体系提供有效的参考。本书在撰写过程中，曾参阅了相关的文献资料，在此谨向作者表示衷心的感谢。由于水平有限，书中内容难免存在不妥、疏漏之处，敬请广大读者批评指正，以便进一步修订及完善。

目录 CONTENTS

第一章　建筑工程施工管理

第一节　施工质量管理

一、施工质量管理概述

（一）工程质量的特性

工程质量指建设工程满足相关标准规定和合同约定要求的程度。建筑工程质依的特性主要表现在适用性、耐久性、安全性、可靠性、经济性、节能性及与环境的协调性7个方面。

1. 适用性

适用性指工程满足使用要求所具备的各种性能。主要包括了理化性能、结构性能、使用性能和外观性能等。

2. 耐久性

耐久性即寿命，指工程在规定的条件下，满足了规定功能要求使用的年限，也就是工程竣工后的合理使用寿命周期。

3. 安全性

安全性指工程建成后在使用过程中保证结构安全、保证人身及环境免受危害的程度。

4. 可靠性

可毒性指工程在规定的时间内和规定的条件下，完成规定功能的能力。工程不仅要求在交工验收时要达到规定的指标，而且在一定的使用时期内要保持应有的正常功能。

5. 经济性

经济性指工程整个寿命周期内的成本和消耗的费用，包括了设计成本、施工成本、使用成本三者之和。

6. 节能性

节能性是工程在设计与建造过程及使用过程中满足节能减排、降低能耗的标准和有关要求的程度。

7. 与环境的协调性

与环境的协调性指工程与其周围生态环境协调，与所在地区经济环境协调以及与周围已建工程相协调，以适应可持续发展的要求。

上述 7 个方面的质量特性相互依存、缺一不可。对于不同门类、不同专业的工程，可根据其所处的特定地域环境条件、技术经济条件的差异，有不同的侧重面。

（二）影响工程质量的因素

在工程施工中，影响工程质量的因素很多，主要归纳为人、材料、机械、方法及环境 5 个方面。

1. 人员素质

人是生产经营活动的主体，也是工程项目建设的决策者、管理者、操作者，工程项目建设的全过程都是通过人来完成的。人员的素质、管理水平、技术及操作水平的高低都将最终影响工程实体质量，所以人员素质是影响工程质量的一个重要因素。

2. 工程材料

工程材料指构成工程实体的各类建筑材料、构配件、半成品等，是工程建设的物质条件，是工程质量的基础。工程材料选用是否合理、产品质量是否合格、保管使用是否得当等，都将直接影响工程的结构安全和使用功能。

3. 机械设备

机械设备可以划分为两类：一类是构成工程实体及配套的工艺设备和各类机具，如电梯、采暖、通风设备等，它们构成了工程项目的一部分；另一类是施工过程中使用的各类机具设备，包括大型垂直运输设备、各类施工操作工具、各类测量仪器和计量器具等，施工机具设备产品质量的优劣会直接影响工程的使用功能质量，此外，施工机具设备的类型是否符合工程施工特点，性能是否先进和稳定，操作是否方便安全等，都会影响工程项目的质量。

4. 方法

方法指工艺方法、操作方法和施工方案。在工程施工中，施工方案是否合理，施工工艺是否先进，施工方法是否正确，都将对工程质量产生重大影响，积极推进采用

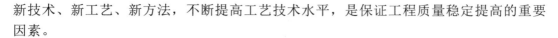

新技术、新工艺、新方法，不断提高工艺技术水平，是保证工程质量稳定提高的重要因素。

5. 环境条件

环境条件是指对工程质量特性起重要作用的环境因素，主要包括以下 4 个方面：

（1）工程技术环境，如工程地质、水文、气象等。

（2）工程作业环境，如施工作业而大小、防护设施、通风照明、通信条件等。

（3）工程管理环境，如工程实施的合同结构与管理关系的确定、组织体制和管理制度等。

（4）周边环境，如工程临近的地下管线、建筑物等。

加强环境管理，把握好技术环境，改进作业条件，辅以必要的措施，是控制环境对质量影响的重要保证。

（三）施工质量控制的工作程序

在工程开工前，施工单位必须做好施工准备工作，待开工条件具备时，应该向项目监理机构报送工程开工报审表及相关资料。专业监理工程师审查合格后，由总监理工程师签署审核意见，并报建设单位批准后，总监理工程师签发开工令。

在施工过程中，每道工序完成后，施工单位应进行自检，只有上一道工序被确认质量合格后，才可进行下道工序施工。当隐蔽工程、检验批、分项工程完成后，施工单位应自检合格，填写相应的隐蔽工程或检验批或分项工程报审、报验表，并附有相应工序和部位的工程质量检查记录，报送项目监理机构验收。

施工单位完成分部工程施工，且分部工程所包含的分项工程全部检验合格之后，应填写相应分部工程报验表，并附有分部工程质量控制资料，报送项目监理机构验收。施工单位已完成施工合同所约定的所有工程量，并完成自检工作，工程验收资料已整理完毕，应填报单位工程竣工验收报审表，报送项目监理机构竣工验收。

二、施工企业质量管理体系的建立和运行

质量管理的各项要求是通过质量管理体系实现的。建立完善的质量管理体系并使之有效地运行，是企业质量管理的核心。质量管理体系是在质量方面指挥和控制组织的管理体系，是建立质量方针和质量目标并实现这些目标的相互关联或相互作用的一个要素。施工企业应结合自身特点和质量管理的需要，对质量管理体系中的各项活动进行策划，建立质量管理体系，并在运行过程中遵循持续改进的原则，及时进行检查、分析、改进质量管理的过程和结果。

质量管理体系的建立和运行一般可分为 3 个阶段，就是质量管理体系的策划和建立、质量管理体系文件的编制和质量管理体系的实施运行。

（一）质量管理体系的策划和建立

1. 质量管理体系的策划

质量管理体系策划应以有效实施质量方针和实现质量目标为目的，使质量管理体系的建立满足质量管理的需要。通过质量管理活动的策划，明确其目的、职责、步骤和方法。策划的内容包括：①确定质量管理活动、相互关系及活动顺序。②确定质量管理组织机构。③制定质量管理制度。④确定质量管理所需的资源。

2. 质量管理体系的建立

质量管理体系的建立是企业根据质量管理 8 项原则，在确定市场以及顾客需求的前提下，制定企业的质量方针、质成目标、质量手册、程序文件和质量记录等体系文件，并将质量目标落实到相关层次、相关岗位的职能和职责中，形成了企业质量管理体系执行系统的一系列工作。

（二）质量管理体系文件的编制

质量管理体系文件是质量管理体系的重要组成部分，也是企业进行质量管理和质量保证的基础。编制质量管理体系文件是建立和保持体系有效运行的重要基础工作。质量管理体系文件包括：质量手册、质量计划、质量管理体系程序、详细作业文件及质量记录。

（三）质量管理体系的实施运行

在质量管理体系运行阶段，施工企业应建立内部质量管理监控检查和考核机制，确保质量管理制度有效执行。施工企业对所有质量管理活动应采取适当的方式进行监督检查，明确监督检查的职责、依据和方法，对其结果进行分析。根据分析结果明确改进目标，采取适当的改进措施，以提高质量管理活动的效率。

1. 对过程及其结果进行监视和测量

在质量管理体系运行过程中，应对各项质量活动过程及其结果进行监视和测量，通过对监视和测量所收集的信息进行分析，确定各个过程满足预定目标的程度，并对过程质量进行评价和确定纠正措施。

同时，在质量管理体系运行中，还应针对质量计划和程序文件的执行情况进行监视，针对质量管理体系中的某些关键点跟踪检查、监督其是否按计划要求和有关程序要求实施。

2. 组织协调

质量管理体系的运行是依靠体系中组织机构内各部门和全体员工的共同参与，所以为保证质量管理体系有序、高效地运行，各部门及其人员之间的活动必须协调一致。为此，管理者应做好组织内部和外部的协调工作，建立稳定有序的协调机制，明确责任和权限，实行分层次协调的机制，使组织内部各层次和各部门都能了解规定的质量要求、质量目标和完成情况，对存在的问题和分歧能够取得共识；对组织外部的协作单位和部门也能相互配合、协调活动，建立起积极的协作互利的关系。

3. 信息管理

在质量管理体系运行中，通过质量信息的反馈，可以对异常信息进行分析、处理，实施动态控制，使各项质量活动和过程处于受控状态，从而保证质量管理体系的正常运行。为做好信息管理工作，企业应建立公司、分公司、项目部等多级信息系统，并规定相应的工作制度，而且信息系统必须延伸到分包企业或者外联劳务队伍的管理工作中。

4. 定期进行内部（或外部）审核

审核的目的是确定质量管理体系过程和要素是否符合规定要求，能否实现质量目标，并为质量管理体系的改进提供意见。审核的内容一般包括质量管理体系的组织结构及其相应的职责和权限；有关的管理程序和工作程序；人员、设备和材料；质量管理体系中各阶段的质量活动；有关文件、报告记录。

审核人员应该是与被审核部门的工作无直接关系的人员，用来保证审核工作及其结果的公正性。审核人员应具备相应的工作能力，具有有关机关颁发的资格证书。质量管理体系的内审工作是由内审员来完成的，对内审员的管理和监督将直接关系到内审工作的好坏。因此，企业应加强对内审员的监督管理、改进内审员的选择和聘用制度，提高内审员的素质。

三、施工质量控制的内容和方法

施工质量控制是一个由对投入的资源及条件的质量控制，进而对生产过程及各环节质量进行控制，直到对所完成的工程产出品的质量检验与控制为止的全过程的系统控制工程。施工质量控制的划分方式有以下 3 种：①按工程实体质量形成过程的时间阶段可以划分为施工现场准备的质量控制、施工过程的质量控制、竣工验收控制 3 个环节。②按工程实体形成过程中物质形态转化的阶段可以划分为对投入的物质资源质量的控制、施工过程质量控制、对完成的工程产出品质量的控制与验收。③按工程项目施工层次划分。例如，对于建筑工程项目，可以划分为单位工程、分部工程、分项工程、检验批等层次。

以下按工程实体质量形成过程的时间阶段分别介绍质量控制内容。

（一）施工现场准备的质量控制

施工准备工作指在工程项目正式施工之前，从组织、技术、经济、劳动、物资、生活等方面做好施工的各项准备工作，以保证工程的顺利施工。

施工现场准备的质量控制主要包括以下内容：

1. 工程定位及标高基准控制

工程施工测量放线是建设工程产品由设计转化为实体的第一步。施工测量的质量好坏，将直接影响工程产品的质量。因此要求施工单位对于建设单位提供的原始基准点、基准线和标高等测量控制点进行复核，并将复测结果报监理工程师审核，经批准后施工单位方能据以建立施工测量控制网，进行测量放线。

2. 施工平面布置的控制

建设单位应按照合同约定并考虑施工单位施工的需要，事先划定并且提供施工用地和现场临时设施用地的范围。施工单位应合理规划施工场地，合理安排各种临时设施、材料加工场地、机械设备的位置，保持施工现场的道路畅通、材料的合理堆放、临水临电的合理布置等。合理的施工平面布置不仅有利于工程施工的顺利进行，并能够进一步减少材料的运距、减少二次搬运，降低施工成本。

3. 工程材料的质量控制

（1）把好采购订货关

凡由承包单位负责采购的原材料、半成品或构配件，在采购订货前应向监理工程师申报。对于重要的材料，还应提交样品，供试验或鉴定，有些材料则要求供货单位提交理化试验单（如预应力钢筋的硫、磷含量等），经过监理工程师审查认可后，方可进行订货采购。

（2）把好进场检验关

对于工程材料，施工单位必须按照规范要求的检验批数量、取样方法、检验指标要求等内容进行抽样检验或试验。例如，水泥物理力学性能检验要求同一生产厂、同一等级、同一品种、同一批号且连续进场的水泥，袋装不超过 200t 为一检验批、散装不超过 500t 为一检验批，每批抽样不少于一次。取样应在同一批水泥的不同部位等量采集，取样点不少于 20 个点，并应具有代表性，并且总重量不少于 12kg。

（3）把好存储和使用关

施工单位必须加强材料进场后的存储和使用管理，避免材料变质，如水泥受潮结块、钢筋锈蚀等，将变质材料应用于工程将导致结构承载力的下降，引发质量事故。防止使用规格、性能不符合要求的材料造成工程质量事故。施工单位应根据材料的性质、存放周期等做好材料的合理调度，合理安排储存量，合理堆放，并且做到正确使用材料。

4. 施工机械设备的质易控制

施工机械设备的质量控制就是要使施工机械设备的类型、性能、参数等与施工现场的实际条件、施工工艺、技术要求等因素相匹配，符合施工生产要求。

机械设备的选型应按照技术上先进、生产上适用、经济上合理、使用上安全、操作上方便的原则进行。主要性能参数的确定必须满足施工需要和保证质量要求。例如，选择起重机进行吊装施工，其起重量、起重高度及起重半径均应满足吊装要求。为正确操作机械设备，实行定机、定人、定岗位职责的使用管理制度，规范机械设备操作规程、例行保养制度等。在施工前，应审查所需的施工机械设备是否已按批准的计划备妥，是否处于完好的可用状态，以确保工程施工质量。

（二）施工过程的质量控制

施工过程的质量控制主要包括以下内容。

1. 工序施工质量控制

施工过程是由一系列相互联系与制约的工序构成。工序是人、材料、机械设备、施工方法和环境因素对工程质量综合起作用的过程。对施工过程的质量控制，必须以工序质量控制为基础和核心。工序的特征是工作者、劳动对象、劳动工具和工作地点均不变。例如，钢筋制作施工过程是由平直钢筋、钢筋除锈、切断钢筋及弯曲钢筋等工序组成的。

工序施工质量控制主要包括工序施工条件质量控制和工序施工效果质量控制。工序施工条件控制就是控制工序活动的各种投入要素质量和环境条件质量。采用检查、测试、试验、跟踪监督等手段判断是否满足设计质量标准、材料质量标准、机械设备技术性能标准、施工工艺标准以及操作规程等。工序施工效果质量控制就是控制工序产品的质量特性和特性指标能否达到设计质量标准以及施工质量验收标准的要求。工序施工效果质量控制通过实测获取的数据、统计分析所获取的数据来判断认定质量等级和纠正质量偏差，因此属于事后质量控制。

2. 质量控制点的设置

质量控制点指为了保证作业过程质量而确定的重点控制对象、关键部位或薄弱环节。施工单位在工程施工前应根据施工过程质量控制的要求，列出质量控制点明细表，并详细列出各质量控制点的名称或控制内容、检验标准以及方法等，提交监理工程师审查批准，在此基础上实施质量预控。

（1）选择质量控制点的原则

选择质量控制点，主要考虑以下原则：对工程质量产生直接影响的关键部位、关键工序或某一环节、隐蔽工程；施工中的薄弱环节，质量不稳定的工序、部位或对象；对后续工序质量或安全有重大影响的工序、部位或对象；采用新技术、新工艺、新材料的部位或环节；施工上无足够把握的、施工条件困难的或技术难度大的工序或环节。

（2）质量控制点重点控制的对象

①人的行为

对某些操作或工序，应以人为重点控制对象，如技术难度大、操作要求高的工序，钢筋焊接、模板支设、复杂设备安装等；对于人的身体素质或心理要求较高的作业，如高温、高空作业等。

②材料的质量与性能

材料是直接影响工程质量和安全的重要因素，应作为控制的重点。

③施工方法与关键操作

例如，预应力钢筋的张拉操作过程及张拉力的控制，屋架的吊装工艺等应列为控制的重点。

④施工技术参数

例如，回填土的含水量、压实系数，砌体的砂浆饱满度，混凝土冬期施工受冻临界强度等参数均应作为重点控制的质量参数与指标。

⑤技术间歇

有些工序之间必须留有必要的技术间歇时间。例如，混凝土养护技术间歇应使混凝土达到规定拆模强度后方可拆除。卷材防水屋面须待找平层干燥后才能刷冷底子油。

⑥施工顺序

对于某些工序之间必须严格控制先后的施工顺序，如冷拉钢筋应先焊接后冷拉，否则会失去冷拉强化效应。

⑦易发生或常见的质量通病。

⑧新技术、新工艺、新材料的应用

由于缺乏经验，施工时应将其作为重点进行控制。

⑨产品质量不稳定、不合格率较高及易发生质量通病的工序。

⑩特殊地基或特种结构

例如，对于湿陷性黄土、膨胀土等特殊土地基的处理，及大跨度结构、高耸结构等技术难度较大的环节和重要部位，均应予以特别重视。

3. 技术交底

做好技术交底是保证工程施工质量的一项重要措施。项目开工前应由项目技术负责人向承担施工的负责人或分包人进行书面技术交底。每一分项工程开工前均应进行作业技术交底。作业技术交底是对施工组织设计或施工方案的具体化，是工序施工或分项工程施工的具体指导文件。作业技术交底应由施工项目技术人员编制，并经项目技术负责人批准实施。作业技术交底的内容主要包括：任务范围、施工方法、质量要求和验收标准，施工过程中需注意的问题，可能出现意外的措施及应急方案，文明施工和安全防护措施以及成品保护要求等。技术交底的形式有：书面、口头、会议、挂牌、样板、示范操作等。

4. 承包单位的自检系统

施工单位是施工质量的直接实施者和责任者。施工单位内部应建立有效的自检系统，主要表现在以下几点：①作业者在作业结束之后必须自检。②不同工序交接、转换必须由相关人员交接检查。③承包单位专职质检员的专检。

为保证施工单位自检系统有效，施工单位必须建立完善的管理制度及工作程序，具有相应的试验设备及检测仪器，并配备相应的专职质检人员及试验检测人员。而监理工程师的检查必须在施工单位自检并确认合格的基础上进行，专职质检员没有检查或检查不合格的，不可报监理工程师检查。

（三）工程竣工质量验收

1. 建筑工程质量验收的划分

根据建筑工程施工质量验收统一标准，建筑工程施工质量验收划分为单位工程、分部工程、分项工程和检验批4级。根据工程特点，按结构分解的原则将单位或子单位工程划分为若干个分部工程。在分部工程中，按照相近工作内容和系统又划分为若干个子分部工程。每个分部工程或子分部工程又可划分为若干个分项工程。每个分项工程中又可划分为若干个检验批。检验批是工程施工质量验收的最小单位，是分项工

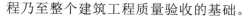

程乃至整个建筑工程质量验收的基础。

（1）单位工程的划分

单位工程应按下列原则划分：①具备独立施工条件并能形成独立使用功能的建筑物或构筑物为一个单位工程，如一个工厂的一栋办公楼、车间，一所学校的一栋教学楼等。②对于规模较大的单位工程，可将其能形成独立使用功能的部分划分为一个子单位工程。子单位工程的划分一般可根据工程的建筑设计分区、使用功能的显著差异、变形缝的位置等因素综合考虑，施工前由建设、监理、施工单位商定划分方案，并据此收集整理施工技术资料和验收。

（2）分部工程的划分

分部工程应按下列原则划分：①可按专业性质、工程部位确定。例如，建筑工程划分为地基与基础、主体结构、建筑装饰装修、屋面、建筑给水排水及供暖、通风与空调、建筑电气、智能建筑、建筑节能、电梯10个分部工程。②当分部工程较大或较复杂时，可按材料种类、施工特点、施工程序、专业系统及类别将分部工程划分为若干子分部工程。例如，主体结构划分为混凝土结构、砌体结构、钢结构、钢管混凝土结构、型钢混凝土结构、铝合金结构及木结构7个子分部工程。

（3）分项工程的划分

分项工程可按主要工种、材料、施工工艺、设备类别进行划分。如砌体结构子分部工程中，按材料划分为砖砌体、混凝土小型空心砌块砌体、石砌体、配筋砌体和填充墙砌体等分项工程。

（4）检验批的划分

检验批是按相同的生产条件或规定的方式汇总起来供抽样检验用的，由一定数量样本组成的检验体。分项工程可由一个或若干个检验批组成，检验批可根据施工、质量控制和专业验收的需要按工程量、楼层、施工段、变形缝进行划分。

例如，多层及高层建筑的分项工程可按楼层或施工段来划分检验批，单层建筑的分项工程可按变形缝等划分检验批；地基基础的分项工程一般划分为一个检验批，有地下层的基础工程可按不同地下层划分检验批；屋面工程的分项工程可以按不同楼层屋面划分为不同的检验批。

施工前，应由施工单位制定分项工程和检验批的划分方案，并且由监理单位审核。

2. 建筑工程质量验收合格规定

（1）检验批质量验收合格规定

①主控项目的质量经抽样检验均应合格

主控项目是对检验批的基本质量起决定性影响的检验项目，是保证工程安全和使用功能的重要检验项目，因此必须全部符合有关专业验收规范的规定。

②一般项目的质量经抽样检验合格

当采用计数抽样时，合格点率应符合有关专业验收规范的规定，且不得存在严重缺陷。

一般项目指除主控项目以外的检验项目，如在混凝土结构工程施工质量验收规范中规定，一般项目的合格点率应达到 80% 及以上。各专业工程质量验收规范对各检验批的一般项目的合格质量均给予了明确的规定。对于一般项目，虽然允许存在一定数量的不合格点，但某些不合格点的指标与合格要求偏差较大或者存在严重缺陷时，仍将影响施工功能或观感质量，因此对这些部位应进行维修处理。

③具有完整的施工操作依据、质量验收记录

质量控制资料反映了检验批从原材料到最终验收的各施工工序的操作依据、检查情况以及保证质量所必需的管理制度等。对质量控制资料完整性的检查，实际是对过程控制的确认，这是检验批质量验收合格的前提。

（2）分项工程质量验收合格规定

①所含检验批的质量均应验收合格。

②所含检验批的质量验收记录应完整。

分项工程的验收在检验批质量验收合格的基础上进行。一般情况下，两者具有相同或相近的性质，只是批量的大小不同而已。所以，将有关的检验批汇集构成分项工程即可，该层次验收属于汇总性验收。

（3）分部工程质量验收合格规定

①所含分项工程的质量均应验收合格。

②质量控制资料应完整。

③有关安全、节能、环境保护和主要使用功能的抽样检验结果应符合相应规定。

④观感质量应符合要求。

分部工程的验收是以所含各分项工程验收为基础进行的。首先，组成分部工程的各分项工程已验收合格且相应的质量控制资料齐全、完整。其次，分部工程验收必须进行以下两类检查：一类是使用功能检验，涉及安全、节能、环境保护和主要使用功能的地基与基础、主体结构、设备安装、建筑节能等分部工程应进行有关的见证检验或抽样检验；另一类是观感质量检查验收，即以观察、触摸或简单量测的方式进行观感质量验收，并由验收人根据经验判断，给出"好""一般""差"的质量评价，对"差"的检查点应进行返修处理。

（4）单位工程质量验收合格规定

①所含分部工程的质量均应验收合格。

②质量控制资料应完整。

③所含分部工程中有关安全、节能、环境保护和主要使用功能的检验资料应完整。

④主要使用功能的抽查结果应符合相关专业验收规范的规定。

⑤观感质量应符合要求。

单位工程质量验收也称为质量竣工验收，是建筑工程投入使用前的最后一次验收，也是最重要的一次验收。参建各方责任主体和有关单位及人员，应加以重视，认真做好单位工程质量竣工验收，把好工程质量的关。

所含分部工程的质量验收合格和质量控制资料完整，属于汇总性验收的内容。在此基础上，对涉及安全、节能、环境保护和主要使用功能的分部工程的检验资料应复查合格。

资料复查不仅要全面检查其完整性，不得有漏检缺项，而且对分部工程验收时的见证抽样检验报告也要进行复核，这体现了对安全和主要使用功能的重视。

对主要使用功能的检查是对建筑工程和设备安装工程最终质量的综合检验，体现过程控制的原则，该项检查的实施减少了工程投入使用后的质量投诉和纠纷。抽检项目是在检查资料文件的基础上由参加验收的各方人员商定，并用计量、计数的方法抽样检验，检验结果应符合有关专业工程施工质量验收规范的要求。

观感质量验收不单纯是对工程外表质量进行检查，同时也是对部分使用功能和使用安全所做的一次全面检查。例如，门窗启闭是否灵活、关闭后是否严密；顶棚、墙面抹灰是否空鼓等。涉及使用的安全，在检查时应加以关注。

第二节　施工安全管理

一、施工安全管理、文明施工与环境管理概述

施工安全管理就是在生产活动中组织安全生产的全部管理活动，通过对生产因素具体状态的控制，使生产因素中的不安全行为和状态减少或者消除，避免了事故的发生，以保证生产活动中人员的健康和安全。

文明施工指保持施工现场良好的作业环境、卫生环境和工作秩序。文明施工主要包括规范施工现场的场容，保持作业环境的整洁卫生；科学组织施工，使生产有序进行；减少施工对周围居民和环境的影响；保证职工的安全和身体健康等内容。

环境管理就是在生产活动中通过对环境因素的管理活动，使环境不受到污染，使资源得到节约。

施工安全管理、文明施工与环境管理是施工项目管理的重要任务，建筑企业应建立健全施工现场安全生产、文明施工与环境的组织管理体系，采取有效措施控制施工安全、文明施工及环境影响因素。

二、施工安全管

（一）建筑工程施工的主要危险源

建筑工程施工的主要危险源指常见的安全事故，包括高处坠落、物体打击、触电、机械伤害及施工坍塌。

1. 高处坠落

高处坠落主要指从"四口""五临边"（"四口"是指楼梯口、电梯口、预留洞口、通道口；"五临边"是指沟、坑、槽和深基础周边，楼层周边，楼梯侧边，平台

或阳台边，屋面周边坠落；脚手架上坠落；塔吊、物料提升机（井字架、龙门架）在安装、拆除过程中坠落；模板安装、拆除时坠落；结构和设备吊装时坠落等）。

2. 物体打击

物体打击指同一垂直作业面的交叉作业中或通道口处坠落物体的打击。

3. 触电

触电主要指碰触缺少防护的外电线路造成触电；使用了各种电器设备触电；电线老化、破皮、又无开关箱等触电。

4. 机械伤害

机械伤害指各种机械、吊装设备等对施工人员造成的伤害。

5. 施工坍塌

施工坍塌主要指基坑边坡失稳引起塌方；现浇混凝土梁、模板支撑失稳倒塌；施工现场的围墙及在建工程屋面板质量低劣塌落；拆除工程中的坍塌等。

（二）施工安全保证体系

施工安全管理的工作目标主要指避免或减少一般安全事故和轻伤事故，杜绝重大、特大安全事故和伤亡事故的发生，最大限度地确保施工中劳动者的人身和财产安全。能否达到施工安全管理的工作目标，关键是需要安全管理和安全技术来保证。

施工安全保证体系主要由组织保证体系、制度保证体系、技术保证体系、投入保证体系及信息保证体系 5 个部分组成。

1. 施工安全的组织保证体系

施工安全的组织保证体系一般包括最高权力机构、专职管理机构和专、兼职安全管理人员的配备。企业应建立健全企业层次和项目层次两级安全生产管理机构。

公司应设置以法定代表人为第一责任人的安全生产管理机构，并根据企业的施工规模及职工人数配备专职安全管理人员。项目部应根据工程特点和规模，建立以项目经理为第一责任人的安全管理领导小组，成员由项目经理、技术负责人、专职安全员、施工员及各工种班组长组成。施工班组要设置不脱产的兼职安全员，协助班组长做好班组的安全生产管理工作。

2. 施工安全的制度保证体系

施工安全的制度保证体系是为贯彻执行安全生产法律、法规及各项安全技术措施，确保施工安全而提供的制度支持与保证体系，从根本上改善施工企业安全生产规章制度不健全、管理方法不适当、安全生产状况不佳现状。

现阶段施工企业安全生产管理制度主要包括：

（1）安全生产责任制度。

（2）安全生产许可证制度。

（3）政府安全生产监督检查制度。

（4）安全生产教育培训制度。

（5）安全措施计划制度。

（6）特种作业人员持证上岗制度。

（7）专项施工方案专家论证制度。

（8）严重危及施工安全的工艺、设备及材料淘汰制度。

（9）施工起重机械使用登记制度。

（10）安全检查制度。

（11）生产安全事故报告和调查处理制度。

（12）"三同时"（所谓"三同时"，即建设项目的安全设施必须与主体工程同时设计、同时施工、同时投入生产和使用）制度。

（13）安全预评价制度。

（14）工伤和意外伤害保险制度。

3. 施工安全的技术保证体系

施工安全的技术保证是指为了达到工程施工的作业环境和条件安全、施工技术安全、施工状态安全、施工行为安全以及安全生产管理到位等方面的要求而提供的安全技术保证，以确保在施工中准确判断安全的可靠性，对于避免出现危险状况、事态做出限制和控制规定，对施工安全保险与排险措施给予规定以及对施工生产给予安全保证。

（1）施工安全技术措施

施工安全技术措施是具体安排和指导工程安全施工的安全管理与技术文件，是工程施工中安全生产的指令性文件，是施工组织设计的重要组成部分。建筑施工企业在编制施工组织设计时，应针对不同的施工方法和施工工艺制定相应安全技术措施。施工安全技术措施主要包括以下内容：

①进入施工现场的安全规定

②地面及深基坑作业的防护。

③高处及立体交叉作业的防护。

④施工用电安全。

⑤施工机械设备的安全使用。

⑥在采用新技术、新工艺、新设备、新材料时，有针对性的专门安全技术措施。

⑦针对自然灾害预防的安全技术措施。

⑧预防有毒、有害、易燃、易爆等作业造成危害的安全技术措施。

对危险性较大的分部分项工程，如基坑支护与降水工程、土方开挖工程、模板工程、起重吊装工程、脚手架工程、拆除、爆破工程等，应编制专项施工方案，并附具安全验算结果，经施工单位技术负责人、总监理工程师签字之后实施，由专职安全生产管理人员进行现场监督。

（2）安全技术交底

施工安全技术交底是在施工前，项目部技术人员向施工班组、作业人员进行有关工程安全施工的详细说明。工程项目必须实行逐级安全技术交底制度。安全技术交底必须具体、明确、针对性强。各级安全技术交底必须有交底时间、内容、交底人和被交底人签字。交底内容必须针对分部分项工程施工中给作业人员带来的潜在危险因素进行编写。安全技术交底的主要内容包括：

①本工程项目施工作业的特点和危险点。

②针对危险点的具体预防措施。

③应注意的安全事项。

④相应的安全操作规程和标准。

⑤发生事故后应采取的应急措施。

4. 施工安全投入保证体系

施工安全投入保证体系是确保施工安全有与其要求相适应的人力、物力及财力投入，并发挥其投入效果的保证体系。建立安全投入保证体系是安全资金支付、安全投入有效发挥作用的重要保证。安全作业环境及安全施工措施所需费用主要用于施工安全防护用具及设施的采购和更新、安全施工措施的落实、安全生产条件的改善。

5. 施工安全信息保证体系

施工安全工作中的信息主要有文件信息、标准信息、管理信息、技术信息、安全施工状况信息及事故信息等，这些信息对于企业搞好安全施工工作具有重要的指导和参考作用。因此，企业应把这些信息作为安全施工的基础资料保存，建立施工安全的信息保证体系，以便为施工安全工作提供有力安全信息支持。

（三）安全生产责任制

安全生产责任制是根据"管生产必须管安全""安全生产，人人有责"的原则，明确规定各级领导、各职能部门和各类人员在生产活动中应负的安全职责。凡是与生产全过程有关的部门和人员，都对保证生产安全负有与其参与情况和工作要求相应的责任。安全生产责任制是以企业法人代表为责任核心的安全生产管理制度。安全生产责任制纵向是从最高管理者、管理者代表到项目经理、技术负责人、专职安全生产管理人员、施工员、班组&和岗位人员等各级人员的安全生产责任制；横向是各个部门（如安全环保、设备、技术、生产、财务等部门）的安全生产责任制。

建筑企业应根据国家有关法律法规和规章制度要求，结合了本单位情况，制定安全生产责任制度，使企业的安全生产工作岗位明确、职责清楚，真正把安全生产工作落到实处。

安全生产责任制的主要内容如下：

1. 施工单位主要负责人依法对本单位的安全生产工作全面负责

施工单位应当建立健全安全生产责任制度和安全生产教育培训制度，制定安全生产规章制度和操作规程，保证本单位安全生产条件所需资金的投入，对所承担的建设工程进行定期和专项安全检查，并做好安全检查记录。

2. 对建设项目负责

施工单位的项目负责人应当由取得相应执业资格的人员担任，对建设工程项目的安全施工负责，落实安全生产责任制度、安全生产规章制度和操作规程，确保安全生产费用的有效使用，并根据工程的特点组织制定安全施工措施，消除了安全事故隐患，及时、如实报告生产安全事故。

3．专职安全生产管理人员负责对安全生产进行现场监督检查

发现安全事故隐患，应当及时向项目负责人和安全生产管理机构报告；对于违章指挥、违章操作的，应当立即制止。

4．建设工程实行施工总承包的，由总承包单位对施工现场的安全生产负总责

总承包单位依法将建设工程分包给其他单位仅，分包合同中应当明确各自安全生产方面的权利、义务。总承包单位和分包单位对分包工程的安全生产承担连带责任。分包单位应当服从总承包单位的安全生产管理，分包单位不服从管理导致生产安全事故的，由分包单位承担主要责任。

垂直运输机械作业人员、安装拆卸工、爆破作业人员、起重信号工、登高架设作业人员等特种作业人员，必须按照国家有关规定经过专门的安全作业培训，并取得特种作业操作资格证书后，方可上岗作业。

（四）安全生产教育培训制度

人是施工安全管理中的重要因素，提高人员素质和技能是安全生产的重要保障。施工企业安全生产教育的内容、方式随管理层次、岗位的不同而不同。施工企业安全生产教育培训一般包括对管理人员、特种作业人员和新工人的安全教育。

1．管理人员的安全教育

（1）项目部成员的安全教育

项目经理是安全生产的第一责任人，其对安全生产的重视程度对项目的安全生产工作起到决定性的影响。项目经理要自觉学习安全法规、技术知识，提高安全意识和安全管理工作领导水平。

项目部成员的安全教育主要内容包括：安全生产方针、政策和法律、法规；项目经理部安全生产责任、典型事故案例剖析；本系统安全技术知识等。

（2）安全管理人员的安全教育

主要内容包括：国家有关安全生产的方针、政策、法律、法规和安全生产标准，企业安全生产管理、安全技术、职业病知识、安全文件；员工伤亡事故和职业病统计报告及调查处理程序；有关事故案例及事故应该急处理措施等。

（3）班组长和安全员的安全教育

主要内容包括：安全生产法律和法规、安全技术及技能、职业病和安全文化的知识；本企业、本班组和工作岗位的危险因素、安全注意事项；本岗位安全生产职责；事故抢救与应急处理措施；典型事故案例等。

2．特种作业人员的安全教育

特种作业指容易发生事故并对操作者本人、他人的安全健康及设备、设施的安全可能造成重大危害的作业。直接从事特种作业的人员称作特种作业人员。特种作业的

范围由特种作业目录规定。

由于特种作业的危险性较大，所以特种作业人员必须经过安全培训和严格考核。对特种作业人员的安全教育要求如下：

（1）特种作业人员上岗作业前，必须进行专门的安全技术和操作技能的培训教育，进一步提高安全操作技术和预防事故的能力。

（2）培训后，经考核合格取得操作证，方可以独立作业。

（3）取得操作证的特种作业人员，必须定期进行复审。

3．新工人的安全教育

新工人入厂和作业人员调换工种必须进行公司、工程项目部和班组三级教育，经三级教育考核合格者方能进入工作岗位，并建立三级教育卡归档备查。

（1）公司进行安全教育的主要内容包括

安全生产政策、法规、标准，本企业安全生产规章制度、安全纪律、事故案例，发生事故后如何抢救伤员、排险、保护现场和及时报告等内容。

（2）工程项目部进行安全教育的主要内容包括

工程项目概况，施工安全基本知识，安全生产制度、安全规定及安全隐患注意事项；本工种的安全技术操作规程；机械设备电气安全及高处作业安全基本知识；防毒、防尘、防火、防爆、紧急情况安全技术和安全疏散知识；防护用具、用品使用基本知识。

（3）班组进行安全教育的主要内容包括

本班组作业及安全技术操作规程；班组安全活动制度及纪律；爱护和正确使用安全防护装置、设施及个人劳动防护用品；本岗位易发生事故的不安全因素以及防范对策；本岗位的作业环境及使用的机械设备及工具的安全要求等。

三、施工现场文明施工

文明施工能促使施工现场保持良好的作业环境、卫生环境和工作秩序，促进企业综合管理水平的提高，对促进安全生产、加快施工进度、保证工程质量、降低工程成本、提高经济和社会效益均有较大作用。

（一）施工现场文明施工的要求

施工现场文明施工应符合以下要求：①有完整的施工组织设计或施工方案，施工平面图布置紧凑、施工场地规划合理，符合环保、市容、卫生的要求。②有健全的施工组织管理机构和指挥系统，明确项目经理为现场文明施工的第一责任人，以专业工程师、质量、安全、材料、保卫、后勤等项目部人员为成员的施工现场文明施工管理组织，共同负责现场文明施工工作。岗位分工明确，工序交叉合理，交接责任明确。③建立健全文明施工管理制度。④有严格的成品保护措施和制度，各种材料、构件、半成品按要求堆放整齐。⑤施工场地平整，道路畅通，排水设施合理，水电线路符合要求，机具设备状况良好，使用合理，施工作业符合消防和安全要求。⑥做好了环境卫生管理，包括施工区、生活区环境卫生和食堂卫生管理。

（二）施工现场文明施工内容

施工现场文明施工主要包括以下内容。

1．现场围挡

（1）市区主要路段的工地应设置高度不小于 2.5m 的封闭围挡。

（2）一般路段的工地应设置高度不小于 1.8m 的封闭围挡。

（3）围挡应坚固、稳定、整洁、美观。

2．封闭管理

（1）施工现场进出口应设置大门，并且应设置门卫值班室，建立门卫值守管理制度，配备门卫值守人员。

（2）施工人员进入施工现场应佩戴工作卡。

（3）施工现场出入口应标有企业名称或标识，并应设置车辆冲洗设施。

3．施工场地

（1）施工现场的主要道路及材料加工区地面应进行硬化处理。

（3）施工现场应有防止扬尘措施。

（4）施工现场应设置排水设施，且排水通畅无积水。

（5）施工现场应有防止泥浆、污水、废水污染环境的措施。

（6）施工现场应设置专门的吸烟处，严禁随意吸烟。

（7）温暖季节应有绿化布置。

4．材料管理

（1）建筑材料、构件、料具应按总平面布局进行码放，并应标明名称、规格等。施工现场材料码放应采取防火、防锈蚀、防雨等措施。

（2）建筑物内施工垃圾的清运，应采用器具或管道运输，严禁随意抛掷。

（3）易燃易爆物品应分类储藏在专用库房内，并且应制定防火措施。

5．现场办公与住宿

（1）施工作业、材料存放区与办公、生活区应划分清晰，并且应采取相应的隔离措施。

（2）宿舍应设置可开启式窗户，床铺不得超过 2 层，通道宽度不应小于 0.9m；宿舍内住宿人员人均面积不应小于 2.5m2，且不得超过 16 人；冬季宿舍内应有采暖和防一氧化碳中毒措施；夏季宿舍内应有防暑降温和防蚊蝇措施；生活用品应摆放整齐，环境卫生应良好。在建工程、伙房、库房不得兼做宿舍。

（3）宿舍、办公用房的防火等级应符合规范要求。

6．现场防火

（1）施工现场应建立消防安全管理制度、制定消防措施。

（2）施工现场临时用房和作业场所的防火设计应符合规范要求。

（3）施工现场应设置消防通道、消防水源，并且应符合规范要求。

（4）施工现场灭火器材应保证可靠有效，布局配置应符合规范要求。

（5）明火作业应履行动火审批手续，配备动火监护人员。

7．现场公示标牌

（1）大门口处应设置公示标牌，主要内容应包括：工程概况牌、消防保卫牌、安全生产牌、文明施工牌、管理人员名单及监督电话牌、施工现场总平面图，标牌应该规范、整齐、统一，并有宣传栏、读报栏及黑板报。

（2）施工现场应有安全标语。

8．生活设施

（1）应建立卫生责任制度并落实到人。

（2）食堂与厕所、垃圾站、有毒有害场所等污染源的距离应符合规范要求；食堂必须有卫生许可证，炊事人员必须持身体健康证上岗；食堂使用的燃气罐应单独设置存放间，存放间应通风良好，并严禁存放其他物品；食堂的卫生环境应良好，且应配备必要的排风、冷藏、消毒、防鼠、防蚊蝇等设施。

（3）厕所内的设施数量和布局应符合规范要求，厕所必须符合卫生要求。

（4）必须保证现场人员卫生饮水。

（5）应设置淋浴室，且能满足现场人员需求。

（6）生活垃圾应装入密闭式容器内，并且应及时清理。

四、施工现场环境管理

施工现场环境管理的目的是防止建筑施工造成的作业污染和扰民，保障建筑工地附近居民和施工人员的身体健康。

为使施工现场环境管理达到良好的效果，必须采取行之有效的措施，主要包括以下内容：①把环保指标以责任书的形式层层分解到有关单位和个人，列入承包合同和岗位责任制，建立一套完善的施工企业内部监管体系。②加强检查，加强对施工现场粉尘、噪声、废气的监测和监控工作。③采取有效措施控制噪声、水源污染、大气污染和固体废物污染。

（一）控制噪声措施

主要包括：严格控制人为噪声进入施工现场，如不得高声喊叫、无故敲打模板等，严禁使用高音喇叭，机械设备空转，最大限度减少噪声扰民；在人口稠密区进行施工时，严格控制作业时间；选用低噪声设备和工艺；或者采用吸声、隔声、隔振和阻尼等声学处理的方法，在传播途径上控制噪声。

（二）控制水源污染措施

主要包括：施工产生的污水，如搅拌站污水、现制水磨石污水、泥浆水等，应经沉淀池沉淀处理后排放，或回收利用，未经处理不得直接排入城市排水设施和河流；现场存放的油料，必须对库房地面进行防渗处理，防止油料跑、冒、滴、漏，污染水体；化学药品、外加剂等妥善保管，库内存放，防止污染环境。

（三）控制大气污染措施

主要包括：施工作业区的垃圾要随时清理，做到了每天工完场清，严禁凌空随意抛撒。施工现场应设置密闭式垃圾站，施工垃圾、生活垃圾分类存放。施工现场地面应进行硬化处理，并指定专人定期洒水清扫，防止道路扬尘。易飞扬的细颗粒散体材料应存放库内，室外存放时必须严密遮盖，防止扬尘。禁止施工现场焚烧油毡、橡胶、油漆以及其他会产生有毒、有害烟尘和恶臭气体的物质。尾气超标排放的车辆，应安装净化消声器，防止噪声和冒黑烟。

（四）控制固体废物污染措施

施工现场应设立专门的固体废弃物临时贮存场所，废弃物分类存放并及时收集处理，可回收的废弃物做到回收再利用。提高工程质量，减少或杜绝工程返工，避免产生固体废弃物污染。施工中及时回收、使用落地灰和其他施工材料，做到工完料尽，减少固体废弃物污染。

在编制施工组织设计时，必须有完善的环境保护技术措施。严格执行有关防治空气污染、水源污染、噪声污染等环境保护的法律、法规及规章制度。

第三节　施工现场扬尘治理及文明施工

一、文明施工的概念、基本条件与要求

（一）文明施工的概念

文明施工是指工程建设实施过程中，保持施工现场良好的作业环境、卫生环境和工作秩序。施工现场文明施工的管理范围既包括施工作业区的管理，也包括办公区和生活区的管理。

文明施工主要包括以下几个方面的内容：①规范施工现场的场容，保持作业环境的整洁卫生。②科学组织施工，使生产有序进行。③减少了施工对周围居民及环境的影响。④保证职工的安全和身体健康。

（二）文明施工的基本条件

1. 有整套的施工组织设计（或施工方案）。
2. 有健全的施工指挥系统及岗位责任制度。
3. 工序衔接交叉合理，交接责任明确。
4. 有严格的成品保护措施和制度。
5. 大小临时设施和各种材料、构件、半成品按平面布置堆放整齐。
6. 施工场地平整，道路畅通，排水设施得当，水电线路整齐。

7. 机具设备状况良好，使用合理，施工作业符合消防及安全要求。

（三）文明施工的基本要求

1. 工地主要入口要设置简朴规整的大门，门旁必须设立明显的标牌，标明工程名称、施工单位及工程负责人姓名等内容。

2. 施工现场建立文明施工责任制，划分区域，明确管理负责人，实行挂牌制度，做到现场清洁整齐。

3. 施工现场场地平整，道路坚实畅通，有排水措施，基础、地下管道施工完成后应及时回填平整，清除积土。

4. 现场施工临时水电要有专人管理，不得有长流水、长明灯。

5. 施工现场的临时设施，包括生产、办公、生活用房、料场、仓库、临时上下水管道以及照明、动力线路，要严格按照施工组织设计确定的施工平面图布置、搭设或埋设整齐。

6. 工人操作地点及周围必须清洁整齐，做到工完场地清，及时清除在楼梯、楼板上的杂物。

7. 砂浆、混凝土在搅拌、运输、使用过程中，要做到不洒、不漏且不剩，使用地点盛放砂浆、混凝土应有容器或垫板。

8. 要有严格的成品保护措施，禁止损坏、污染成品，堵塞管道。高层建筑要设置临时便桶，禁止在建筑物内大小便。

9. 建筑物内清除的垃圾渣土，要通过临时搭设的竖井或者利用电梯井或采取其他措施稳妥下卸，禁止从门窗向外抛掷。

10. 施工现场不准乱堆垃圾及余物，应在适当地点设置临时堆放点，并定期外运。清运渣土垃圾及流体物品，要采取遮盖防漏措施，运送途中不得遗撒。

11. 根据工程性质和所在地区的不同情况，采取必要的围护和遮挡措施，并保持外观整齐清洁。

12. 针对施工现场情况，设置宣传标语和黑板报，并适时更换内容，切实起到表扬先进、促进后进的作用。

13. 施工现场禁止居住家属，严禁居民、家属、小孩在施工现场穿行、玩耍。

14. 现场使用的机械设备，要按平面布置规划固定点存放，遵守机械安全规程，经常保持机身及周围环境的清洁，机械的标记、编号明显，安全装置可靠。

15. 清洗机械排出的污水要有排放措施，不得随地流淌。

二、文明施工管理的内容

（一）现场围挡

1. 施工现场必须采用封闭围挡，并根据地质、气候、围挡材料进行设计和计算，确保围挡的稳定性、安全性。

2. 围挡高度不得小于 1.8 m，建造多层、高层建筑的，还应设置安全防护设施。

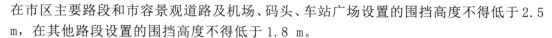

在市区主要路段和市容景观道路及机场、码头、车站广场设置的围挡高度不得低于2.5 m，在其他路段设置的围挡高度不得低于1.8 m。

3. 施工现场的施工区域应与办公、生活区划分清晰，并应采取相应的隔离措施。

4. 围挡使用的材料应保证围挡坚固、整洁、美观，不宜使用彩布条、竹笆或安全网等。

5. 市政工程现场，可按工程进度分段设置围栏，或者按规定使用统一的连续性围挡设施。

6. 施工单位不得在现场围挡内侧堆放泥土、砂石、建筑材料、垃圾和废弃物等，严禁将围挡做挡土墙使用。

7. 在经批准临时占用的区域，应严格按批准的占地范围和使用性质存放、堆卸建筑材料或机具设备等，临时区域四周应设置高于1m的围挡。

8. 在有条件的工地，四周围墙、宿舍外墙等地方，应张挂、书写反映企业精神、时代风貌及人性化的醒目宣传标语或绘画。

9. 雨后、大风后以及冻融季节应及时检查围挡的稳定性，发现了问题及时处理。

（二）封闭管理

1. 施工现场进出口应设置固定的大门，且要求牢固、美观，门头按规定设置企业名称或标志（施工现场的门斗、大门，各企业应统一标准，施工企业可根据各自的特色，标明集团、企业的规范简称）。

2. 门口要设置专职门卫或保安人员，并制定门卫管理制度，对来访人员应进行登记，禁止外来人员随意出入，所有进出材料或机具都要有相应的手续。

3. 进入施工现场的各类工作人员应按规定佩戴工作胸卡及安全帽。

（三）施工场地

1. 施工现场的主要道路必须进行硬化处理，土方应集中堆放。集中堆放的土方和裸露的场地应采取覆盖、固化或绿化等措施。

2. 现场内各类道路应保持畅通。

3. 施工现场地面应平整，且应有良好的排水系统，保持排水畅通。

4. 制订防止泥浆、污水、废水外流以及堵塞排水管沟和河道的措施，实行二级沉淀、二级排放。

5. 工地应按要求设置吸烟处，有烟缸或水盆，禁止流动吸烟。

6. 现场存放的油料、化学溶剂等易燃易爆物品，应按分类要求放置于专门的库房内，地面应进行防渗漏处理。

7. 施工现场地面应经常洒水，对粉尘源进行覆盖或其他有效遮挡。

8. 施工现场长期裸露的土质区域，应该进行力所能及的绿化布置，以美化环境，并防止扬尘现象。

（四）材料堆放

1. 施工现场各种建筑材料、构件、机具应按施工总平面布置图的要求堆放。

2. 材料堆放要按照品种、规格堆放整齐，并按规定挂置名称、品种、产地、规格、数量、进货日期等内容及状态（已检合格、待检、不合格等）的标牌。

3. 工作面每日应做到工完料清、场地净。

4. 建筑垃圾应在指定场所堆放整齐并标出名称、品种，并做到及时清运。

（五）职工宿舍

1. 职工宿舍要符合文明施工的要求，在建建筑物之内不得兼作员工宿舍。

2. 生活区应保持整齐、整洁、有序、文明，并符合安全、消防、防台风、防汛、卫生防疫、环境保护等方面的要求。

3. 宿舍应设置在通风、干燥、地势较高的位置，防止污水、雨水流入。

4. 宿舍内应保证有必要的生活空间，室内净高不得小于2.4 m，通道宽度不得小于0.9 m，每间宿舍居住人员不得超过16人。

5. 施工现场宿舍必须设置可开启式窗户，宿舍内的床铺不得超过2层，严禁使用通铺。

6. 宿舍内应设置生活用品专柜，有条件的宿舍宜设置生活用品储藏室。

7. 宿舍内严禁存放施工材料、施工机具和其他杂物。

8. 宿舍周围应当做好环境卫生，按要求设置垃圾桶、鞋柜或鞋架，生活区之内应提供为作业人员晾晒衣物的场地。

9. 宿舍外道路应平整，并尽可能地使夜间有足够的照明。

10. 冬季，北方严寒地区的宿舍应有保暖和防止煤气中毒措施；夏季，宿舍应有消暑和防蚊虫叮咬措施。

11. 宿舍不得留宿外来人员，特殊情况必须经有关领导以及行政主管部门批准方可留宿，并报保卫人员备查。

12. 考虑到员工家属的来访，宜在宿舍区设置适量固定的亲属探亲宿舍。

13. 应当制定职工宿舍管理责任制，安排人员轮流负责生活区的环境卫生和管理，或安排专人管理。

（六）现场防火

1. 施工现场应建立消防安全管理制度、制订消防措施，施工现场临时用房和作业场所的防火设计应符合相关规范要求。

2. 根据消防要求，在不同场所合理配置种类合适的灭火器材；严格管理易燃、易爆物品，设置专门仓库存放。

3. 施工现场主要道路必须符合消防要求，并时刻保持畅通。

4. 高层建筑应按规定设置消防水源，并且能满足消防要求，坚持安全生产的"三同时"。

5. 施工现场防火必须建立防火安全组织机构、义务消防队，明确项目负责人、其他管理人员及各操作人员的防火安全职责，落实防火制度和措施。

6. 施工现场需动用明火作业的，如电焊、气焊、气割、黏结防水卷材等，必须严格执行三级动火审批手续，并落实动火监护和防范措施。

7. 应按施工区域或施工层合理划分动火级别，动火须具有"两证一器一监护"（焊工证、动火证、灭火器、监护人）。

8. 建立现场防火档案，并且纳入施工资料管理。

（七）现场治安综合治理

1. 生活区应按精神文明建设的要求设置学习和娱乐场所，如电视机室、阅览室和其他文体活动场所，并配备相应器具。

2. 建立健全现场治安保卫制度，责任落实到人。

3. 落实现场治安防范措施，杜绝盗窃、斗殴、赌博等违法乱纪事件发生。

4. 加强现场治安综合治理，做到目标管理、职责分明，治安防范措施有力，重点要害部位防范措施到位。

5. 与施工现场的分包队伍须签订治安综合治理协议书，并加强法制教育。

三、施工现场环境保护

环境保护也是文明施工的主要内容之一，是按照法律法规、各级主管部门和企业的要求，采取措施保护和改善作业现场的环境，控制了现场的各种粉尘、废水、废气、固体废弃物、噪声、振动等对环境的污染和危害。

（一）大气污染的防治

1. 产生大气污染的施工环节

引起扬尘污染的施工环节有：①土方施工及土方堆放过程中的扬尘；②搅拌桩、灌注桩施工过程中的水泥扬尘；③建筑材料（砂、石、水泥等）堆场的扬尘；④混凝土、砂浆拌制过程中的扬尘；⑤脚手架和模板安装、清理和拆除过程中的扬生；⑥木工机械作业的扬尘；⑦钢筋加工、除锈过程中的扬尘；⑧运输车辆造成的扬尘；⑨砖、砌块、石等切割加工作业的扬尘；⑩道路清扫的扬尘；　建筑材料装卸过程中的扬尘；　建筑和生活垃圾清扫的扬尘等。

引起空气污染的施工环节：①某些防水涂料施工过程中的污染；②有毒化工原料使用过程中的污染；③油漆涂料施工过程中的污染；④施工现场的机械设备、车辆的尾气排放的污染；⑤工地擅自焚烧废弃物对空气的污染等。

2. 防止大气污染的主要措施

施工现场的渣土要及时清理出现场；施工现场作业场所内建筑垃圾的清理，必须要采用相应容器、管道运输或采用其他有效措施。严禁凌空抛掷；施工现场的主要道路必须进行硬化处理，并指定专人定期洒水清扫，防止道路扬尘，并形成制度。

土方应集中堆放，裸露的场地和集中堆放的土方应采取覆盖、固化或绿化等措施。渣土和施工垃圾运输时，应采用密闭式运输车辆或采取有效的覆盖措施。施工现场出入口处应采取保证车辆清洁的措施。施工现场应使用密目式安全网对施工现场进行封闭，防止施工过程扬尘。

对细粒散状材料（如水泥、粉煤灰等）应采用遮盖、密闭措施，防止和减少尘土飞扬。对进出现场的车辆应采取必要的措施，消除扬尘、抛洒和夹带现象。许多城市已不允许现场搅拌混凝土。在允许搅拌混凝土或砂浆的现场，应该将搅拌站封闭严密，并在进料仓上方安装除尘装置，采取可靠措施控制现场粉尘污染。

拆除既有建筑物时，应采用隔离、洒水等措施防止扬尘，并应在规定期限内将废弃物清理完毕。施工现场应根据风力和大气湿度的具体情况，确定合适的作业时间及内容。

施工现场应设置密闭式垃圾站。施工垃圾、生活垃圾应分类存放，并及时清运。施工现场的机械设备、车辆的尾气排放应符合国家环保排放标准要求。城区、旅游景点、疗养区、重点文物保护地及人口密集区的施工现场应使用清洁的能源。

施工时遇到有毒化工原料，除施工人员做好安全防护外，应按相关要求做好环境保护。除设有符合要求的装置外，严禁在施工现场焚烧各个类废弃物以及其他会产生有毒、有害烟尘和恶臭的物质。

（二）噪声污染的防治

1. 引起噪声污染的施工环节

施工现场人员大声的喧哗；各种施工机具的运行和使用；安装及拆卸脚手架、钢筋、模板等；爆破作业；运输车辆的往返及装卸。

2. 防治噪声污染的措施

施工现场噪声的控制技术可从声源、传播途径、接收者防护等方面考虑。

（1）声源控制

从声源上降低噪声，这是防止噪声污染的根本措施，具体措施如下：

①隔声

包括隔声室。

②消声，行消声

减振降噪，对来自振动引起的噪声，通过降低机械振动减少噪声，如将阻挡材料涂在制动源上，或改变振动源与其他刚性结构的连接方式等。

③严格控制人为噪声

进入施工现场不得高声叫喊、无故敲打模板、乱吹口哨，限制高音喇叭的使用，最大限度地减少噪声扰民。

（2）接收者防护

让处于噪声环境下的人员使用耳塞、耳罩等防护用品，减少了相关人员在噪声环境中的暴露时间，以减轻噪声对人体的危害。

（3）控制强噪声作业时间

凡在人口稠密区进行强噪声作业时，必须严格控制作用时间，一般在 22 时至次日 6 时期间（夜间）停止打桩作业等强噪声作业。确系特殊情况必须昼夜施工时，建

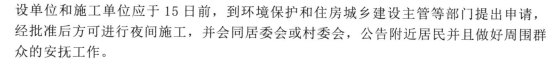

设单位和施工单位应于 15 日前，到环境保护和住房城乡建设主管等部门提出申请，经批准后方可进行夜间施工，并会同居委会或村委会，公告附近居民并且做好周围群众的安抚工作。

（三）水污染的防治

引起水污染的施工环节：①桩基础施工、基坑护壁施工过程的泥浆；②混凝土（砂浆）搅拌机械、模板、工具的清洗产生的泥浆污水；③现场制作水磨石施工的泥浆；④油料、化学溶剂泄漏；⑤生活污水；⑥将有毒废弃物掩埋于土中等。

防治水污染的主要措施：①回填土应过筛处理。严禁将有害物质掩埋于土中；②施工现场应设置排水沟和沉淀池。现场废水严禁直接排入市政污水管网和河流；③现场存放的油料、化学溶剂等应设有々门的库房。库房地面应进行防渗漏处理。使用时，还应采取防止油料和化学溶剂跑、冒、滴、漏的措施；④卫生间的地面、化粪池等应进行抗渗处理；⑤食堂、盥洗室、淋浴间的下水管线应设置隔离网，并应与市政污水管线连接，保证排水通畅；⑥食堂应设置隔油池，并应及时清理。

（四）固体废弃物污染的防治

固体废弃物是指生产、日常生活和其他活动中产生的固态、半固态废弃物质。固体废弃物是一个极其复杂的废物体系。按其化学组成可分为有机废弃物和无机废弃物，按其对环境和人类的危害程度可分为一般废弃物和危险废弃物。固体废弃物对环境的危害是全方位的，主要会侵占土地、污染土壤、污染水体、污染大气及影响环境卫生等。

1. 建筑施工现场常见的固体废弃物

（1）建筑渣土

包括砖瓦、碎石、混凝土碎块、废钢铁、废屑、废弃装饰材料等。

（2）废弃材料

包括废弃的水泥、石灰等。

（3）生活垃圾

包括炊厨废物、丢弃食品、废纸及废弃生活用品等。

（4）设备、材料等的废弃包装材料等。

2. 固体废弃物的处置

固体废弃物处理的基本原则是采取资源化、减量化和无害化处理，对固体废弃物产生的全过程进行控制。固体废弃物的主要处理方法有下列几项：

（1）回收利用

回收利用是对固体废弃物进行资源化、减量化的重要手段之一。对建筑渣土可视具体情况加以利用；废钢铁可按需要用作金属原材料；对废电池等废弃物应分散回收，集中处理。

（2）减量化处理

减量化处理是对已经产生的固体废弃物进行分选、破碎、压实浓缩、脱水等减少其最终处置量，降低处理成本，减少对环境的污染。在减量化处理的过程中，也包括和其他处理技术相关的工艺方法，如焚烧、解热及堆肥等。

（3）焚烧技术

焚烧用于不适合再利用且不宜直接予以填埋处置的固体废弃物，尤其是对受到病菌、病毒污染的物品，可以用焚烧进行无害化处理。焚烧处理应使用符合环境要求的处理装置，注意避免对大气二次污染。

（4）稳定和固化技术

稳定和固化技术是指利用水泥、沥青等胶结材料，将松散的固体废弃物包裹起来，减小废弃物的毒性和可迁移性，让污染减少的技术。

（5）填埋

填埋是固体废弃物处理的最终补救措施，经过无害化、减量化处理的固体废弃物残渣集中到填埋场进行处置。填埋场应利用天然或人工屏障，尽量地使需处理的废物与周围的生态环境隔离，并注意废物的稳定性和长期安全性。

第二章 地基与基础工程施工技术

第一节 基坑开挖与边坡支护

一、建筑坑基概述

建筑基坑是指为进行建（构）筑物基础、地下建（构）筑物施工而开挖形成的地面以下的空间。随经济的发展和城市化进程的加快，城市人口密度不断增大，城市建设向纵深方向飞速发展，地下空间的开发和利用成为一种必然，基坑工程的数量日益增多，规模不断扩大，基坑复杂性和技术难度也随之增大。大规模的高层建筑地下室、地下商场的建设和大规模的市政工程如地下停车场、大型地铁车站、地下变电站、地下通道、地下仓库、大型排水以及污水处理系统和地下民防工事等的施工都面临深基坑工程，并且不断刷新着基坑工程的规模、深度和难度纪录。

我国基坑工程的发展是从 20 世纪 90 年代开始的。改革开放以前，我国的基础埋深较浅，基坑开挖深度一般在 5m 以内，一般建筑基坑都可采用放坡开挖或用少量钢板桩支护；80 年代末期，由于高层建筑不多，地铁建设也很少，故涉及的基坑深度大多在 10m 以内；自 90 年代初期，高层建筑逐渐增多；90 年代中后期，以北京、上海、深圳、广州等为代表的城市，高层建筑如雨后春笋般开始大量建设，以地铁为代表的地下工程也开始大规模建设，基坑开挖最大深度逐渐接近 20m，少量超过 20m；90 年代末期之后，基坑开挖最大深度迅速增大至 30 ~ 40m。上海地铁 4 号线董家渡基坑的开挖深度为 38.0～40.9m，上海交通大学海洋深水试验池的开挖深度达 39m，上海世博 500kV 地下变电站的开挖深度为 33.6m，天津站交通枢纽工程的开挖深度为 25.0～33.5m，开挖面积达 5 万平方米，上海中心的基坑开挖深度为 31.3m。这些大型基坑工程的建成，标志着我国基坑工程技术达到了个很高的水平。

基坑支护是指为保证基坑开挖和地下结构的施工安全以及保护基坑周边环境而对基坑侧壁和周边环境采取的支挡、加固和保护措施，它主要包括基坑的勘察、设计、施工及监测技术，同时还包括地下水的控制和土方开挖等，是相互关联、综合性很强的系统工程。

基坑支护是指为保证基坑开挖和地下结构的施工安全以及保护基坑周边环境而对基坑侧壁和周边环境采取的支挡、加固和保护措施，它主要包括基坑的勘察、设计、施工及监测技术，同时还包括地下水的控制和土方开挖等，是相互关联、综合性很强的系统工程。基坑支护技术是基础和地下工程施工中的一个传统课题，同时又是一个综合性的岩土工程难题，是一项从实践中发展起来的技术，也是一门实践性非常强的学科。它涉及工程地质学、土力学、基础工程、结构力学、施工技术、测试技术和环境岩土工程等学科，主要包括土力学中典型的强度、稳定及变形问题，土与支护结构共同作用问题，基坑中的时空效应问题及结构计算问题等。

基坑工程是世界各地建设工程中数量多、投资大、难度大、风险大的关键性工程项目，基坑支护的设计与施工，既要保证整个支护结构在施工过程中的安全，又要控制结构及其周围土体的变形，以保证周围环境（相邻建筑和地下公共设施等）的安全。在安全前提下，设计既要合理，又要节约造价，方便施工，缩短工期。要提高基坑支护的设计与施工水平，必须正确选择计算方法、计算模型和岩土力学参数，选择合理的支护结构体系，同时还要有丰富的设计和施工经验，其设计与施工是相互信赖、密不可分的。在基坑施工的每一个阶段，随着施工工艺、开挖位置和次序、支撑和开挖时间等的变化，结构体系和外部荷载都在变化，都对支护结构的内力产生直接的影响，每一个施工工况的数据都可能影响支护结构的稳定和安全。只有设计与施工人员密切配合，加强监测分析，及早发现和解决问题，总结经验，才能使基坑工程难题得到有效解决，也只有这样，设计理论和施工技术才可以得到较快的发展。

二、基坑支护工程的特点

基坑支护工程具有以下特点：

（一）风险大

当支护结构仅作为地下主体工程施工所需要的临时支护措施时，其使用时间不长，通常不超过两年，属于临时工程，与永久性结构相比，设计考虑的安全储备系数相对较小，加之岩土力学性质、荷载以及环境的变化和不确定性，使支护结构存在着较大的风险。

（二）区域性强

岩土工程区域性强，基坑支护工程则表现出更强的区域性。不同地区岩土力学性质千差万别，即使在同一地区的岩土性质也有所区别，因此，基坑支护设计与施工应因地制宜，结合本地情况和成功经验进行，不可以简单照搬。

（三）独特性显著

基坑工程与周围环境条件密切相关，在城区和在空旷区的基坑对支护体系的要求差别很大，几乎每个基坑都有其相应的独特性。

（四）综合性强

基坑支护是岩土工程、结构工程以及施工技术相互交叉的学科，同时基坑支护工程涉及土力学中的稳定、变形和渗流问题，影响基坑支护的因素也很多，所以要求基坑支护工程的设计者应具备多方面的综合专业知识。

（五）时空效应明显

基坑工程空间形状对支护体系的受力具有较强的影响，同时土且具有较明显的蠕变性，从而导致基坑工程具有显著的时空效应。

（六）信息化施工要求高

基坑挖土顺序和挖土速度对基坑支护体系的受力具有很大影响，基坑支护设计应考虑施工条件，并应对施工组织提出要求，基坑工程需要加强监测，实行信息化施工。

（七）环境效应显著

基坑支护体系的变形和地下水位下降都可能对基坑周围的道路、地下管线和建筑物产生不良影响，严重的可能导致破坏，因此，基坑工程设计和施工一定要重视环境效应。

（八）理论不成熟

尽管基坑支护技术得到了较大的发展，但在理论上仍然属尚待发展的综合技术学科。目前只能采用理论计算和地区经验相结合的半经验及半理论的方法进行设计。

三、基坑工程的设计原则与安全等级

（一）基坑工程的设计原则

基坑工程设计的主要内容包括基坑支护方案选择，支护参数确定、支护结构的强度和变形验算、基坑内外土体的稳定性验算、围护墙的抗渗验算、降水方案设计、基坑开挖方案设计和监测方案设计等。在进行基坑工程设计时，应该遵循以下原则：

1. 安全可靠

保证基坑四周边坡的稳定，满足支护结构本身强度、稳定和变形的要求，确保基坑四周相邻建筑物、构筑物和地下管线的安全。

2. 经济合理

在支护结构安全可靠的前提下，要从工期、材料、设备、人工以及环境保护等方面综合确定具有明显技术经济效益的设计方案。

3. 技术可行

基坑支护结构设计不仅要符合基本的力学原理，而且要能够经济、便利地实施，如设计方案应与施工机械相匹配、施工机械要具有足够施工能力等。

4. 施工便利

在安全可靠、经济合理的原则下，最大限度地满足方便施工条件，以缩短工期。

5. 可持续发展

基坑工程设计要考虑可持续发展，考虑节能减耗，减少对环境的影响，减少对环境的污染。如在技术经济可行的条件下，尽可能地采用支护结构与主体结构相结合的方式；在设计中尽可能地少采用钢筋混凝土支撑，减少了支撑拆除所造成的噪声和扬尘污染以及废弃材料的处置难题等。

6. 采用以分项系数表示的极限状态设计方法进行设计

基坑支护结构应采用以分项系数表示的极限状态设计方法进行设计，基坑支护结构极限状态可分为以下两类：

（1）承载能力极限状态

对应于支护结构达到最大承载能力或土体失稳、过大变形导致支护结构或基坑周边环境破坏。

（2）正常使用极限状态

对应于支护结构的变形已经妨碍地下结构施工或影响基坑周边环境的正常使用功能。

基坑开挖与支护设计应具备下列资料：①岩土工程勘察报告；②用地退界线及红线范围图、建筑总平面图、地下管线图、地下结构的平面图和剖面图；③邻近建筑物和地下设施的类型、分布情况和结构质量的检测评价。

在进行基坑工程设计时，应考虑的荷载主要包括：①土压力和水压力；②地面超载；③影响范围内建（构）筑物产生的侧向荷载；④施工荷载及邻近基础工程施工（如打桩、基坑开挖、降水等）的影响；⑤有时还应该考虑温度影响和混凝土收缩、徐变引起的作用以及挖土和支撑施工时的时空效应。

（二）基坑工程的安全等级

基坑侧壁安全等级划分难度较大，很难定量说明。《建筑基坑支护技术规程》中采用了结构安全等级划分的基本方法，按支护结构的破坏程度分为很严重、严重和不严重三种情况，分别对应三种安全等级，具体见表2-1。

表 2-1　基坑侧壁安全等级和重要性系数

安全等级	破坏后果	重要性系数 γ_0
一级	支护结构破坏、土体失稳或过大变形对基坑周边环境及地下结构施工影响很严重	1.10
二级	支护结构破坏、土体失稳或过大变形对基坑周边环境及地下结构施工影响严重	1.00
三级	支护结构破坏、土体失稳或过大变形对基坑周边环境及地下结构施工影响不严重	0.90

根据承载能力极限状态和正常使用极限状态的设计要求，基坑支护应按照下列规定进行计算和验算。

基坑支护结构均应进行承载能力极限状态的计算，计算内容包括：①根据基坑支护形式及其受力特点进行土体稳定性计算；②基坑支护结构的受压、受弯、受剪承载力计算；③当有锚杆或支撑时，应对其进行承载力计算和稳定性验算。

对于安全等级为一级及对支护结构变形有限定的二级建筑基坑侧壁，尚应对基坑周边环境及支护结构变形进行验算。

应进行地下水控制计算和验算，具体包括：①抗渗透稳定性验算；②基坑底突涌稳定性验算；③根据支护结构设计要求进行地下水位控制计算。

四、基坑支护总体方案与支护方法分类

（一）基坑支护总体方案

基坑支护总体方案的选择直接关系到工程造价、施工进度和周围环境的安全。总体方案主要有顺作法和逆作法两种基本形式，并且它们各有特点。在同一个基坑工程中，顺作法和逆作法也可以在不同的基坑区域组合使用，进而在特定条件下满足工程的技术经济要求。

（二）基坑支护方法分类

基坑支护方法种类繁多，每一种支护方法都有一定的适用范围，也都有其相应的优点和缺点，一定要因地制宜，选用合理的支护方式，具体工程中采用何种支护方法主要根据基坑开挖深度、岩土性质、基坑周围场地情况以及施工条件等因素综合考虑决定。目前在基坑工程中常用的支护方法有：悬臂式支护结构、拉锚式支护结构、内支撑式支护结构、水泥土重力式支护结构、土钉支护和复合土钉支护等。同时，基坑支护方法的分类也多种多样，在基坑支护方法分类中要包括各种支护形式是十分困难的。龚晓南教授将其分为四大类，就是放坡开挖及简易支护、加固边坡土体形成自立式支护结构、挡墙式支护结构和其他支护结构。

五、基坑工程勘察

目前，基坑工程的勘察很少单独进行，大多数是和地基勘察一并完成的，但由于有些勘察人员对基坑工程的特点和要求不甚了解，所提供的勘察成果往往不能满足基坑支护设计的要求。

基坑工程勘察与地基勘察一样，一般可分为初步勘察、详细勘察和施工勘察三个阶段。在初步勘察阶段，应根据岩土工程条件，搜集工程地质和水文地质资料，并进行工程地质调查，初步判定基坑开挖可能发生的问题和需要采取的支护措施。在详细勘察阶段，应针对基坑工程设计的要求进行勘察。施工勘察是在施工阶段进行的补充勘察。

在详细勘察阶段，应按下列要求进行勘察工作：

一是勘察范围应根据基坑开挖深度及场地的岩土工程条件确定，并宜在开挖边界外（2～3）h（h为开挖深度）范围内布置勘探点，当开挖边界外无法布置勘探点时，应通过调查取得相应资料。对于软土地区，勘察范围应适当地扩大。

二是基坑周边勘探点的深度应根据基坑支护结构设计要求确定，不宜小于1倍开挖深度，一般为基坑开挖深度的2～3倍，软土地区应穿越软土层。

三是勘探点间距应视地层条件而定，可在15～30m范围内选择，地层变化较大时，应增加勘探点，查明分布规律。

工程地质勘察应为设计、施工提供符合实际情况的土性指标，因此，试验项目及方法选择应有明确的目的性和针对性，强调与工程实际的一致性。

当场地水文地质条件复杂，在基坑开挖过程中需要对地下水进行治理时，应进行专门的水文地质勘察。场地水文地质勘察应达到以下要求：查明开挖范围及邻近场地地下水含水层和隔水层的层位、埋深和分布情况，查明各含水层（包括上层滞水、潜水和承压水）的补给条件和水力联系；测量场地各含水层的渗透系数和渗透影响半径；分析施工过程中水位变化对支护结构和基坑周边环境的影响，提出应采取的措施。

基坑周边环境勘察应包括以下内容：查明影响范围内建（构）筑物的结构类型、层数、基础类型、埋深、基础荷载大小及上部结构现状；查明基坑周边的各类地下设施，包括水管、电缆、煤气、污水、雨水、热力等管线或管道的分布和性状；查明场地周围和邻近地区地表水汇流、排泄情况、地下水管渗漏情况以及对基坑开挖的影响程度；查明基坑四周道路的距离及车辆载重情况。

岩土工程勘察应在岩土工程评价方面有一定的深度，只有通过比较全面的分析评价，才能使支护方案选择的建议更为确切，更加有依据。因此，基坑工程勘察应针对以下内容进行分析，提供有关计算参数和建议：分析场地的地层结构和岩土的物理力学性质；地下水的控制方法、计算参数以及降水效果和降水对邻近建筑物和地下设施等周边环境的影响；施工中应进行的现场监测项目；基坑开挖过程中应注意的问题及其防治措施。

岩土工程勘察报告中，与基坑工程有关的部分应包括以下内容：和基坑开挖有关的场地条件、土质条件和工程条件；提出处理方式、计算参数和支护结构选型的建议；

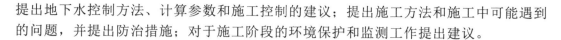

提出地下水控制方法、计算参数和施工控制的建议；提出施工方法和施工中可能遇到的问题，并提出防治措施；对于施工阶段的环境保护和监测工作提出建议。

六、基坑工程的发展趋势

未来的基坑支护工程必将越来越多，基坑深度将会越来越深，地质条件也会越来越复杂，由此必然会对基坑支护工程各方面提出新的更高的要求。总结基坑支护工程未来的发展趋势，大致可归纳为以下几点：

（一）系统化

基坑支护工程是一个系统工程，从勘察、设计到施工，牵涉到方方面面，故需要用系统的处理方法来解决基坑支护工程中的很多问题。

从国内的实际情况来看，设计方、施工方、监测方和科研方现在已经能够在基坑支护工程的实践中形成一个联合体。只要各方各谋其职，协调得当，是可以通过愉快的合作来保证工作的顺利进行的，但仍然存在很多问题。如设计单位与施工单位的配合尚不够规范和默契，设计意图往往不能准确地得到理解和实施；监测单位只是负责提供数据，不可避免地会出现监测与科研各自为战的局面等，加上基坑支护工程比较容易出现意外情况，如渗水、地下连续墙变形过大、地面沉降等，谁来解释问题、解决问题和承担责任都需要通过系统地明确分工和综合调度来实现。在这一点之上，我国与国外相比还有不小的差距，这就要求我们建立并完善基坑支护工程的组织管理系统。

（二）规范化

实践证明，随着基坑深度的大幅增加，基坑支护结构、土体、地下水的性态等都将发生很大的变化，有些甚至发生了质变，相应的设计规范、方法、软件等都存在着这样那样的不足。当然，原因是多方面的，如参数的试验取定、结构的建模计算、有关内力、变形和稳定的限定等都受到理论、技术、设备和经验的限制，因此，出现了很多设计与施工脱节的现象。可喜的是随着超深、超大基坑的不断出现，相关的理论也在逐步完善，经验也在逐渐丰富，软硬件设备也有了很大的改善，深基坑支护工程也在不断规范化。

（三）智能化

智能化是基坑工程发展的必然趋势。计算机的介入使有限元计算、神经网络模型、遗传算法等先进方法得以发挥巨大的作用。众多设计、监测、科研甚至施工中的问题得到了突破性的进展。但从长远的眼光来看，这仅仅是个开始，未来的基坑支护工程的智能化速度必将越来越快，这从近两年相关软件和硬件的发展速度就可看出。

（四）机械化

施工机械化是基坑支护工程规模、难度不断加大的必然要求。地下连续墙的成槽、支撑立柱的钻孔、地下连续墙钢筋笼的起吊下放以及土方开挖、降水等都对施工机械的性能提出了越来越高的要求。虽然许多施工单位大胆投资引进了一些先进的施工机械设备，但还是不能满足基坑支护工程的要求，这必然影响施工的进度和精度。

（五）信息化

信息化已经成为未来基坑工程施工的显著特征，作为一个与复杂地质环境紧密相关的系统工程，及时的信息采集、分析和处理既可以真实地反映基坑实际的运作状态，指导下一步的施工工作，又可为科研设计提供宝贵的第一手资料。在现有的技术设备条件下，很多基坑工程中的问题还不能通过单纯的理论分析及理论计算来解释确定，信息采集和积累的工作仍有其不可替代的作用。

第二节　基础工程施工技术

一、基础与地基的概念

房屋建筑均由上部结构与基础两大部分组成。一般以室外地面整平标高为基准，地面标高以上部分称为上部结构，地面标高以下部分称为基础。基础是埋置于地面以下承受上部结构荷载，并将荷载传递给下卧层的人工构筑物。

上部结构的荷载通过基础传至地层，使其产生应力和变形。随着构深度增加，地层中应力向四周深部扩散，并迅速减弱。到某一深度后，上部荷载引起的应力与变形已很小，对工程已无实际意义而可忽略。故一般将基础底部标高至该深度范围内的地层统称为建筑物的地基。对地基承载力和变形起主要作用的地层，称为地基主要受力层，简称为地基受力层。在受力层范围内，埋置基础底面处的地层称为持力层，持力层下的地层称为下卧层，强度低于持力层的下卧层称作软弱下卧层。

基础的主要功能如下：

（一）扩散压力

由于基础的底面积较上部结构的底面积大，基础可以将所受较大荷载转变为较低压力传递到地基。

（二）传递压力

当上部地层较差时，采用深基础（如桩基、墩基、地下连续墙以及沉井）将荷载传递到深部较好的地层（如岩层或砂卵石层）。

（三）调整地基变形

利用筏形和箱形基础、摩擦群桩等基础所具有的刚度和上部结构共同作用，调整地基的不均匀变形沉降。

此外，采取相应措施，基础还可起到抗滑或抗倾覆及减振的作用。

地基是指直接承受构造物荷载影响的地层。基础下面承受建筑物全部荷载的土体或岩体称为地基。地基不属于建筑的组成部分，但它对保证建筑物的坚固耐久具有非常重要的作用，是地球地壳的一部分。

地基是支撑由基础传递的上部结构荷载的土体（或岩体）。为使建筑物安全、正常地使用而不遭到破坏，要求地基在荷载作用下不能产生破坏；组成地基的土层因膨胀收缩、压缩、冻胀、湿陷等原因产生的变形不能过大。在进行地基设计时，要考虑：①基础底面的单位面积压力小于地基的容许承载力。②建筑物的沉降值小于容许变形值。③地基无滑动的危险。由于建筑物的大小不同，对地基的强弱程度的要求也不同，地基设计必须从实际情况出发考虑三个方面的要求。有时只需考虑其中的一个方面，有时则需考虑其中的两个或三个方面。若上述要求达不到时，就要对基础设计方案作相应的修改或进行地基处理（对地基内的土层采取物理或化学的技术处理，如表面夯实、土桩挤密、振冲、预压、化学加固和就地拌和桩等方法），以改善其工程性质，达到建筑物对地基设计的要求。

从现场施工的角度来讲，地基可分为天然地基、人工地基。天然地基是不需要人工加固的天然土层，可节约工程造价。人工地基是需要经过人工处理或改良的地基。

基础工程是基础的设计与施工工作，以及有关的工程地质勘察、基础施工所需基坑的开挖、支护、降水及地基处理工作的总称。

二、基础的分类

在工程实践中，通常将基础分为浅基础和深基础两大类，但尚无准确的区分界限，目前主要按基础埋置深度和施工方法不同来划分。一般埋置深度在 5 m 以内，并且能用一般方法和设备施工的基础属于浅基础，如条形基础、独立基础等；当需要埋置在较深的土层上，采用特殊方法和设备施工的基础则属于深基础，如桩基础等。浅基础技术简单，施工方便，不需要复杂的施工设备，可以缩短工期、降低工程造价。因此，在保证建筑物安全和正常使用的前提下，应优先采用天然地基上的浅基础设计方案。

浅基础可以按使用的材料和结构形式分类。按使用的材料可分为：砖基础、毛石基础、混凝土和毛石混凝土基础、灰土和三合土基础、钢筋混凝土基础等；按基础的刚度不同可分为：无筋扩展基础（刚性基础）、扩展基础。按结构形式可分为条形基础、单独基础、箱形基础等。

深基础的主要类型有桩基础，地下连续墙基础、墩基础和沉井基础。深基础由于埋置深度大，一般需要专业的施工队伍使用特殊方法和设备施工，例如大口径钻挖孔技术等。

基础对整个建筑物的安全、使用、工程量、造价及工期的影响很大，并且属于地下隐蔽工程，一旦失事，难以补救，因此在设计和施工时应引起高度重视。

三、地基基础在建筑工程中的重要性

基础是建筑物十分重要的组成部分，应具有足够的强度、刚度和耐久性以保证建筑物的安全和使用年限。地基虽不是建筑物的组成部分，但它的好坏将直接影响整个建筑物的安危。实践证明，建筑物的事故很多是与地基基础有关的，轻则上部结构开裂、倾斜，重则建筑物倒塌，危及生命与财产安全。

地基基础施工要充分掌握地基土的工程性质，严格地遵循地基基础设计和施工规范的质量要求，以免发生工程事故。地基基础位于地面以下，系隐蔽工程，一旦发生施工质量事故，补救和处理往往比上部结构困难得多，有时甚至是不可能的。地基基础工程的造价和工期占建筑总造价和总工期的比例与多种因素有关，一般占20%～25%，对高层建筑或需地基处理时，则所需费用更高，工期更长，因此，认真负责地搞好地基基础在建筑施工中具有很重要的意义。

四、基础工程施工的主要技术

（一）钻孔技术

在现代地基基础施工中，钻孔技术大量使用。就目前来说，对于地下深部土层和岩层揭露和破碎的主要技术手段就是岩土钻孔技术，地基与基础施工正是利用了这一特性。在地基与基础施工中使用的钻孔技术和"钻探工程"课程中讲解的钻探技术本质上是一样的，但也有其特点，在地基与基础施工中钻孔的主要目的就是揭露和破碎岩土层并形成钻孔，另外，工作的岩土层类型和埋藏深度不同，主要是浅层松软的土层。

（二）基础施工技术

基础施工技术主要包括桩基础施工（钻孔灌注桩、沉管灌注桩和静压桩）和地下连续墙等基础工程施工。这两种基础都是深基础，而且在施工中应用大口径钻孔技术。

（三）地基处理施工技术

地基处理的基本方法主要是置换、夯实、挤密、排水、胶结、加筋和热学等方法，专门用来改善地基条件，以期达到满足地基强度、变形及其稳定性等要求。具体方法包括强夯法、振冲碎石桩、挤密碎石桩、深层搅拌桩、高压旋喷桩、塑料排水板、堆载预压、真空预压、砂桩、静压注浆等。

（四）锚固技术

锚固技术作为维持建筑物或岩土层稳定的一种技术，大量用于基坑护壁、地下厂房、隧洞、船坞、水坝加固和边坡加固等工程。

（五）降排水工程

在现代岩土工程施工中，由于基础的埋置深度不断地加大，为保证基础的顺利施工，降低地下水位就是一项必不可少的工作。

第三节 地下室防水工程施工

当地下结构底标高低于地下正常水位时，必须考虑结构的防水、抗渗能力。地下防水工程是指对地下建筑物进行防水设计、防水施工和维护管理等各项技术工作的工程实体。地下防水工程采用的防水方案有结构自防水、加防水层防水及防排结合防水。

一、防水层防水

防水层防水又称构造防水，是通过结构内外表面加设防水层来达到防水效果，常用的有多层抹面水泥砂浆防水、掺防水剂水泥砂浆防水、卷材防水层防水等，下面以卷材防水层防水为例进行介绍。

（一）材料要求

卷材防水层应选用高聚物改性沥青类或合成高分子类防水卷材。卷材外观质量品种和主要物理力学性能应符合现行国家标准或行业标准；卷材及其胶黏剂应具有度好的耐水性、耐久性、耐穿性、耐腐蚀性和耐菌性；胶黏剂应该与粘贴的卷材材性相容。

（二）施工方法

地下室卷材防水层施工一般多采用整体全外包防水做法，按工艺不同可分为外防外贴法（简称外贴法）和外防内贴法（简称内贴法）两种。

1. 外贴法施工

外贴法是待地下建筑物墙体施工完成后，将卷材防水层直接铺贴在边墙上，然后砌筑保护墙（或做软保护层）的方法。

外防外贴法防水构造如图 2-1 所示。

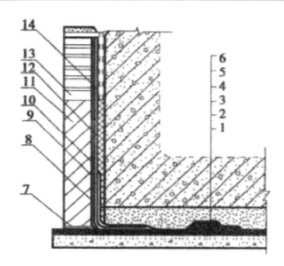

图 2-1　地下室外防外贴法卷材防水构造

1- 混凝土垫层；2- 水泥砂浆找平层；3- 防水层；4- 卷材压条及密封膏；5- 细石混凝土保护层；6- 混凝土底板及立墙；7- 干铺油毡；8- 卷材附加层；9- 密封膏；10- 防水层；11- 永久保护砖墙；12- 砂浆找平层；13- 临时保护砖墙；14-5 mm 厚聚乙烯泡沫塑料软保护层

外贴法的施工工序：混凝土垫层施工→砌永久性保护墙→砌临时性保护墙→内墙面抹灰→刷基层处理剂→转角处附加层施工→铺贴平面和立面卷材→浇筑钢筋混凝土底板和墙体→拆除临时保护墙→外墙面找平层施工→涂刷基层处理剂→铺贴外墙面卷材→卷材保护层施工→基坑回填土。

外贴法的优点：①建筑物与保护墙有不均匀沉陷时，对于防水层影响较小；②防水层做好后即进行漏水试验，修补也方便。

外贴法的缺点：①工期长，占地面积大；②底板与墙身接头处卷材容易受损。

2. 内贴法施工

内贴法是指在结构边墙施工前，先砌保护墙，之后将防水层贴在保护墙上，最后浇筑边墙混凝土的方法，外防内贴法防水构造如图 2-2 所示。

内贴法施工工序：垫层施工、养护→砌永久性保护墙→水泥砂浆找平、抹圆角→养护→涂布基层处理剂或冷底子油→铺贴卷材防水层、复杂部位增加了处理→涂布胶黏剂、附加油毡保护层→保护层施工→地下结构施工→回填土。

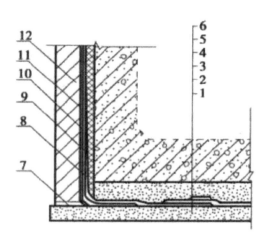

图 2-2 地下室外防内贴法卷材防水构造

1- 混凝土垫层；2- 水泥砂浆找平层；3- 防水层；4- 卷材压条及密封音；5- 细石混凝土保护层；
6- 混凝土底板及立墙；7- 干铺油毡；8- 卷材附加层；9- 密封膏；10- 防水层；11- 砂浆找平层；
12- 永久保护砖墙

内贴法的优点：①防水层的施工比较方便，不必留接头；②施工占地面积小。

内贴法的缺点：①建筑物与保护墙发生不匀沉降时，对防水层影响较大；②保护墙稳定性差；③竣工后发现漏水较难修补。

二、防水混凝土的施工

防水混凝土是采用调整混凝土配合比、掺外加剂或使用新品种水泥等方法，来提高混凝土密实性、憎水性和抗渗性而配制的不透水性混凝土，它分为普通防水混凝土和外加剂防水混凝土。

（一）材料要求

防水混凝土不受侵蚀性介质和冻融作用时，可采用不低于32.5级的普通硅酸盐水泥、火山灰质硅酸盐水泥、粉煤灰硅酸盐水泥。掺外加剂可以采用矿渣硅酸盐水泥每立方米混凝土水泥用量不少于 320 kg。防止水混凝土石子的最大粒径不应大于40mm，含水率不大于1.5%，含砂率控制在35%～40%，灰砂比为1：2～1：2.5。

（二）防水混凝土的施工

防水混凝土工程的施工防水混凝土施工时，必须严格控制水灰比，水灰比值不大于 0.6，坍落度不大于50mm。混凝土必须采用机械搅拌、机械振捣，搅拌时间不应小于 2 min，振捣时间 10～20 s。

底板混凝土应连续浇筑，不留施工缝，墙体一般只允许留设水平施工缝，其位置不应留在剪力与弯矩最大处或底板与侧墙的交接处，应该留在高出底板表面不小于

200mm 的墙体上。墙体有预留孔洞时，施工缝距孔洞边缘不应小于 300mm。如必须留垂直施工缝时，应避开地下水和裂缝水较多的地段，并且尽技与变形缝相结合。

在施工缝上继续浇筑混凝土时，应将施工缝处的混凝土表面凿毛、浮粒和杂物清除，用水洗干净，保持潮湿，再铺上一层 20～30mm 厚的水泥砂浆。水泥砂浆所用的水泥和灰浆比应与混凝土的水泥和灰砂比相同。防水混凝土应加强养护，充分保持湿润，养护时间不得少于 14 d。

对于大体积的防水混凝土工程，可以采取分区浇筑、使用发热量低的水泥或加掺和料（如粉煤灰）等相应措施，以防止温度裂缝的发生。水平施工缝浇筑混凝土前，应将其表面浮浆和杂物清除，先铺净浆，再铺 30～50mm 厚的 1：1 水泥砂浆或涂刷混凝土界面处理剂，并及时浇筑混凝土。

防水混凝土必须采用高频机械振捣密实，振捣时间宜为 10～30s，以混凝土泛浆和不冒气泡为准，应避免漏振、欠振和超振。防水混凝土的养护对其抗渗性能影响极大，因此，应加强养护，一般混凝土进入终凝（浇筑后 4～6 h）即应覆盖，浇水湿润养护不少于 14 d。

三、防水工程质量要求

（一）质量要求

建筑防水工程各部位应达到不渗漏和不积水；防水工程所用各个类材料均应符合质量标准和设计要求。

细部构造要求：各细部构造处理均应达到设计要求，不得出现渗漏现象。地室防水层铺贴卷材的搭接缝应覆盖压条，条边应封固严密。

卷材防水层要求：铺贴工艺应符合标准、规范规定和设计要求，卷材搭接宽度准确，接缝严密。平立面卷材及搭接部位卷材铺贴后表面应平整，无皱褶、鼓泡、翘边，接缝牢固严密。

密封处理要求：密封部位的材料应紧密黏结基层。密封处理必须达到设计要求，嵌填密实，表面光滑、平直。不出现开裂、翘边，无鼓泡及龟裂等现象。

（二）防水施工检验

找平层和刚性防水层的平整度，用 2 m 直尺检查，面层与直尺间的最大空隙不超过 5 mm，空隙应平缓变化，每米长度内不多于一处。屋面工程、地下室工程等在施工中应做分项交接检查。未经检查验收，不得进行后续施工。

防水层施工中，每一道防水层完成后，应由专人进行检查，合格后方可进行下一道防水的施工。检验屋面有无渗漏水、积水，排水系统是否畅通，可在雨后或持续淋水 2 h 以后进行。有可能做蓄水检验时，蓄水时间为 24 h。厕浴间蓄水检验亦为 24 h。

各类防水工程的细部构造处理，各种接缝、保护层等均应做外观检验。膜防水的涂膜厚度检查，可用针刺法或仪器检测。每 100 m3 防水层面积不应少于一处，每项工程至少检测 3 处。各种密封防水处理部位和地下防水工程，经检查合格后方可隐蔽。

第三章 主体结构施工技术

混凝土结构工程是指按设计要求将钢筋和混凝土两种材料，利用模板浇制而成的各种形状和大小的构件或结构。混凝土系水泥、粗骨料、水和外加剂按一定比例拌合而成的混合物，经硬化后而形成的一种人造石。钢筋混凝土结构是我国应用最广的一种结构形式，因此，在建筑施工领域里钢筋混凝土工程无论在人力、物资消耗和对工期的影响方面都占据极其重要的地位。

第一节 钢筋工程

土木工程结构中常用的钢材有钢筋、钢丝和钢绞线三类。

钢筋按其强度分为 HPB235，HRB335，HRB400，RRB400 四种等级。钢筋的强度和硬度逐级提高，但塑性则逐级降低。HPB235 为热轧光圆钢筋，HRB335 和 HRB400 为热轧带肋钢筋，RRB400 为余热处理钢筋。

常用的钢丝有光面钢丝、三面刻痕钢丝及螺旋肋钢丝三类。

钢绞线一般由 3 根或 7 根圆钢丝捻成，钢丝均为高强钢丝。

目前我国重点发展屈服强度标准值为 400 MPa 的新型钢筋和屈服强度为 1570 ~ 1860 MPa 的低松弛、高强度钢丝的钢绞线，同时辅以小直径（4 ~ 12mm）的冷轧带肋螺纹钢筋。同时，我国还大力推广焊接钢筋网与以普通低碳钢热轧盘条经冷轧扭工艺制成的冷轧扭钢筋。

钢筋出厂应有出厂质量证明书或试验报告单。每捆（盘）钢筋都应有标牌。运至工地后应分别堆存，并按规定抽取试样对钢筋进行力学性能检验。对热轧钢筋的级别有怀疑时，除作力学性能试验外，尚需进行钢筋的化学成分分析。使用中如发生脆断、焊接性能不良和机械性能异常时，应进行化学成分检验或其他专项检验，对国外进口钢筋，应按国家的有关规定进行力学性能和化学成分的检验。

钢筋一般在钢筋车间或工地的钢筋加工棚内进行加工，然后运至现场安装或绑扎。钢筋加工过程取决于成品种类，一般的加工过程有冷拔、调直、剪切、镦头、弯曲、焊接、绑扎等。本节着重介绍钢筋冷拔及钢筋的连接。

一、钢筋冷拔

冷拔是用热轧钢筋（直径为 8mm 以下）通过钨合金的拔丝模（图 3-1）进行强力拉拔。钢筋通过拔丝模时，受到轴向拉伸与径向压缩的作用，使钢筋内部晶格变形而产生塑性变形，因而抗拉强度提高（可提高 50%～90%），塑性降低，呈硬钢性质。光圆钢筋经冷拔后称"冷拔低碳钢丝"。

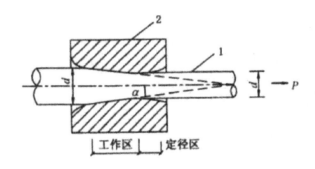

图 3-1　钢筋冷拔示意图

1- 钢筋；2- 拔丝模

钢筋冷拔的工艺过程：轧头→剥壳→通过润滑剂进入拔丝模冷拔。

钢筋表面常有一硬渣层，易损坏拔丝模，并使钢筋表面产生沟纹，所以冷拔前要进行剥壳，方法是使钢筋通过 3～6 个上下排列的混子以剥除渣壳。润滑剂常用石灰、动植物油，肥皂、白蜡等与水按一定配比制成。

冷拔用的拔丝机有立式（图 3-2）和卧式两种，其鼓筒直径一般为 500mm，冷拔速度约为 0.2～0.3 m/s，速度过大则易断丝。

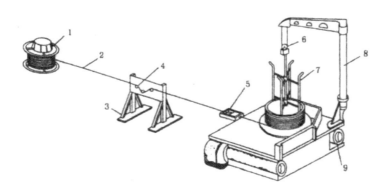

图 3-2　立式单鼓筒冷拔机

1- 盘圆架；2- 钢筋；3- 剥壳装置；4- 槽轮；5- 拔丝模；6- 滑轮；7- 绕丝筒；8- 支架；9- 电动机

影响冷拔低碳钢丝质量的主要因素是原材料的质量和冷拔总压缩率。

冷拔总压缩率 β 是光圆钢筋拔成钢丝时的横截面缩减率。若原材料光圆钢筋直径为 d_0，冷拔后成品钢丝直径为 d，则总压缩率 $\beta = \dfrac{d_0^2 - d^2}{d_0^2}$。总压缩率越大，则抗拉强度提高越多，而塑性下降越多，故 β 不宜过大。直径为 5mm 的冷拔低碳钢丝，宜用直径为 8mm 的圆盘条拔制；直径为 4mm 和小于 4mm 者，应用直径为 6.5mm 的圆盘条拔制。

冷拔低碳钢丝有时是经过多次冷拔而成，一般不是一次冷拔就达到总压缩率。每次冷拔的压缩率也不宜太大，否则拔丝机的功率较大，拔丝模易损耗，且易断丝。一般前道钢丝和后道钢丝的直径之比以 1 ：0.87 为佳。冷拔次数亦不宜过多，否则易使钢丝变脆。

冷拔低碳钢丝经调直机调直后，抗拉强度降低 8% ～ 10%，塑性有所改善，使用之时应注意。

二、钢筋的连接

钢筋的连接方法有绑扎连接、焊接连接和机械连接。绑扎连接和焊接连接是传统的连接方法，与绑扎连接相比，焊接连接可节约钢材，改善结构受力性能，提高工效，降低成本，目前对直径大于 28mm 的受拉钢筋和直径大于 32mm 的受压钢筋已不推荐采用绑扎连接。机械连接由于其具有连接可靠，作业不受气候影响，连接速度快等优点，目前已广泛应用于粗钢筋的连接。

（一）绑扎连接

钢筋可在现场进行绑扎，或预制成钢筋骨架（网）之后在现场进行安装。钢筋绑扎一般采用 20 ～ 22 号铁丝或镀锌铁丝。

纵向受力钢筋绑扎搭接接头的最小搭接长度按《混凝土结构工程施工质量验收规范》的规定执行。同一构件中相邻纵向受力钢筋的绑扎搭接接头易相互错开。绑扎搭接接头中钢筋的横向净距不应小于钢筋直径，且不应小于25mm。钢筋绑扎搭接接头连接区段的长度为 1.3 l_l，（l_l 为搭接长度），凡搭接接头中点位于该连接区段长度内的搭接接头均属于同一连接区段。同一连接区段内，纵向受拉钢筋搭接接头面积百分率（为该区段内有搭接接头的纵向受力钢筋截面面积与全部纵向受力钢筋截面面积的比值）应符合设计要求；当设计无具体要求时，应符合下列规定：对梁类、板类及墙类构件，不宜大于 25%；对柱类构件，不宜大于 50%；当工程中确有必要增大接头面积百分率时，对梁类构件，不应大于 50%；对其他构件，可以根据实际情况放宽。

（二）焊接连接

钢筋常用的焊接方法有闪光对焊、电弧焊、电渣压力焊、电阻点焊、气压焊等。钢筋的焊接效果除与钢材的可焊性（与钢材的含碳量及含合金元素的量）有关外，还与焊接工艺有关。采用适宜的焊接工艺，即使焊接焊性较差的钢材，也可获得良好的焊接质量。因此改善焊接工艺是提高焊接质量的有效措施。

1. 闪光对焊

闪光对焊用于钢筋的接长及预应力筋与螺丝端杆的焊接。如图 3-3 所示，利用对焊机使需焊的两段钢筋接触，通以低电压的强电流，把电能转化为热能，使钢筋加热至白热状态，随即施加轴向压力顶锻，使钢筋焊合，接头冷却后便形成对焊接头。焊接时，由于钢筋端部不平，轻微接触，开始只有一点或数点接触，接触面小，电流密度和接触电阻大，接触点很快熔化，产生了金属蒸汽飞溅，形成闪光形象，所以名闪光对焊。

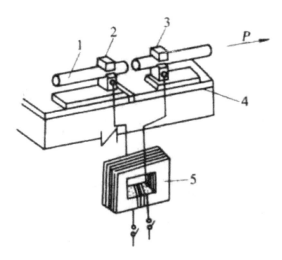

图 3-3　钢舟车对焊原理图

1- 钢筋；2- 固定电极；3- 可动电极；4- 机座；5- 焊接变压器

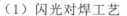

（1）闪光对焊工艺

闪光对焊根据工艺的不同可分为连续闪光焊、预热闪光焊和闪光—预热—闪光焊3种。

①连续闪光焊

采用连续闪光焊时，先闭合电源，然后使两钢筋端面轻微接触，形成闪光。闪光一旦开始，就慢慢移动钢筋，使钢筋继续接触，形成连续闪光现象，待钢筋达到一定的烧化留量后，迅速加压顶锻并立即断开电源，使两根钢筋焊合。连续闪光焊最适宜焊接直径较小的钢筋，宜用于直径为 25mm 以下的Ⅰ～Ⅲ级钢筋的焊接。

②预热闪光焊

当钢筋直径较大，端面比较平整时宜采用预热闪光焊。它是在连续闪光焊前增加一个预热的过程，以扩大焊接热影响区，使钢筋端部受热均匀以保证焊接接头质量。当接通电源后闪光一开始，便将接头做周期性的接触和断开，使得钢筋接触处出现间断的闪光现象，形成预热过程。在钢筋烧化到规定的预热留量之后，再进行连续闪光和加压顶锻，形成焊接接头。

③闪光—预热—闪光焊，适用在端部不平整的粗钢筋

在预热闪光焊前加一次闪光过程，目的是使不平整的钢筋端面烧化平整。接通电源后，两根钢筋端部连续接触，出现连续闪光现象，使端部不平部分熔化掉，然后再进行断续闪光，预热钢筋，接着进行连续闪光，最后加压顶锻。

（2）闪光对焊参数

钢筋的焊接质量与对焊参数有关，对焊参数主要有调伸长度、预热留量、烧化留量、顶锻留量、烧化速度（闪光速度）、顶锻速度及变压器级数等。

①调伸长度

调伸长度是指焊接前钢筋从电极钳口伸出的长度。其数值取决于钢筋的品种和直径，应能使接头加热均匀，且顶锻时钢筋不致弯曲。调伸长度的取值：Ⅰ级钢筋为 0.75d～1.25d；Ⅱ～Ⅲ级钢筋为 1.0d～1.5d（d 为钢筋直径）；直径小的钢筋取大值。

②烧化留量与预热留量

烧化留量与预热留量是指在闪光和预热过程中烧化的钢筋长度。连续闪光焊烧化留量长度等于两段钢筋切断时刀口严重压伤部分之和另加 8mm；预热闪光焊的预热留量为 4～7mm，烧化留量为 8～10mm；闪光—预热—闪光焊的一次烧化留量等于两段钢筋切断时刀口严重压伤部分之和，预热留量为 2～7mm，二次烧化留量为 8～10mm。

③顶锻留量

顶锻留量是指接头顶压挤出而消耗的钢筋长度。顶锻之时，先在有电流作用下顶锻，使接头加热均匀、紧密结合，然后在断电情况下顶锻而后结束，因此分为有电顶锻留量与无电顶锻留量两部分。顶锻留量随着钢筋直径的增大和钢筋级别的提高而增大，一般为 4～6.5mm。其中，有电顶锻留量约占 1/3，无电顶锻留量约占 2/3。顶锻时速度越快越好，有电顶锻时间约为 0.1 s，断电后继续顶锻至要求的顶锻留量，这样可使接头处熔化的金属迅速闭合而避免氧化，以保证接头连接良好并有适当的镦粗

変形。

④变压器级数

变压器级数用来调节焊接电流的大小，据钢筋直径来选择，直径大级别高的钢筋需采用级数大的变压器。

（3）对焊接头质量检查

①外观检查

外观检查时，每批抽查10%的闪光对焊接头，并不少于10个。每次以不大于200个同类型、同工艺、同焊工的焊接接头为一批，且时间不超过1周。外观检查时有如下内容：第一，钢筋表面不得有横向裂纹；第二，Ⅰ级，Ⅱ级，Ⅲ级钢筋表面不得有明显的烧伤，Ⅳ级钢筋不得有烧伤；第三，接头处弯折应不大于4°；第四，接头处两根钢筋轴线偏差不得超过10%钢筋直径，并且不大于2mm。

②机械性能试验

钢筋闪光对焊接头的机械性能试验包括拉力试验和弯曲试验，应从每批接头中抽取6个试件进行试验，其中3个作拉力试验，3个作弯曲试验。

作拉力试验时，应满足：3个试件的抗拉强度均不低于该强度等级钢筋的抗拉强度标准值；3个试件中至少有两个试件的断口位于焊接影响区外，并表现为塑性断裂。做弯曲试验时，要求对焊接头外侧不得出现宽度超过0.15mm的横向裂缝。

2. 电弧焊

电弧焊（图3-4），是利用弧焊机在焊条与焊件之间产生高温电弧，使得焊条和电弧燃烧范围内的金属焊件很快熔化，金属冷却后，形成焊接接头，其中电弧是指焊条与焊件金属之间空气介质出常用于钢筋的接头、钢筋与钢板的焊接、装配式钢筋混凝土结构接头的焊接、钢筋骨架的焊接以及各种钢结构的焊接等。电弧焊使用的弧焊机有交流弧焊机、直流弧焊机两种，常用的为交流弧焊机。钢筋电弧焊常用的接头形式有帮条焊、搭接焊、坡口焊等。

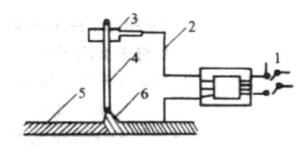

图 3-4　电弧焊示意图

1- 变压器；2- 导线；3- 焊钳；4- 焊条；5- 焊件；6- 电弧

（1）搭接焊

搭接焊适用于Ⅰ～Ⅱ级钢筋的焊接，其接头形式如图3-5所示，可分为双面焊缝和单面焊缝两种。双面焊缝受力性能较好，应该尽可能双面施焊，不能双面施焊时，才采用单面焊接。图中括号内数值适用于Ⅱ级钢筋。

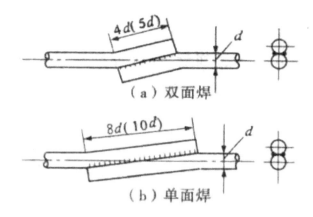

图 3-5　搭接焊

（2）帮条焊

帮条焊适用于Ⅰ～Ⅲ级钢筋的焊接。其接头形式如图3-6所示，亦可以分为单面焊接和双面焊接两种，通常宜优先采用双面焊缝。帮条焊宜用与主筋同级别、同直径的钢筋。如帮条级别与主筋相同时，帮条直径可以比主筋直径小一个规格；如帮条直径与主筋相同时，帮条级别可以比主筋低一个级别。

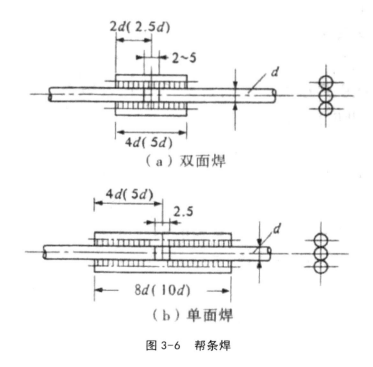

图 3-6　帮条焊

（3）坡口焊

坡口焊耗钢材少、热影响区小，适应于现场焊接装配式结构中直径 18～40mm 的 Ⅰ～Ⅲ级钢筋。坡口焊接头如图 3-7 所示，分平焊及立焊两种形式。钢筋端部必须先剖成如图 3-7 所示的坡口，之后加钢垫板施焊。

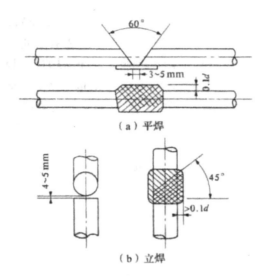

图 3-7　坡口焊

筋焊接时，为了防止烧伤主筋，焊接地线应与主筋接触良好，并不应在主筋上引弧，焊接过程中应及时清渣。帮条焊或搭接焊，其焊缝厚度 h 不应该小于钢筋直径的 1/3，焊缝宽度不小于钢筋直径的 0.7 倍。装配式结构接头焊接，为了防止钢筋过热引起较大的热应力和不对称变形，应采用几个接头轮流施焊。

电弧焊接头焊缝表面应平整，不应有较大的凹陷、焊窝，接头处不得有裂纹，咬边深度、气孔、夹渣及接头偏差不得超过规范规定。接头抗拉强度不低于该级别钢筋的规定抗拉强度值，并且 3 个试件中至少有两个呈塑性断裂。

3. 电渣压力焊

电渣压力焊（图 3-8），是利用电流通过渣池产生的电阻热将钢筋端部熔化，然后施加压力使钢筋焊接在一起。电渣压力焊的操作简单、易掌握、工作效率高、成本较低、施工条件比较好，主要用于现浇钢筋混凝土结构中竖向或斜向钢筋的接长，适用于直径为 14～40mm 的 Ⅰ～Ⅱ级钢筋。

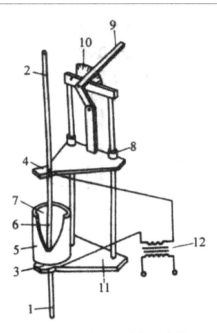

图 3-8 手动电渣压力焊示意图

1，2-钢筋；3-固定电极；4-活动电极；5-焊剂盒；6-导电剂；7-焊剂；8-滑动架；9-操动杆；
10-标尺；11-固定架；12-变压器

焊接前先将钢筋端部 120mm 范围内的铁锈、污物等杂质清除干净，把夹具的下夹头夹牢下钢筋，再将上钢筋扶直并夹牢于活动电极中，使上下钢筋在同一轴线上；然后在上下钢筋间安装引弧导电铁丝圈（可采用 12～14 号无锈火烧丝，圈高 10～12mm）；最后安放焊剂盒，用石棉布塞封焊剂盒下口，同时装满焊剂。通电之后，将上钢筋上提 2～4mm 引弧，用人工直接引弧继续上提钢筋 5～7mm，使电弧稳定燃烧。随着钢筋的熔化，上钢筋逐渐插入渣池中，此时电弧熄灭，转为电渣过程，焊接电流通过渣池而产生大量的电阻热，使钢筋端部继续熔化。待钢筋端部熔化到一定程度后，在切断电流的同时，迅速进行顶压形成接头并持续几秒钟，以免接头偏斜或结合不良，冷却 1～3 min 后，即可打开焊剂盒，回收焊剂卸下夹具。

电渣压力焊的工艺参数为焊接电流、渣池电压和通电时间，根据钢筋直径选择，钢筋直径不同时，根据较小直径的钢筋选择参数。电渣压力焊的接头，也应按规定检查外观质量；和进行试件拉伸试验。

4. 电阻点焊

电阻点焊用于交叉钢筋的焊接。如图 3-9 所示，就是将钢筋的交叉点放在电焊机的两电极间，通电时，由于交叉钢筋的接触点只有一点，且接触电阻较大，在接触的瞬间，电流产生的全部热量都集中在一点上，所以使金属受热而熔化，同时在电极加压下使焊点金属得到焊合。

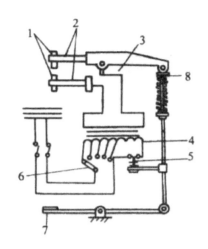

图 3-9 点焊机工作示意图

1- 电极；2- 电极臂；3- 变压器的次级线圈；4- 变压器的初级线圈；5- 断路器；6- 变压器调节级数开关；7- 踏板；8- 压紧机构

利用点焊机进行交叉钢筋焊接，使单根钢筋成型为各种网片、骨架，用来代替人工绑扎，是实现生产机械化、提高工效、节约劳动力和材料（钢筋端部不需弯钩）、保证质量、降低成本的一种有效措施。而且采用焊接骨架或焊接网，可以使钢筋在混凝土中能更好地锚固，可提高构件的抗裂性，因此钢筋骨架成型应优先采用点焊。

常用的点焊机有单点点焊机、多头点焊机（一次可焊数点，用于焊接宽大的钢筋网）、悬挂式点焊机（可焊钢筋骨架或钢筋网）、手提式点焊机（用于施工现场）。

为了保证点焊的质量，应正确选择点焊参数。电阻点焊的主要工艺参数为变压器级数、通电时间和电极压力。在焊接过程中，应保持一定的预压和锻压时间。通电时间根据钢筋直径和变压器级数而定，电极压力则根据钢筋级别和直径选择。

电阻点焊不同直径钢筋时，如果较小钢筋的直径小于 10mm 时，大、小钢筋直径之比不宜大于 3；如果较小钢筋的直径为 12mm 或 14mm 时，大、小钢筋直径之比则不宜大于 2。应根据较小直径的钢筋选择焊接工艺参数。

焊点应进行外观检查和强度试验。点焊焊点应无脱落、漏焊、裂纹、多孔性缺陷及明显烧伤现象，焊点处熔化金属均匀并有适量的压入深度。热轧钢筋的焊点应进行抗剪试验。冷轧工钢筋的焊点除进行抗剪试验外，还应该进行拉伸试验。

（三）钢筋机械连接

钢筋机械连接是通过机械手段将两根钢筋进行对接，它具有工艺简单、技术易掌握、节约钢材、施工速度快、质量稳定等优点。近些年来，钢筋机械在我国得到推广，尤其是在大直径钢筋现场连接中被广泛采用。常用方法有套筒挤压连接和螺纹套筒连接。

1. 套筒挤压连接

套筒挤压接连是我国最早出现的一种钢筋机械连接方法。按挤压方向不同，分为套筒径向挤压连接和套筒轴向挤压连接两种，多用于套筒径向挤压连接。

（1）套筒径向挤压连接

套筒径向挤压连接是将两根待接钢筋插入优质钢套筒，用挤压设备沿径向挤压钢套筒，使之产生塑性变形，依靠变形后的钢套筒与被连接钢筋纵、横肋产生的机械咬合作用使套筒与钢筋成为整体的连接方法，如图3-10所示。这种方法适用于直径18～40mm的带肋钢筋的连接，所连接的两根钢筋的直径之差不宜大于5mm。该方法具有工艺简单、可靠程度高、不受气候的影响、连接速度快、安全、无明火、节能、对钢筋化学成分要求不如焊接时严格等优点。但是设备笨重，工人劳动强度大，不适合在高密度布筋场合适用。

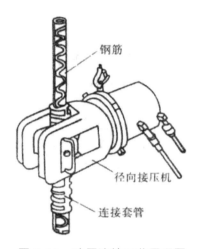

图 3-10　冷压连接工艺原理图

（2）套筒轴向挤压连接

套筒轴向挤压连接是将两根待接钢筋插入优质钢套筒，用挤压设备沿轴向挤压钢套筒，使之产生塑性变形，依靠变形后的钢套筒与被连接钢筋纵、横肋产生的机械咬合作用使套筒与钢筋成为整体的连接方法。这类方法一般用于直径为25～32mm的同直径或相差一个型号直径的带肋钢筋连接。

2. 螺纹套筒连接

螺纹套筒连接是将需连接的钢筋端部加工出螺纹，然后通过一个内壁加工有螺纹的套管将钢筋连接在一起。它分锥螺纹套筒连接与直螺纹套筒连接两种。

（1）锥螺纹套筒连接

锥螺纹套筒连接是将两根待接钢筋端头用套丝机做出锥形丝扣，然后用带锥形内丝的钢套筒将钢筋两端拧紧的连接方法。这种方法适用于直径为16～40mm的各种钢筋的竖向、水平或任何倾角的连接，所连接钢筋的直径之差不宜大于9mm。该方法具有接头可靠、工艺简单、不用电源、全天候施工、对中性好、施工速度快等优点。

钢筋锥螺纹的加工是在钢筋套丝机上进行，可以在施工现场或预制加工厂进行预制。为保证丝扣精度，对已加工的丝扣端要用牙形规和卡规逐个进行自检，要求钢筋丝扣的牙形必须与牙形规吻合，小端直径不超过卡规的允许误差，丝扣完整牙数不得小于规定值，不合格者切掉重新加工。锥螺纹套筒的加工宜在专业工厂进行，以保证产品质量。

钢筋锥螺纹连接预先将套筒拧入钢筋的一端，在施工现场再拧入待接钢筋。连接钢筋前，将钢筋未拧套筒的一端的塑料保护帽拧下来露出丝扣，并将丝扣上的污物清理干净。连接钢筋时，将已拧套筒的钢筋拧到被连接的钢筋上，并且用扭力扳手按规定的力矩值拧紧钢筋接头，便完成钢筋的连接。

（2）直螺纹套筒连接

直螺纹套筒连接有两种形式：一种是在钢筋端头先采用对辊滚压，将钢筋端头的纵横肋滚掉，而后采用冷压螺纹（滚丝）工艺加工成钢筋直螺纹端头，套筒采用快速成孔切削成内螺纹钢套筒，简称为滚压直螺纹接头或滚压切削直螺纹接头；另一种是在钢筋端头先采用设备顶、压增径（墩头），而后采用套丝工艺加工成等直径螺纹端头，套筒采用快速成孔切削成内螺纹钢套筒，简称为墩头直螺纹接头或墩粗切削直螺纹接头。这两种方法都能有效地增加钢筋端头母材强度，可等同于钢筋母材强度而设计的直螺纹接头。这种接头形式使结构强度的安全度和地震情况下的延性具有更大的保证，大大地方便了设计与施工，接头施工仅采用普通扳手旋紧即可，对于丝扣少旋1～2扣不影响接头强度，省去了锥螺纹力矩扳手检测和疏密质量检测的繁杂程序，可提高施工工效。套筒丝距比锥螺纹套筒丝距少，可以节省套筒钢材。此外，尚有设备简单、经济合理等优点，是目前工程应用最广泛的粗钢筋连接方法。

三、钢筋的配料与代换

（一）钢筋配料

钢筋配料是钢筋工程施工的重要一环，应由识图能力强、熟悉钢筋加工工艺的人员完成。钢筋加工前应根据设计图纸和会审记录按不同构件编制配料单，然后进行备料加工。

1. 钢筋弯曲调整

钢筋下料长度计算是钢筋配料的关键。设计图中注明的钢筋尺寸是钢筋的外轮廓尺寸（从钢筋外皮到外皮量得的尺寸），称为钢筋的外包尺寸。当钢筋加工时，也按外包尺寸进行验收。钢筋弯曲后的特点：在钢筋弯曲处，内皮缩短，外皮延伸，而中心线尺寸不变，故钢筋的下料长度即中心线尺寸。钢筋成型后量度尺寸都是沿直线量外皮尺寸；同时弯曲处又成弧，因此弯曲钢筋的尺寸大于下料尺寸，两者之间的差值称为"弯曲调整值"，即当下料时，下料长度应用量度尺寸减去弯曲调整值。

钢筋弯曲常用形式及调整值计算简图如图3-11所示。

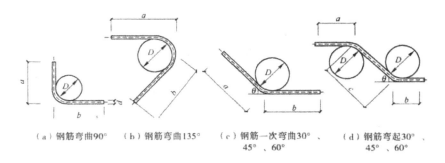

（a）钢筋弯曲90°　（b）钢筋弯曲135°　（c）钢筋一次弯曲30°、　（d）钢筋弯起30°、
　　　　　　　　　　　　　　　　　　　　　　45°、60°　　　　　　45°、60°

图 3-11　钢筋弯曲常见形式及调整值计算简图

a, b —— 量度尺寸；l_x —— 钢筋下料长度

受力钢筋的弯钩和弯弧规定：HPB235 级钢筋末端应做 180°弯钩，弯弧内直径 D ≥ 2.5d（钢筋直径），弯钩的弯后平直部分长度 ≥ 3d（钢筋直径）；当设计要求钢筋末端作 135°弯折时，HRB335 级、HRB400 级钢筋的弯弧内直径 D ≥ 4d（钢筋直径），弯钩弯后的平直部分长度应符合设计要求；钢筋作不大于 90°的弯折之时，弯折处的弯弧内直径 D ≥ 5d（钢筋直径）。

箍筋的弯钩和弯弧规定：除焊接封闭环式箍筋外，箍筋末端应做弯钩，弯钩形式应符合设计要求。当设计无要求时，应符合下面规定：箍筋弯钩的弯弧内直径除应满足上述中的规定外，尚应不小于受力钢筋直径；箍筋弯钩的弯折角度，对一般结构不应小于 90°，对有抗震要求的结构应为 135°；箍筋弯后平直部分的长度，对一般结构不宜小于箍筋直径的 5 倍，对有抗震要求的结构不应该小于箍筋直径的 10 倍。

2. 钢筋下料长度计算

直钢筋下料长度 = 构件长度 - 混凝土保护层厚度 + 弯钩增加长度（混凝土保护层厚度按教材规定查用）

弯起钢筋下料长度 = 直段长度 + 斜段长度 - 弯曲调整值 + 弯钩增加长度

箍筋下料长度 = 直段长度 + 弯钩增加长度 - 弯曲调整值（或箍筋下料长度 = 箍筋周长 + 箍筋长度调整值）

曲线钢筋（环形钢筋、螺旋箍筋、抛物线钢筋等）

下料长度计算公式：下料长度 = 钢筋长度计算值 + 弯钩增加长度

3. 钢筋配料单及编制方法

（1）钢筋配料单的作用及形式

钢筋配料单是根据施工设计图纸标定钢筋的品种、规格以及外形尺寸、数量进行编号，并且计算下料长度，用表格形式表达的技术文件。

①钢筋配料单的作用

钢筋配料单是确定钢筋下料加工的依据，提出了材料计划，签发施工任务单和限额领料单的依据，它是钢筋施工的重要工序，合理的配料单，能节约材料、简化施工操作。

②配料单的形式

钢筋配料单一般用表格的形式反映，其内容由构件名称、钢筋编号、钢筋简图、尺寸、钢号、数量、下料长度及质量等内容组成。

（2）钢筋配料单的编制方法及步骤

①熟悉构件配筋图，弄清每一编号钢筋的直径、规格、种类、形状和数量，以及在构件中的位置和相互关系。

②绘制钢筋简图

③计算每种规格的钢筋下料长度。

④填写钢筋配料单。

⑤填写钢筋料牌。

（二）钢筋代换

1. 钢筋代换原则

在施工中，已经确认工地不可能供应设计图要求的钢筋品种和规格时，在征得设计单位的同意并办理设计变更文件后，才允许根据库存条件进行钢筋代换。代换前，必须充分了解设计意图、构件特征和代换钢筋性能，严格遵守国家现行设计规范和施工验收规范及有关技术规定。代换后，仍能满足各类极限状态的有关计算要求以及配筋构造规定，例如受力钢筋和箍筋的最小直筋、间距、锚固长度、配筋百分率以及混凝土保护层厚度等。通常情况下，代换钢筋还必须满足截面对称的要求。

梁内纵向受力钢筋与弯起钢筋应分别进行代换，来保证正截面与斜截面强度。偏心受压构件或偏心受拉构件（如框架柱、承受吊车荷载的柱、屋架上弦等）钢筋代换时，应按受力方向（受压或受拉）分别代换，不得取整个截面配筋量计算。吊车梁等承受反复荷载作用的构件，必要时，应在钢筋代换后进行疲劳验算。同一截面内配置不同种类和直径的钢筋代换时，每根钢筋拉力差不宜过大（同类型钢筋直径差一般不大于 5mm），以免构件受力不匀。钢筋代换应避免出现大材小用，优材劣用，或不符合专料专用等现象。钢筋代换后，其用量不宜大于原设计用量的 5%，也不应低于原设计用量的 2%。

对抗裂性要求高的构件（如吊车梁、薄腹梁、屋架下弦等），不宜用 HPB235 级钢筋代换 HRB335、HRB400 级带肋钢筋，以免裂缝开展过宽。当构件受裂缝宽度控制时，代换后应进行裂缝宽度验算。例如，代换后裂缝宽度有一定增大（但不超过允许的最大裂缝宽度），还应对构件作挠度验算。

进行钢筋代换的效果，除应考虑代换后仍能满足结构各个技术性能要求之外，同时还要保证用料的经济性和加工操作的方便。

2. 钢筋代换方法

（1）等强度代换

当结构构件按强度控制时，可按强度相等的原则代换，称"等强度代换"。即代换前后钢筋的"钢筋抗力"不小于施工图纸上原设计配筋的钢筋抗力。

$$A_{s2}f_{y2} \geqslant A_{sL}f_{y1} \tag{3-1}$$

将圆面积公式 $A_s = \dfrac{\pi d^2}{4}$ 代入式（3-1），即

$$n_2 d_2^2 f_{y1} \geqslant n_1 d_v^2 f_{y1} \tag{3-2}$$

当原设计钢筋与拟代换的钢筋直径相同时（即 $d_1 = d_2$），有

$$n_2 f_{y1} \geqslant n_1 f_{y1} \tag{3-3}$$

当原设计钢筋与拟代换的钢筋级别相同时（即 $f_{y1} = f_{y2}$），有

$$n_2 d_2^2 \geqslant n_1 d_1^2 \tag{3-4}$$

公式中：f_{y1}, f_{y2} —— 原设计钢筋和拟代换用钢筋的抗拉强度设计值，N/mm2；

A_{s1}, A_{s2} —— 原设计钢筋和拟代换钢筋的计算截面的面积，mm2；

n_1, n_2 —— 原设计钢筋和拟代换钢筋的根数，根；

d_1, d_2 —— 原设计钢筋和拟代换钢筋的直径，mm；

$A_{sL}f_{y1}, A_{s2}f_{y2}$ —— 原设计钢筋和拟代换钢筋的钢筋抗力，N。

（2）等面积代换

当构件按最小配筋率配筋时，可以按钢筋面积相等的原则进行代换，称作"等面积代换"。

$$\left.\begin{array}{l} A_{s1} = A_2 \\ n_2 d_2^2 \geqslant n_1 d_1^2 \end{array}\right\} \tag{3-5}$$

公式中：A_{s1}, n_1, d_1 —— 原设计钢筋的计算截面面积，mm²；根数，根；直径，mm；

A_{s2}, n_2, d_2 —— 拟代换钢筋的计算截面面积，mm²；根数，根；直径 mm。

（3）当构件受裂缝宽度或抗裂性要求控制时，代换后应进行裂缝或抗裂性验算代换后，还应满足构造方面的要求（如钢筋间距、最少直径、最少根数、锚固长度、对称性等）以及设计中提出的其他要求。

四、钢筋的绑扎安装与验收

加工完毕的钢筋即可运到施工现场进行安装、绑扎。钢筋绑扎一般采用 20～22 号钢丝或镀锌钢丝，钢丝过硬时，可经过退火处理。钢筋绑扎时其交叉点主要采用钢丝扎牢。板和墙的钢筋网，除靠近外围两排钢筋的交叉点全部扎牢外，中间部分交叉点可间隔交错扎牢，但必须保证受力钢筋不发生位置偏移。双向受力的钢筋，其交叉点应全部扎牢。梁柱箍筋，除设计有特殊要求外，应与受力钢筋垂直设置，箍筋弯钩叠合处，应沿受力主筋方向错开设置。柱中竖向钢筋搭接时，角部钢筋的弯钩平面与模板面的夹角，对矩形柱应为 45°角，对多边形柱应为模板内角的平分角，对圆形柱钢筋的弯钩平面应与模板的切平面垂直。中间钢筋的弯钩面应与模板面垂直。当采用插入式振捣器浇筑小型截面柱时，弯钩平面与模板面的夹角不得小于 15°。

钢筋的安装绑扎应该与模板安装相配合，柱筋的安装一般在柱模板安装前进行。而梁的施工顺序正好相反，通常是先安装好梁模，再安装梁筋，当梁高较大时，可先留下一面侧模不安，待钢筋绑扎完毕，再支余下一面侧模，以方便施工，楼板模板安装好后，即可安装板筋。

为了保证钢筋的保护层厚度，工地上常采用预制的水泥砂浆块垫在模板与钢筋间，垫块的厚度即为保护层厚度。垫块一般布置成梅花形，间距不超过 1 m。构件中有双层钢筋时，上层钢筋一般是通过绑扎短筋或者设置垫块来固定。对于基础或楼板的双层筋，固定时一般采用钢筋撑脚来保证钢筋位置，间距 1 m。特别是雨篷、阳台等部位的悬臂板，更需严格控制负筋位置，以防悬臂板断裂。

绑扎钢筋时，配置的钢筋级别、直径、根数和间距均应符合设计要求；绑扎或焊接的钢筋网和钢筋骨架，不得有变形、松脱和开焊等现象。

第二节　模板工程

现浇混凝土结构施工用的模板是使混凝土构件按设计的几何尺寸浇筑成型的模型板，是混凝土构件成型的一个十分重要的组成部分。模板系统包括模板和支架两部分。模板的选材和构造的合理性，以及模板制作和安装的质量，都直接影响混凝土结构和构件的质量、成本和进度。

一、模板的基本要求与分类

（一）模板的基本要求

现浇混凝土结构施工用的模板要承受混凝土结构施工过程中的水平荷载（混凝土的侧压力）和竖向荷载（模板自重、结构材料的质量和施工荷载等）。为了保证钢筋混凝土结构施工的质量，对模板及其支架有如下要求：①保证工程结构和构件各部分形状、尺寸和相互位置的正确。②具有足够的强度、刚度和稳定性，能可靠地承受新浇混凝土的重力和侧压力，以及在施工过程中所产生的荷载。③构造简单，装拆方便，并便于钢筋的绑扎与安装，符合混凝土的浇筑及养护等工艺要求。④模板接缝应严密，不得漏浆。

（二）模板的分类

现浇混凝土结构用模板工程的造价约占据钢筋混凝土工程总造价的30%，总用工量的50%。因此，采用先进的模板技术，对于提高工程质量、加快施工速度、提高劳动生产率、降低工程成本和实现文明施工，都具有十分重要的意义。混凝土新工艺的出现，大都伴随模板的革新，随着建设事业的飞速发展，现浇混凝土结构所用模板技术已迅速向工具化、定型化、多样化、体系化方向发展，除木模外，已经形成组合式、工具式、永久式三大系列工业化模板体系。

模板有以下几种分类方法：

1. 按其所用的材料

分为木模板、钢模板及其他材料模板（胶合板模板、塑料模板、玻璃钢模板、压型钢模、钢木（竹）组合模板、装饰混凝土模板、预应力混凝土薄板等）。

2. 按施工方法

模板分为拆移式模板和活动式模板。拆移式模板由预制配件组成，现场组装，拆模后稍加清理和修理可再周转使用，常用的木模板和组合钢模板以及大型的工具式定型模板，如大模板、台模、隧道模等皆属拆移式模板。活动式模板是指按结构的形状制作成工具式模板，组装后随工程的进展而进行垂直或水平移动，直至工程结束才拆除，如滑升模板、提升模板、移动式模板等。

现浇混凝土结构中采用高强、耐用、定型化、工具化的新型模板，有利于多次周转使用，安拆方便，是提高工程质量、降低成本、加快进度及取得较好的经济效益的重要的施工措施。

二、模板的构造

（一）组合式模板

组合式模板，是指适用性和通用性较强的模板，用它进行混凝土结构成型，既可按照设计要求先进行预拼装整体安装、整体拆除，也可采取散支散拆的方法，工艺灵活简便。常用的组合式模板有以下几种。

1. 木模板

木模板通常事先由工厂或木工棚加工成拼板或定型板形式的基本构件，再把它们进行拼装形成所需要的模板系统。拼板一般用宽度小于200mm的木板，再用25mm×35mm的拼条钉成，由于使用位置不同，荷载差异较大，拼板的厚度也不一致。作梁侧模使用时，荷载较小，一般采用25mm厚的木板制作；做承受较大荷载的梁底模使用时，拼板厚度加大到40～50mm。拼板的尺寸应与混凝土构件的尺寸相适应，同时考虑拼接时相互搭接的情况，应该对一部分拼板增加长度或宽度。对于木模板，设法增加其周转次数是十分重要的。

2. 组合钢模板

组合钢模板系统由两部分组成：一是模板部分，包括平面模板、转角模板及将它们连接成整体模板的连接件；二是支承件，包含梁卡具、柱箍、桁架、支柱、斜撑等。

钢模板由边框、面板和纵横肋组成。边框和面板常采用2.5～3.0mm厚的钢板轧制而成，纵横肋则采用3mm厚扁钢与面板及边框焊接而成。钢模的厚度均为55mm。为便于钢模之间的连接，边框上都有连接孔，并且无论长短孔距均保持一致，以便拼接顺利。组合钢模板的规格见表3-1。

表 3-1　组合钢模板规格 mm

规格	平面模板		阴角模板	阳角模板	连角模板
宽度	600，550，500，450，350，300，250，200，150，100		150×150 50×50	150×150 50×50	50×50
长度	1800，1500，1200，900，750，600，450				
肋高	55				

组合钢模板有尺寸适中、组装灵活、加工精度高、接缝严密、尺寸准确、表面平整、强度和刚度好、不易变形等优点，使用寿命长。如果保养良好可周转使用100次以上，可以拼出各种形状和尺寸，以适应多种类型建筑物的柱、梁、板、墙、基础和设备基础等模板的需要，它还可拼成大模板、台模等大型工具式模板。但组合钢模板也有一些不足之处：一次投资大，模板需周转使用50次才可能收回成本。

3. 钢框木（竹）胶合板模板

钢框木（竹）胶合板模板，是以热轧异型钢为钢框架，以木、竹胶合板等作面板，而组合成的一种组合式模板。制作时，面板表面应作一定的防水处理，模板面板与边框的连接构造有明框型和暗框型两种。明框型的框边与面板平齐，暗框型的边框位于面板之下。

钢框木（竹）胶合板模板的规格最长为2400mm，最宽为1200mm。因此，它和组合钢模板相比具有以下特点：自重轻（比组合钢模板约轻1/3）；用钢量少（比组合钢模板约少1/2）；单块模板面积大（比相同质量的单块组合钢模板可增大40%），故拼装工作量小，可以减少模板的拼缝，有利于提高混凝土结构浇筑后的表面质量；

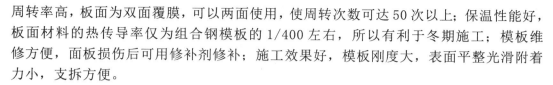

周转率高，板面为双面覆膜，可以两面使用，使周转次数可达 50 次以上；保温性能好，板面材料的热传导率仅为组合钢模板的 1/400 左右，所以有利于冬期施工；模板维修方便，面板损伤后可用修补剂修补；施工效果好，模板刚度大，表面平整光滑附着力小，支拆方便。

4. 无框模板

无框模板主要由面板、纵肋、边肋 3 个主要构件组成。这 3 种构件均为定型构件，可以灵活组合，适用于各种不同平面和高度的建筑物、构筑物模板工程，具有广泛的通用性能。横向围檩，一般可采用 ϕ 48×3.5 钢管和通用扣件在现场进行组装，可组装成精度较高的整装、整拆的片模。施工中模板损坏时，可在现场更换。

面板有覆膜胶合板、覆膜高强竹胶合板和覆膜复合板 3 种面板。基本面板共有 4 种规格：1200mm×2400mm，900mm×2400mm，600mm×2400mm，150mm×2400mm。基本面板按受力性能带有固定拉杆孔位置，并镶嵌强力 PVC 塑胶加强套。纵肋采用 Q235 热轧钢板在专用设备上一次压制成型，为了提高纵肋的耐用性能和便于清理，表面采用耐腐蚀的酸洗除锈后喷塑工艺，它是无框模板主要受力构件。纵肋的高度有 45mm（承受侧压力为 60 kN/m2）和 70mm（承受侧压力为 100 kN/m^2）两种，纵肋按建筑物、构筑物不同层高需要，有 2700mm，3000mm，330mm，3600mm，3900mm 五种不同长度。边肋是无框模板组合时的联结构件，用热轧钢板折弯成形，表面采用酸洗除锈喷塑处理。

（二）大模板

大模板一般是一面墙面用一块模板的大型工具式模板，他的装拆均需机械化施工，是目前我国高层建筑施工中用得最多的一种模板。大模板建筑具有整体性好、抗震性强、机械化施工程度高等优点，并可在模板上设置不同衬模形成不同的花纹、线形与图案。但也存在着通用性差、钢材用量及较大等缺点。

1. 常用大模板的结构类型

（1）全现浇的大模板建筑

内外墙全用大模板现浇钢筋混凝土墙体。结构整体性好，但是外墙模板支设复杂，工期长。

（2）内浇外挂大模板建筑

内墙采用大模板现浇钢筋混凝土墙体，外墙采用预制装配式大型墙板。

（3）内浇外砌大模板建筑

内墙采用大模板现浇钢筋混凝土墙体，外墙为砖或砌块砌体。以上 3 种结构类型的楼板可采用现浇楼板、预制楼板或叠合板。

2. 大模板的构造

大模板是由面板、加劲肋、竖棱、支撑桁架、稳定机构和附件组成的（图 3-12）。

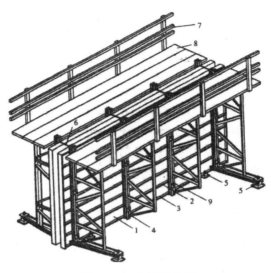

图 3-12　大模板构造

1- 面板；2- 水平加劲肋；3- 支撑桁架；4- 竖肋；5- 调整用的千斤顶螺旋；6- 卡具；7- 栏杆；8-
脚手板；9- 穿墙螺栓

（1）面板

面板常用钢板或胶合板制成，表面平整光滑，并且应有足够的刚度，拆模后墙表面可不再抹灰。胶合板可刻制装饰图案，可以减少后期的装饰工作量。

（2）加劲肋

加劲肋的作用是固定模板，保证模板的刚度并将力传递到竖棱上去，面板若按单向板设计则只有水平（或垂直）加劲肋，若按双向板设计则水平和垂直方向均有加劲肋。加劲肋一般用 L65 角钢或 65 槽钢制作，加劲肋与钢面板焊接固定。加劲肋间距一般为 300～500mm，计算简图为用竖棱为支点的连续梁。

（3）竖棱

竖棱的作用是保证模板刚度，并作为穿墙螺栓的固定点，承受模板传来的水平力和垂直力，一般用背靠背的 2 根 $\phi 65$ 或 $\phi 80$ 的槽钢制作，间距是 1～1.2 m，其计算简图是以穿墙螺栓为支点的连续梁。

（4）支撑桁架

支撑桁架的作用是承受水平荷载，防止模板倾覆。桁架用螺栓或焊接方法与竖棱连接起来。

（5）稳定机构

稳定机构的作用是调整模板的垂直度，并且保证模板的稳定性。一般通过调整桁架底部的螺钉以达到调整模板垂直度的目的。

（6）穿墙螺栓

穿墙螺栓的主要作用是承受竖棱传来的混凝土侧压力并且控制模板的间距。为保证抽拆方便，穿墙螺栓外部套一根硬塑料管，其长度为墙体厚度。

内墙相对的两块平模是靠穿墙螺栓固定位置，顶部的穿墙螺栓可用卡具代替。外墙的外侧模板位置可利用槽钢将其悬挂在内侧模板上，也可以安装在附墙脚手架上。

大模板在安装之前放置时，应注意其稳定性，设计模板时应考虑其自稳角度的计算，应避免因高空作业、风力造成了模板倾覆伤人。

3. 大模板的组合方案

根据不同的结构体系可采取不同的大模板组合方案，对内浇外挂或内浇外砌结构体系多采用平模方案，即一面墙用一块平模。对内外墙全现浇结构体系可采用小角模方案，即平模为主，转角处用 L100×10 角钢为小角模（图 3-13），亦可采用大角模方案，即内模板采用 4 个大角模，或者大角模中间配以小平模的形式（图 3-14）。

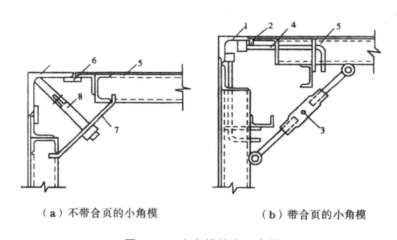

（a）不带合页的小角模　　　　　　　（b）带合页的小角模

图 3-13　小角模构造示意图

1- 小角模；2- 合页；3- 花篮螺钉；4- 转动铁拐；5- 平模；6- 偏铁；7- 压板；8- 转动拉杆

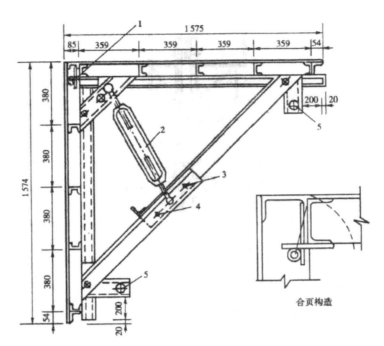

图 3-14   大角模构造示意图（单位：mm）

1- 合页；2- 花篮螺钉；3- 固定销子；4- 活动销子；5- 调整用螺旋千斤顶

（三）滑升模板

滑升模板是一种工具式模板，最适于现场浇筑高耸的圆形、矩形及筒壁结构。如筒仓、储煤塔、竖井等。近年来，滑升模板施工技术有了进一步的发展，不但适用浇筑高耸的变截载面结构，如烟囱、双曲线冷却塔，且应用于剪力墙、筒体结构等高层建筑的施工。

滑升模板施工的特点，是在建筑物或构筑物底部，沿其墙、柱、梁等构件的周边组装高 1.2m 左右的模板。随着在模板内不断浇筑混凝土和不断向上绑扎钢筋的同时，利用一套提升设备，将模板装置不断向上提升，使混凝土连续成型，直到需要浇筑的高度为止。

用滑升模板可以节约大量的模板和脚手架，节省劳动力，施工速度快，工程费用低，结构整体性好，但模板一次投资多，耗钢量大，对建筑的立面和造型有一定的限制。

滑升模板是由模板系统、操作平台系统和提升机具系统三部分组成。模板系统包括模板、围圈和提升架等，它的作用主要是成型混凝土。操作平台系统包括了操作平台、辅助平台和外吊脚手架等，是施工操作的场所。提升机具系统包括支撑杆、千斤顶和提升操纵装置等，是滑升的动力，这三部分通过提升架连成整体，构成整套滑升模板装置，如图 3-15 所示。

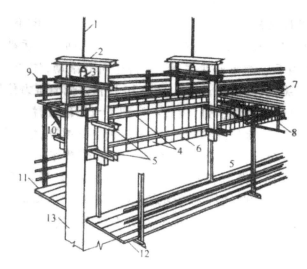

图 3-15　滑升模板组成示意图

1- 支撑杆；2- 提升架；3- 液压千斤顶；4- 围圈；5- 围圈支托；6- 模板；7- 操作平台；8- 平台桁架；9- 栏杆；10- 外排三角架；11- 外吊脚手；12- 内吊脚手；13- 混凝土墙体

　　滑升模板装置的全部荷载是通过提升架传递给千斤顶，再由千斤顶传递给支撑杆承受。

　　千斤顶是使滑升模板装置沿支撑杆向上 HQ-30 型液压千斤顶，其主要由活塞、缸筒、底座、上卡头、下卡头和排油弹簧等部件组成，如图 3-16 所示。它是一种穿心式单作用液压千斤顶，支撑杆从千斤顶的中心通过，千斤顶只能沿支撑杆向上爬升，不能下降。起重质量为 30 kN，工作行程为 30mm。

　　施工时，用螺栓将千斤顶固定在提升架的横梁上，支撑杆插入千斤顶的中心孔内。由于千斤顶的上、下卡头中分别有 7 个小钢球，在卡内呈环状排列，支撑在 7 个斜孔内的卡头小弹簧上，当支撑杆插入时，即被上、下卡头的钢珠夹紧。当要提升时，开动油泵，将油液从千斤顶的进油口压入油缸，在活塞与缸盖间加压，这时油液下压活塞，上压缸盖。由于活塞与上卡头是连成一体的，所以当活塞受油压作用被下压时，即上卡头受到下压力的作用，产生下滑趋势，此时卡头内钢球在支撑杆的摩擦力作用下便沿斜孔向上滚动，使 7 个钢球所组成的圆周缩小，进而夹紧支撑杆，使上卡头与支撑杆锁紧，不能向下运动，因此活塞也不能向下运动。与此同时缸盖受到油液上压力的作用，使下卡头受到一向上的力的作用，须向上运动，因而使下卡头内的钢球在支撑杆摩擦力作用下压缩卡头小弹簧，沿斜孔向下滚动，使 7 个钢球所组成的圆周扩大，下卡头与支撑杆松脱，进而缸盖、缸筒、底座和下卡头在油压力作用下向上运动，相应地带动提升架等整个滑升模板装置上升，一直上升到下卡头顶紧时为止，这样千斤顶便上升了一个工作行程。这时排油弹簧呈压缩状态，上卡头锁住支撑杆，承受滑升模板装置的全部荷载。回油时，油液压力被解除，在排油弹簧和模板装置荷载作用下，下卡头又由于小钢球的作用与支撑杆锁紧，接替并支撑上卡头所承受的荷载，因而缸筒和底座不能下降。上长头那么由于排油弹簧的作用使支撑杆松脱，并与活塞一起被推举向上运动，直到活塞与缸盖顶紧为止，与此同时，油缸内的油液便被排回油箱。这时千斤顶便完成一次上升循环。一个工作循环中千斤顶只上升一次，行程约30mm。回油时，千斤顶不上升，也不下降。通过不断地进油重复工作循环，千斤顶也就沿着支撑杆向上爬升，模板被带着不断向上滑升。

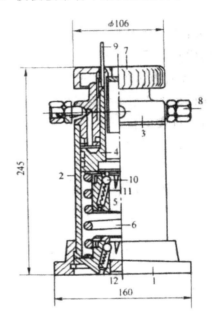

图 3-16　HQ-30 液压千斤顶（单位：mm）

1- 底座；2- 缸筒；3- 缸盖；4- 活塞；5- 上卡头；6- 排油弹簧；7- 行程调整帽；8- 油嘴；9-行程指示杆；10- 钢球；11- 卡头小弹簧；12- 下卡头

液压千斤顶的进油、回油是由油泵、油箱、电动机、换向阀、溢流阀等集中安装在一起的液压控制台操纵进行的，液压控制台放在操作平台上，随着滑升模板装置一起同时上升。

（四）爬升模板

爬升模板简称爬模，是施工剪力墙和筒体结构的混凝土结构高层建筑和桥墩、桥塔等的一种有效的模板体系，我国已推广应用。由于模板能自爬，不需起重运输机械吊运，减少了施工中的起重运输机械的工作量，能避免大模板受大风的影响。由于自爬的模板上还可悬挂脚手架，所以可以省去结构施工阶段的外脚手架，因此其经济效益较好。

爬模分为有爬架爬模和无爬架爬模两类。有爬架爬模由爬升模板、爬架和爬升设备 3 部分组成（图 3-17）。

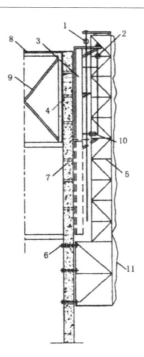

图 3-17 有爬架爬模

1- 提升外模板的动力机构；2- 提升外爬架的动力机构；3- 外爬升模板；4- 预留孔；5- 外爬架（包括支撑架和附墙架）；6- 螺栓；7- 外墙；8- 楼板模板；9- 楼板模板支撑；10- 模板校正器；11- 安全网

爬架是格构式钢架，用来提升外爬模，由下部附墙架与上部支撑架两部分组成，总高度应大于每次爬升高度的 3 倍。附墙架用螺栓固定在下层墙壁上；上部支撑架高度大于两层模板的高度，坐落在附墙架上，与之成为整体。支撑架上端有挑横梁，用以悬吊提升爬升模板用的提升动力机构（如手拉葫芦、千斤顶等），通过提升动力机构提升模板。

模板顶端装有提升外爬架用的提升动力，在模板固定之后，通过它提升爬架。由此，爬架与模板相互提升，向上施工。爬升模板的背面还可悬挂外脚手架。

提升动力可为手拉葫芦、电动葫芦或液压千斤顶和电动千斤顶。手拉葫芦简单易行，由人力操纵。例如，用液压千斤顶，则爬架、爬升模板各用一台油泵供油。爬杆用由 25 圆钢，用螺帽和垫板固定在模板或爬架的挑横梁上。

桥墩和桥塔混凝土浇筑用的模板，也可用有爬架的爬模，如桥墩和桥塔为斜向的，则爬架与爬升模板也应斜向布置，进行斜向爬升以适应该桥墩和桥塔的倾斜及截面变化的需要。

无爬架爬模取消了爬架，模板由甲、乙两类模板组成。爬升之时，两类模板间隔布置、互为依托，通过提升设备使两类相邻模板交替爬升。

甲、乙两类模板中，甲型模板为窄板，高度大于两个提升高度；乙型模板按混凝土浇筑高度配置，与下层墙体应有搭接，以免漏浆。两类模板交替布置，甲型模板布置在转角处，或较长的墙中部。内、外模板用对销螺栓拉结固定。

爬升装置由三角爬架、爬杆和液压千斤顶组成。三角爬架插在模板上口两端的套筒内，套筒与背棱连接，三角爬架可自由回转，用来支撑爬杆。爬杆为4)25在三角爬架上。每块模板上装有两台液压千斤顶，乙型模板装在模板上口两端，甲型模板安装在模板中间偏上处。

爬升时，先放松穿墙螺栓，并使墙外侧的甲型模板与混凝土脱离。调整乙型模板上三角爬架的角度，装上爬杆，爬杆下端穿入甲型模板中间的液压千斤顶中，然后拆除甲型模板的穿墙螺栓，起动千斤顶将甲型模板爬升至预定高度，待甲型模板爬升结束并固定后，再用甲型模板爬升乙型模板。

三、模板设计

定型模板和常用的模板拼板，在其适用范围内通常不需要进行设计或验算。但对于一些特殊结构、新型体系的模板，或超出适用范围的一般模板则应进行设计和验算。

根据我国规范规定，模板及其支架应根据工程结构形式、荷载大小、地基土类别、施工设备和材料供应等条件进行设计。

模板和支架的设计，包括选型、选材、荷载计算、结构计算、拟定制作、安装和拆除方案、绘制模板图等。

（一）荷载及荷载组合

在设计和验算模板、支架时应该考虑下列荷载。

1. 模板及支架自重力

模板及其支架的自重力，可根据模板设计图纸确定。肋形楼板模板及无梁楼板模板的自重力可以参考表 3-2 确定。

表 3-2　楼板模板自重力标准值

模板构件	组合钢模板	木模板
平板模板及小棱自重力 /（kN·m^{-2}）	0.5	0.3
楼板模板（包括梁模板）自重力 /（kN·m^{-2}）	0.75	0.5
楼板模板及其支架（楼层高度4m以下）自重力 /（kN·m^{-2}）	1.1	0.75

2. 新浇混凝土的自重标准值

普通混凝土可采用 24 kN/m³，其他混凝土可根据实际重力密度确定。

3. 钢筋自重标准值

根据设计图纸确定。对一般梁板结构每立方米钢筋混凝土结构的钢筋自重标准值可采用下列数值：楼板 1.1 kN；梁 1.5 kN。

4. 施工人员及设备荷载标准值

（1）计算模板及直接支撑模板的小棱时，均布活荷载为 2.5 N/m²，另应以集中荷载 2.5 kN 进行验算，取两者中较大的弯矩值。

（2）计算支撑小棱的构件时，均布活荷载为 1.5 N/m²。

（3）计算支架立柱及其他支撑结构构件时，都布活荷载为 1.0 N/m²。

对大型浇筑设备如上料平台，混凝土输送泵等按实际情况计算；木模板板条宽度小于 150mm 时，集中荷载可以考虑由相邻两块板共同承受；如果混凝土堆集料的高度超过 100mm 时，则按实际高度计算。

5. 振捣混凝土时产生的荷载标准值

水平面模板为 2.0 kN/m²；垂直面模板为 4.0 kN/m²（作用范围在新浇混凝土侧压力的有效压头高度之内）。

6. 新浇筑混凝土对模板侧面的压力标准值

新浇筑混凝土对模板侧压力的影响因素很多，如水泥品种与用量、骨料种类、水灰比、外加剂等混凝土原材料和混凝土的浇筑速度、混凝土的温度、振捣方式等外界施工条件及模板情况、构件厚度、钢筋用量及排放位置等，都是影响混凝土对模板侧压力的因素。其中，混凝土的容重、混凝土的浇筑速度、混凝土的温度及振捣方式等影响较大，它们是计算新浇筑混凝土对模板侧面的压力的控制因素。

（二）计算规定

计算钢模板、木模板及支架时都要遵守相应结构的设计规范。

验算模板及其支架的刚度时，其最大变形值不得超过下列允许值：对结构表面外露的模板，为模板构件计算跨度的 1/400；对结构表面隐蔽的模板，为模板构件计算跨度的 1/250，对支架的压缩变形值或弹性挠度，为相应的结构计算跨度的 1/1000。

支架的立柱或桁架应保持稳定，并用撑拉杆件固定。验算模板及其支架在自重和风荷载作用下的抗倾倒稳定性时，应符合有关规定。

四、模板拆除

在进行模板设计时，就应考虑模板的拆除顺序及拆除时间，以便提高模板的周转率，减少模板用量，降低了工程成本。

（一）拆模要求

现浇结构的模板及其支架拆除时的混凝土强度应符合设计要求，当设计无具体要求时应符合下列规定：一是侧模应在混凝土强度所保证其表面及棱角不因拆除模版而受损坏时，方可拆除。二是底模应在与结构同条件养护的试块达到规定强度时，方可拆除。

（二）拆模顺序

拆模应按一定的顺序进行，一般应遵循先支后拆、后支先拆、先非承重部位后承重部位以及自上而下的原则。重大复杂模板的拆除，事前应该制订拆除方案。

（三）拆模时注意事项

拆模时，操作人员应站在安全处，以免发生安全事故。拆模时应尽量不要用力过猛过急，严禁用大锤和撬棍硬砸硬撬，以避免混凝土表面或模板受到损坏。

拆下的模板及配件，严禁抛扔，要有人接应传递、按指定地点堆放，并做到及时维修和涂好隔离剂，以备待用。

在拆除模板过程中，当发现混凝土有影响结构安全的质量问题时，应暂停拆除，经过处理后，方可继续拆除。对已经拆除模板及其支撑的结构，应在混凝土强度达到设计混凝土强度等级的要求后，才允许承受全部使用荷载。

拆模后如发现有缺陷，应及时修补，对数量不多的小蜂窝或露石的结构，可先用钢丝刷或压力水清洗，然后用 $1:2 \sim 1:2.5$ 的水泥砂浆抹平。对蜂窝和露筋，应凿去全部深度内的薄弱混凝土层和个别突出的骨料，用钢丝刷和压力水冲洗后，用比原强度等级高一级的细骨料混凝土填塞，并仔细捣实。对于影响结构承重性能的缺陷，要会同有关单位研究后慎重处理。

第三节　混凝土工程

一、混凝土的制备

（一）混凝土配制强度的确定

为达到 95% 的保证率，首先应根据设计的混凝土强度标准值按照下式确定混凝土的配制强度：

$$f_{cu,o} = f_{cu,k} + 1.645\sigma \qquad (3-6)$$

公式中：$f_{cu,o}$ —— 混凝土的施工配制强度，MPa；

$f_{cu,k}$ —— 设计的混凝土强度标准值，MPa；

σ —— 施工单位的混凝土强度标准差，MPa。

当施工单位具有近期的同一品种混凝土强度资料时，其混凝土强度标准差应按下式计算：

$$\sigma = \sqrt{\frac{\sum_{i=1}^{M} f_{cu,i}^2 - N\mu_{fcu}^2}{N-1}} \qquad (3-7)$$

公式中：$f_{cu,i}$ —— 统计周期内同一品种混凝土第 N 组试件的强度值，MPa；

μ_{fcu} —— 统计周期内同一品种混凝土 N 组强度的平均值，MPa；

N —— 统计周期内同一品种混凝土试件的总组数，$N \geq 25$。

对预拌混凝土厂和预拌混凝土构件厂，统计周期可取 1 个月；对现场拌制混凝土的施工单位，统计周期可根据实际情况确定，但是不宜超过 3 个月。

当施工单位不具有近期的同一品种混凝土强度资料时，其混凝土强度标准差 σ 可按表 3-3 取用。

表 3-3　σ 值选用表

混凝土强度等级	$\leq$ C15	C20 $\sim$ C35	$\geq$ C40
σ /MPa	4.0	5.0	6.0

（二）混凝土施工配合比

混凝土的施工配合比是指在施工现场的实际投料比例，是据实验室提供的纯料（不含水）配合比及考虑现场砂石的含水率而确定的。

假设实验室配合比为水泥：砂：石子 $=1$ ：x ：y；水灰比为 W/C。现测得砂含水率为 W_x，石子含水率为 W_y，则施工配合比为

$$水泥：砂：石子 = 1 : x\left(1+W_x\right) : y\left(1+W_y\right)$$

水灰比 W/C 不变，但用水量应扣除砂石中所含水的质量。

（三）混凝土搅拌机选择

1. 搅拌机的选择

混凝土搅拌是将各种组成材料拌制成质地均匀、颜色一致且具备一定流动性的混凝土拌和物。如果混凝土搅拌得不均匀就不能获得密实的混凝土，就会影响混凝土的质量，因此搅拌是混凝土施工工艺中很重要的一道工序。由于人工搅拌混凝土质量差，消耗水泥多，而且劳动强度大，所以只有在工程量很小时才用人工搅拌，通常均采用机械搅拌。

混凝土搅拌机按其搅拌原理分为自落式和强制式两类（图 3-18）。

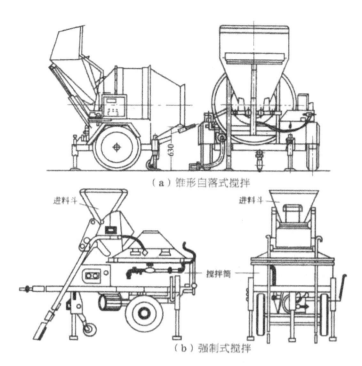

图 3-18 混凝土搅拌机

自落式搅拌机的搅拌筒内壁焊有弧形叶片,当搅拌筒绕水平轴旋转时,叶片不断将物料提升到一定高度,利用重力的作用自由落下。因为各物料颗粒下落的时间、速度、落点和;动距离不同,从而使物料颗粒达到混合的目的。自落式搅拌机宜于搅拌塑性混凝土和低流动性混凝土。

锥形反转出料搅拌机是自落式搅拌机中较好的一种,由于它的主副叶片分别与拌筒轴线成45°和40°夹角,故搅拌时叶片使物料做轴向窜动,因此搅拌运动比较强烈。它正转搅拌,反转出料,功率消耗大。这种搅拌机构造简单,质量轻,搅拌效率高,出料干净,维修保养方便。

强制式搅拌机利用运动着的叶片强迫物料颗粒朝环向、径向和竖向各个方面产生运动,使各物料均匀混合。强制式搅拌机作用比自落式强烈,应于搅拌干硬性混凝土和轻骨料混凝土。

强制式搅拌机分立轴式和卧轴式,立轴式又分涡浆式和行星式。1965 年,我国研制出构造简单的 JW 涡浆式搅拌机,尽管这种搅拌机生产的混凝土质量、搅拌时间、搅拌效率等明显优于鼓筒型搅拌机,但也存在一些缺点,例如动力消耗大、叶片和衬板磨损大、混凝土骨料尺寸大,易把叶片卡住而损坏机器等。卧轴式也分 JD 单卧轴搅拌机和 JS 双卧轴搅拌机,由旋转的搅拌叶片强制搅动,兼有自落和强制搅拌两种机能,搅拌强烈,搅拌的混凝土质量好,搅拌时间短,生产效率高。卧轴式搅拌机在我国是 1980 年才出现的,但发展很快,已经形成了系列产品,并有一些新结构出现。

选择搅拌机时,要根据工程量大小、混凝土的坍落度、骨料尺寸等而定,既要满

足技术上的要求，亦要考虑经济效果和节约能源。

2. 搅拌制度的确定

为了获得质量优良的混凝土拌和物，除了正确选择搅拌机外，还必须正确确定搅拌制度，即搅拌时间、投料顺序等。

（1）搅拌时间

搅拌时间是影响混凝土质量及搅拌机生产率的重要因素之一，时间过短，搅拌不均匀，会降低混凝土的强度及和易性；时间过长，不仅会影响搅拌机的生产率，而且会使混凝土和易性降低或产生分层离析现象。搅拌时间与搅拌机的类型、鼓筒尺寸、骨料的品种和粒径以及混凝土的坍落度等有关，混凝土搅拌的最短时间（自全部材料装入搅拌筒中起到卸料止）见表 3-4。

表 3-4　混凝土搅拌的最短时间

混凝土坍落度 /mm	搅拌机机型	搅拌机出料容量		
		＜ 250L	250 ～ 500L	＞ 500L
≤ 30	自落式	90s	120s	150s
	强制式	60s	90s	120s
＞ 30	自落式	90s	90s	120s
	强制式	60s	60s	90s

（2）投料顺序

投料顺序应从提高搅拌质量，减少叶片、衬板的磨损，减少拌和物与搅拌筒的黏结，减少水泥飞扬改善工作条件等方面综合考虑确定，常用方法有以下几种：

①一次投料法

在上料斗中先装石子，再加水泥和砂，然后一次投入搅拌机，在鼓筒内先加水或在料斗提升进料的同时加水。这种上料顺序使水泥夹在石子和砂中间，上料时不致飞扬，又不致黏住斗底，且水泥和砂先进入搅拌筒形成水泥砂浆，可以缩短包裹石子的时间。

②二次投料法

二次投料法又分为预拌水泥砂浆法和预拌水泥净浆法。预拌水泥砂浆法是先将水泥、砂和水加入搅拌筒内进行充分搅拌，成为均匀的水泥砂浆，再投入石子搅拌成均匀的混凝土。二次投料法搅拌的混凝土与一次投料法相比较，混凝土强度提高约15%，在强度相同的情况下，可节约水泥 15% ～ 20%。

③水泥裹砂法

水泥裹砂法又称为 SEC 法。采用这种方法拌制的混凝土称为 SEC 混凝土，也称作造壳混凝土。其搅拌程序是先加一定量的水，将砂表面的含水量调节到某一规定的数值后，再将石子加入与湿砂拌匀，然后将全部水泥投入，与润湿后的砂、石拌和，使水泥在砂、石表面形成一层低水灰比的水泥浆壳（此过程称为"成壳"），最后将剩余的水和外加剂加入，搅拌成混凝土。采用 SEC 法制备的混凝土与一次投料法相比，强度可提高 20% ～ 30%，且混凝土不易产生离析现象，泌水少，工作性能好。

（三）混凝土搅拌站

混凝土拌和物在搅拌站集中拌制，可做到自动上料、自动称量、自动出料和集中操作控制，机械化、自动化程度大大提高，劳动强度大大降低，使混凝土质量得到改善，可以取得较好的技术经济效果。施工现场可根据工程任务的大小、现场的具体条件、机具设备的情况，因地制宜的选用，例如采用移动式混凝土搅拌站等。

为了适应我国基本建设事业飞速发展的需要，一些大城市已开始建立混凝土集中搅拌站，目前的供应半径为 15～20 km。搅拌站的机械化及自动化水平一般较高，用自卸汽车直接供应搅拌好的混凝土，然后直接浇筑入模。这种供应"商品混凝土"的生产方式，在改进混凝土的供应，提高混凝土的质量以及节约水泥、骨料等方面有很多优点。

（四）搅拌制度确定

为了获得质量优良的混凝土拌和物，除正确选择搅拌机外，还必须正确确定搅拌制度，即搅拌时间、投料顺序及进料容量等。

1. 搅拌时间

搅拌时间是指从原材料全部投入搅拌筒时起，到开始卸料时为止所经历的时间。它与搅拌质量密切相关。它随搅拌机类型和混凝土的和易性的不同而变化。在一定范围内随搅拌时间的延长而强度有所提高，但过长时间的搅拌既不经济也不合理。因为搅拌时间过长，不坚硬的粗骨料在大容量搅拌机中会因脱角、破碎等而影响混凝土的质量。加气混凝土也会因搅拌时间过长而使含气量下降。为了保证混凝土的质量，应控制混凝土搅拌的最短时间。该最短时间是按一般常用搅拌机的回转速度确定的，不允许用超过混凝土搅拌机规定的回转速度进行搅拌来缩短搅拌延续时间。

2. 投料顺序

投料顺序应从提高搅拌质量、减少叶片和衬板的磨损、减少拌和物与搅拌筒的黏结、减少水泥飞扬、改善工作环境等方面综合考虑确定。常用的有一次投料法和两次投料法：一次投料法是在上料斗中先装石子，再加水泥和砂，然后一次投入搅拌机。对自落式搅拌机要在搅拌筒内先加部分水，投料时石子盖住水泥，水泥不致飞扬，且水泥和砂先进入搅拌筒形成水泥砂浆，可缩短包裹石子的时间。对立轴强制式搅拌机，因出料口在下部，不能先加水，应在投入原料的同时，缓慢均匀地分散地加水。

3. 进料容量

进料容量是将搅拌前各种材料的体积累积起来的容量，又称干料容量。进料容量 V_j 与搅拌机搅拌筒的几何容量 V_g 有一定的比例关系，一般情况下，V_j/V_B=0.22～0.40。如果任意超载（进料容量超过 10% 以上），就会使材料在搅拌筒内无充分的空间进行掺和，影响混凝土拌和物的均匀性。反之，如装料过少，则又不能充分发挥搅拌机的效能。

对拌制好的混凝土，应经常检查其均匀性与和易性，如有异常情况，应检查其配合比和搅拌情况，及时加以纠正。

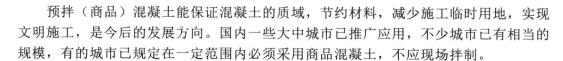

预拌（商品）混凝土能保证混凝土的质域，节约材料，减少施工临时用地，实现文明施工，是今后的发展方向。国内一些大中城市已推广应用，不少城市已有相当的规模，有的城市已规定在一定范围内必须采用商品混凝土，不应现场拌制。

二、混凝土的浇筑

（一）浇筑前的准备工作

混凝土浇筑前应做好必要的准备工作，对模板及其支架、钢筋、预埋件和预埋管线必须进行检查，并做好隐蔽工程的验收，符合设计要求后方能浇筑混凝土。

在地基或基土上浇筑混凝土时，应清除淤泥和杂物，并应有排水和防水措施。对干燥的非黏性土，应用水湿润；对未风化的岩石，应用水清洗，但其表面不得有积水。

在浇筑混凝土之前，将模板内的杂物和钢筋上的油污等应清理干净；对模板的缝隙及孔洞立即堵严；对木模板应浇水湿润，但是不得有积水。

（二）浇筑混凝土的一般规定

混凝土自高处自由倾落的高度不应超过 2 m，当浇筑竖向结构混凝土时，倾落高度不应超过 3 m，否则应采用串筒、溜管、斜槽或振动溜管等下料，以防粗集料下落动能大，积聚在结构底部，造成混凝土分层离析。

当降雨雪时，不宜露天浇筑混凝土，当需浇筑时，应该采取有效措施，以确保混凝土质量。混凝土必须分层浇筑，浇筑层的厚度应符合表 3-5 的要求。

表 3-5　混凝土浇筑层厚度

捣实混凝土的方法		浇筑层的厚度
插入式振捣		振捣器作用部分长度的 1.25 倍
表面振捣		200
人工捣固	在基础、无筋混凝土或配筋稀疏的结构中	250
	在梁、墙板、柱结构中	200
	在配筋密列的结构中	150
轻集料混凝土	插入式振捣	300
	表面振动（振动时需加荷）	200

浇筑混凝土应连续进行，当必须间歇时，其间歇时间宜短，并应在前层混凝土凝结之前将次层混凝土浇筑完毕。

施工缝的位置应在混凝土浇筑之前确定，并宜留置在结构受剪力较小且便于施工的部位。施工缝的留置位置应符合下列规定：①柱宜留置在基础的顶面、梁或吊车梁牛腿的下面、吊车梁的上面、无梁楼板柱帽的下面。②和板连成整体的大截面梁，留置在板底面以下 20～30mm 处。当板下有梁托时，留置在梁托下部。③单向板，留置在平行于短边的任何位置。④有主次梁的楼板宜顺着次梁方向浇筑，施工缝应留置在次梁跨度中间 1/3 范围内。

（三）多层框架剪力墙结构的浇筑

1. 柱子的浇筑

同一施工段内每排柱子应由外向内对称地顺序浇筑，不要由一端向另一端顺序推进，以防止柱子模板受推向一侧倾斜，造成误差积累过大而难以纠正。为防止柱子根部出现蜂窝麻面，柱子底部应先浇筑一层厚 50 ～ 100mm 和所浇筑混凝土内砂浆成分相同的水泥砂浆或水泥浆，然后再浇入混凝土。并应加强根部振捣，使新旧混凝土紧密结合，应控制住每次投入模板内的混凝土数量，以保证不超过规定的每层浇筑厚度。如柱子和梁分两次浇筑，在柱子顶端留施工缝。当处理施工缝时，应将柱顶处厚度较大的浮浆层处理掉。如柱子和梁一次浇筑完毕，不留施工缝，那么在柱子浇注完毕后应间隔 1 ～ 1.5 h，待混凝土沉实后，再继续浇筑上面的梁板结构。

2. 剪力墙

框架结构中的剪力墙亦应分层浇筑，其根部浇筑方法与柱子相同。当浇筑到顶部时因浮浆积聚太多，应适当减少混凝土配合比中的用水量。对于有窗口的剪力墙应在窗口两侧对称下料，以防压斜窗口模板，对墙口下部的混凝土应加强振捣，以防出现孔洞。墙体浇筑后间歇 1 ～ 1.5 h 后待混凝土沉实，方可浇筑上部梁板结构。

梁和板宜同时浇筑，当梁高度大于 1 m 时方可将梁单独浇筑。

当采用预制楼板，硬架支模时，应加强梁部混凝土的振捣和下料，严防出现孔洞。并加强楼板的支撑系统，以确保模板体系的稳定性。当有叠合构件时，对现浇的叠合部位应随时用铁插尺检查混凝土厚度。

当梁柱混凝土标号不同时，应先用与柱同标号的混凝土浇筑柱子与梁相交的结点处，用铁丝网将结点与梁端隔开，在混凝土凝结前，及时地浇筑梁的混凝土，不要在梁的根部留施工缝。

（四）大体积混凝土结构浇筑

大体积混凝土工程在水利工程中比较多见，在工业与民用建筑中多为设备基础、桩基承台或基础底板等，其整体性要求高，施工中往往不允许留施工缝。

大体积混凝土基础的整体性要求高，通常要求混凝土连续浇筑，一气呵成。施工工艺上应做到分层浇筑、分层捣实，但又必须保证上下层混凝土在初凝之前结合好，不致形成施工缝。在特殊的情况下可以留有基础后浇带，即在大体积混凝土基础中预留有一条后浇的施工缝，将整块大体积混凝土分成两块或若干块浇筑，待所浇筑的混凝土经一段时间的养护干缩后，再在预留的后浇带中浇筑补偿收缩混凝土，使分块的混凝土连成一个整体。

大体积混凝土结构的浇筑方案可分为全面分层、分段分层和斜面分层 3 种。全面分层法要求混凝土的浇筑速度较快，分段分层法次之，斜面分层法最慢。

浇筑方案应根据整体性要求、结构大小、钢筋疏密、混凝土供应等具体情况进行选用。

1. 全面分层

在整个基础内全面分层浇筑混凝土，要做到第一层全面浇筑完毕回来浇筑第二层时，第一层浇筑的混凝土还未初凝，如此逐层进行，直至浇筑完毕。这种方案适用于结构的平面尺寸不太大，施工时从短边开始，沿长边进行较适宜。必要时也可分为两段，从中间向两端或从两端向中间同时进行。

2. 分段分层

分段分层适宜于厚度不太大而面积或长度较大的结构，混凝土从底层开始浇筑，进行一定距离后回来浇筑第二层，如此依次向前浇筑以上各分层。

3. 斜面分层

斜面分层适用于结构的长度超过厚度的 3 倍。振捣工作应从浇筑层的下端开始，逐渐上移，以保证混凝土施工质量。

分层的厚度决定于振动器的棒长和振动力的大小，也需考虑混凝土的供应量大小和可能浇筑量的多少，一般为 20 ～ 30 cm。

大体积混凝土浇筑的关键问题是水泥的水化热量大，积聚在内部造成内部温度升高，而结构表面散热较快，由于内外温差大，所以在混凝土表面产生裂纹。还有一种裂纹是当混凝土内部散热后，体积收缩，由于基底或前期浇筑的混凝土与其不能同步收缩，而造成对上部混凝土的约束，接触面处会产生很大的拉应力，当超过混凝土的极限拉应力时，混凝土结构会产生裂缝。此种裂缝严重者会贯穿整个混凝土截面。

要防止大体积混凝土浇筑后产生裂缝，就要尽量避免水泥水化热的积聚，使混凝土内外温差不超过 25℃。为此，首先应选用低水化热的矿渣水泥、火山灰水泥或粉煤灰水泥；掺入适量的粉煤灰以降低水泥用量；扩大浇筑面和散热面，降低浇筑速度或减小浇筑厚度。必要时采取人工降温措施，如采用风冷却，或向搅拌用水中投冰块以降低水温，但不得将冰块直接投入搅拌机。实在不行，可以在混凝土内部埋设冷却水管，用循环水来降低混凝土温度。在炎热的夏季，混凝土浇筑时的温度不宜超过 28℃。最好选择在夜间气温较低时浇筑，必要时，经计算并征得设计单位同意可留施工缝而分层浇筑。

第四节　砌体工程

砌筑工程是指在建筑工程中使用普通黏土砖、承重黏土空心砖、蒸压灰砂砖、粉煤灰砖、各种中小型砌块和石材等材料进行砌筑的工程。砖砌体的砌筑方法有"三一"砌砖法、挤浆法、刮浆法和满口灰法。其中，"三一"砌砖法和挤浆法最为常用。

一、砌体的一般要求

砌体可分为：①砖砌体，主要有墙和柱；②砌块砌体，多用于定型设计的民用房屋及工业厂房的墙体；③石材砌体，多用于带形基础、挡土墙以及某些墙体结构；④配筋砌体，在砌体水平灰缝中配置钢筋网片或在砌体外部的预留槽沟内设置竖向粗钢筋的组合砌体。

砌体除应采用符合质量要求的原材料外，还必须有良好的砌筑质量，以使砌体有良好的整体性、稳定性和良好的受力性能，一般要求灰缝横平竖直，砂浆饱满，厚薄均匀，砌块应上下错缝，内外搭砌，接槎牢固，墙面垂直；要预防不均匀沉降引起开裂；要注意施工中墙、柱的稳定性；冬期施工时还需要采取相应的措施。

二、毛石基础与砖基础砌筑

（一）毛石基础

1.毛石基础构造

毛石基础是用毛石与水泥砂浆或水泥混合砂浆砌成。所用毛石应质地坚硬、无裂纹、强度等级一般为 MU20 以上，砂浆宜用水泥砂浆，强度等级应不低于 M5。

毛石基础可作为墙下条形基础或柱下独立基础。按其断面形状有矩形、阶梯形和梯形等。基础顶面宽度比墙基底面宽度要大 200mm 以上；基础底面宽度依设计计算而定。梯形基础坡角应大于 60°。阶梯形基础每阶高不小于 300mm，每个阶挑出宽度不大于 200mm（图 3-19）。

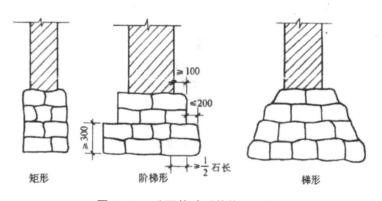

图 3-19　毛石基础（单位：mm）

2.毛石基础施工要点

（1）基础砌筑前，应先行验槽并将表面的浮土及垃圾清除干净。

（2）放出基础轴线及边线，其允许偏差应符合规范规定。

（3）毛石基础砌筑时，第一毛石块应坐浆，并大面向下；料石基础的第一毛石块应丁砌并坐浆。砌体应分皮卧砌，上下错缝，内外搭砌，不得采用先砌外面石块后中间填心的砌筑方法。

（4）石砌体的灰缝厚度：毛料石和粗料石砌体不宜大于 20mm，细料石砌体不宜大于 5mm。石块间较大的孔隙应先填塞砂浆后用碎石嵌实，不得采用先放碎石块后灌浆或干填碎石块的方法。

（5）为增加整体性和稳定性，应按规定设置拉结石。

（6）毛石基础的最上一皮及转角处、交接处和洞口处，应该选用较大的平毛石砌筑。有高低台的毛石基础，应从低处砌起，并由高台向低台搭接，搭接长度不小于基础高度。

（7）阶梯形毛石基础，上阶的石块应至少压砌下阶石块的 1/2，相邻阶梯毛石应相互错缝搭接。

（8）毛石基础的转角处和交接处应同时砌筑。若不能同时砌筑又必须留槎时，应砌成斜槎。基础每天可砌高度应不超过 1.2m。

（二）砖基础

1. 砖基础构造

砖基础下部通常扩大，称为大放脚。大放脚有等高式和不等高式两种。等高式大放脚是两皮一收，即每砌两皮砖，两边各收进 1/4 砖长；不等高式大放脚是两皮一收与一皮一收相间隔，即砌两皮砖，收进 1/4 砖长，再砌一皮砖，收进 1/4 砖长，如此往复。在相同底宽的情况下，后者可减小基础高度，但为保证基础的强度，底层需用两皮一收砌筑。大放脚的底宽应根据计算而定，各层大放脚的宽度应为半砖长的整倍数（包括灰缝）。

在大放脚下面为基础地基，地基一般用灰土、碎砖三合土或混凝土等。在墙基顶面应设防潮层，防潮层宜用 1：2.5 水泥砂浆加适量的防水剂铺设，其厚度通常为 20mm，位置在底层室内地面以下一皮砖处，即离底层室内地面下 60mm 处。

2. 砖基础施工要点

（1）砌筑前，应将地基表面的浮土及垃圾清除干净。

（2）基础施工前，应在主要轴线部位设置引桩，以控制基础、墙身的轴线位置，并从中引出墙身轴线，而后向两边放出大放脚的底边线。在地基转角、交接及高低踏步处预先立好基础皮数杆。

（3）砌筑时，可依皮数杆先在转角及交接处砌几皮砖，然后在其间拉准线砌中间部分。内外墙砖基础应同时砌起，如不能同时砌筑时应该留置斜槎，斜槎长度不应小于斜槎高度。

（4）基础底标高不同时，应从低处砌起，并由高处向低处搭接。如设计无要求，搭接长度不应小于大放脚的高度。

（5）大放脚部分一般采用一顺一丁砌筑形式。水平灰缝及竖向灰缝的宽度应控制在 10mm 左右，水平灰缝的砂浆饱满度不得小于 80%，竖缝要错开。要注意"丁"字及"十"字接头处砖块的搭接，在这些交接处，纵横墙要隔皮砌通。大放脚的最下一皮及每层的最上一皮应以丁砌为主。

（6）基础砌完验收合格后，应及时回填。回填土要在基础两侧同时进行，并且分层夯实。

三、砖墙砌筑

（一）砌筑形式

普通砖墙的砌筑形式主要有 5 种：一顺一丁、三顺一丁、梅花丁、两平一侧和全顺式。

1. 一顺一丁

一顺一丁是一皮全部顺砖与一皮全部丁砖间隔砌成。上下皮竖缝相互错开 1/4 砖长。这种砌法效率较高，适用于砌一砖、一砖半以及二砖墙。

2. 三顺一丁

三顺一丁是三皮全部顺砖与一皮全部丁砖间隔砌成。上下皮顺砖间竖缝错开 1/2 砖长；上下皮顺砖与丁砖间竖缝错开 1/4 砖长。这种砌法因顺砖较多效率较高，适用于砌一砖、一砖半墙。

3. 梅花丁

梅花丁是每皮中丁砖与顺砖相隔，上皮丁砖坐中于下皮顺砖，上下皮间竖缝相互错开 1/4 砖长。这种砌法内外竖缝每皮都能避开，故整体性较好，灰缝整齐，比较美观，但砌筑效率较低，适用于砌一砖及一砖半墙。

4. 两平一侧

两平一侧采用两皮平砌砖与一皮侧砌的顺砖相隔砌成。当墙厚为 3/4 砖时，平砌砖均为顺砖，上下皮平砌顺砖间竖缝相互错开 1/2 砖长；上下皮平砌顺砖与侧砌顺砖间竖缝相互 1/2 砖长。当墙厚为 5/4 砖长时，上下皮平砌顺砖与侧砌顺砖间竖缝相互错开 1/2 砖长；上下皮平砌丁砖与侧砌顺砖间竖缝相互错开 1/4 砖长。这种形式适合于砌筑 3/4 砖墙及 5/4 砖墙。

5. 全顺式

全顺式是各皮砖均为顺砖，上下皮竖缝相互错开 1/2 砖长。这类形式仅适用于砌半砖墙。

为了使砖墙的转角处各皮间竖缝相互错开，必须在外角处砌七分头砖（3/4 砖长）。当采用一顺一丁组砌时，七分头的顺面方向依次砌顺砖，丁面方向依次砌丁砖。

砖墙的"丁"字接头处，应分皮相互砌通，内角相交处竖缝应错开 1/4 砖长，并在横墙端头处加砌七分头砖。砖墙的"十"字接头处，应该分皮相互砌通，交角处的竖缝应相互错开 1/4 砖长。

（二）砌筑工艺

砖墙的砌筑一般有抄平、放线、摆砖、立皮数杆、盘角、挂线、砌筑、勾缝、清理等工序。

1. 抄平、放线

砌墙前先在基础防潮层或楼面上定出各层标高，并且用水泥砂浆或C10细石混凝土找平，然后根据龙门板上标志的轴线弹出墙身轴线、边线及门窗洞口位置。二楼以上墙的轴线可以用经纬仪或垂球将轴线引测上去。

2. 摆砖

摆砖，又称摆脚，是指在放线的基面上按选定的组砌方式用干砖试摆，目的是为了校对所放出的墨线在门窗洞口、附墙垛等处是否符合砖的模数，以尽可能减少砍砖，并使砌体灰缝均匀，组砌得当。一般在房屋外纵墙方向摆顺砖，在山墙方向摆丁砖，摆砖由一个大角摆到另一个大角，砖与砖留10mm缝隙。

3. 立皮数杆

皮数杆是指在其上划有每皮砖和灰缝厚度，以及门窗洞口、过梁、楼板等高度位置的一种木制标杆。砌筑时用来控制墙体竖向尺寸及各部位构件的竖向标高，并保证灰缝厚度的均匀性。

皮数杆一般设置在房屋的四大角以及纵横墙的交接处，若墙面过长时，应每隔10～15 m立一根。皮数杆需用水平仪统一竖立，使皮数杆上的±0.00与建筑物的±0.00相吻合，以后就可以向上接皮数杆。

4. 盘角、挂线

墙角是控制墙面横平竖直的主要依据，因此，一般砌筑时应先砌墙角，墙角砖层高度必须与皮数杆相符合，做到"三皮一吊，五皮一靠"。墙角必须双向垂直。墙角砌好后，即可挂小线，作为砌筑中间墙体的依据，以保证墙面平整，一般一砖墙、一砖半墙可用单面挂线，一砖半墙以上则应用双面挂线。

5. 砌筑、勾缝

砌筑操作方法各地不一，但应保证砌筑质量要求。通常采用"三一"砌砖法，即一块砖、一铲灰、一揉压，并随手将挤出的砂浆刮去的砌筑方法。这种砌法的优点是灰缝容易饱满、黏结力好、墙面整洁。

勾缝是砌清水墙的最后一道工序，可以用砂浆随砌随勾缝，叫作原浆勾缝；也可砌完墙后再用1：1.5水泥砂浆或加色砂浆勾缝，称为加浆勾缝。勾缝具有保护墙面和增加墙面美观的作用，为了确保勾缝质量，勾缝前应清除墙面黏结的砂浆和杂物，并洒水润湿，在砌完墙后，应画出1 cm的灰槽，灰缝可以勾成凹、平、斜或凸形状。勾缝完后尚应清扫墙面。

（三）施工要点

全部砖墙应平行砌筑，砖层必须水平，砖层正确位置用皮数杆控制，基础和每楼层砌完后必须校对一次水平、轴线和标高，在允许偏差范围内，其偏差值应在基础或楼板顶面调整。

砖墙的水平灰缝和竖向灰缝宽度一般为10mm，但不小于8mm，也不应该大于

12mm。水平灰缝的砂浆饱满度不得低于80%，竖向灰缝宜采用挤浆或加浆方法，使其砂浆饱满，严禁用水冲浆灌缝。

砖墙的转角处和交接处应同时砌筑。对不能同时砌筑而又必须留槎时，应砌成斜槎，斜槎长度不应小于高度的2/3。非抗震设防及抗震设防烈度为6度、7度地区的临时间断处，当不能留斜槎时，除转角处外，可留直接，但必须做成凸槎，并加设拉结筋。拉结筋的数量为每120mm墙厚放置1根ϕ6拉结钢筋（120mm厚墙放置2根ϕ6）拉结钢筋，间距沿墙高不应超过500mm，埋入长度从留槎处算起每边均不应小于500mm，对抗震设防烈度为6度、7度的地区，不应小于1 000mm，末端应该有90°弯钩。抗震设防地区不得留直槎。

隔墙与承重墙如不同时砌起而又不留成斜槎时，可于承重墙中引出阳槎，并在其灰缝中预埋拉结筋，其构造与上述相同，但每道不少于2根。抗震设防地区的隔墙，除应留阳槎外，还应设置拉结筋。

砖墙接槎时，必须将接槎处的表面清理干净，浇水润湿，并应填实砂浆，保持灰缝平直。每层承重墙的最上一皮砖、梁或梁垫的下面及挑檐、腰线等处，应是整砖丁砌。砖墙中留置临时施工洞口时，其侧边离交接处的墙面不应该小于500mm，洞口净宽度不应超过1 m。

砖墙相邻工作段的高度差，不得超过一个楼层的高度，也不宜大于4 m。工作段的分段位置应设在伸缩缝、沉降缝、防震缝或门窗洞口处。砖墙临时间断处的高度差，不得超过一步脚手架的高度。砖墙每天砌筑高度以不超过1.8 m为宜。

在下列墙体或部位中不得留设脚手眼：①120mm厚墙、料石清水墙和独立柱；②过梁上与过梁呈60°角的三角形范围及过梁净跨度1/2的高度范围内；③宽度小于1 m的窗间墙；④砌体门窗洞口两侧200mm（石砌体为300mm）和转角处450mm（石砌体为600mm）范围内；⑤梁或梁垫下以及其左右500mm范围内；⑥设计不允许设置脚手眼的部位。

四、配筋砌体

配筋砌体是由配置钢筋的砌体作为建筑物主要受力构件的结构。配筋砌体有网状配筋砌体柱、水平配筋砌体墙、砖砌体和钢筋混凝土面层或者钢筋砂浆面层组合砌体柱（墙）、砖砌体和钢筋混凝土构造柱组合墙和配筋砌块砌体剪力墙。

（一）配筋砌体的构造要求

配筋砌体的基本构造与砖砌体相同，不再赘述。下面主要介绍构造的不同点。

1. 砖柱（墙）网状配筋的构造

砖柱（墙）网状配筋，是在砖柱（墙）的水平灰缝中配有钢筋网片。钢筋上、下保护层厚度不应小于2mm。所用砖的强度等级不低于MU10，砂浆的强度等级不应低于M7.5，采用钢筋网片时，宜采用焊接网片，钢筋直径宜采用3～4mm；采用连弯网片时，钢筋直径不应大于8mm，且网的钢筋方向应互相垂直，沿砌体高度方向交错

设置。钢筋网中的钢筋的间距不应大于 120mm，并不应小于 30mm；钢筋网片竖向间距，不应大于 5 皮砖，并不应大于 400mm。

2. 组合砖砌体的构造

组合砖砌体是指砖砌体和钢筋混凝土面层或钢筋砂浆面层的组合砌体构件，有组合砖柱、组合砖壁柱和组合砖墙等。

组合砖砌体构件的面层混凝土强度等级宜采用 C20，面层水泥砂浆强度等级不宜低于 M10，砖强度等级不宜低于 MU10，砌筑砂浆的强度等级不宜低于 M7.5。砂浆面层厚度宜采用 30 ～ 45mm，当面层厚度大于 45mm 时，其面层应采用混凝土。

3. 砖砌体和钢筋混凝土构造柱组合墙

组合墙砌体宜用强度等级不低于 MU7.5 的普通砌墙砖与强度等级不低于 M5 的砂浆砌筑。

构造柱截面尺寸不宜小于 240mm×240mm，其厚度不应小于墙厚。砖砌体与构造柱的连接处应砌成马牙槎，并应沿墙高每隔 500mm 设 2 根 ϕ 6 拉结钢筋，且每边伸入墙内不宜小于 600mm。柱内竖向受力钢筋一般采用 HPB235 级钢筋，对于中柱，不宜少于 4 根 ϕ 12；对于边柱不宜少于 4 根 ϕ 14，其箍筋一般采用的 ϕ 200mm，楼层上下 500mm 范围内宜采用 ϕ 6@100mm。构造柱竖向受力钢筋应在基础梁和楼层圈梁中锚固。组合砖墙的施工程序应先砌墙之后浇混凝土构造桩。

4. 配筋砌块砌体构造要求

砌块强度等级不应低于 ME10；砌筑砂浆不应低于 Mb7.5；灌孔混凝土不应低于 Cb20。配筋砌块砌体柱边长不宜小于 400mm；配筋砌块砌体剪力墙厚度连梁宽度不应该小于 190mm。

（二）配筋砌体的施工工艺

配筋砌体施工工艺的弹线、找平、排砖搭底、墙体盘角、选砖、立皮数杆、挂线、留槎等施工工艺与普通砖砌体要求相同，下面主要介绍其不同点。

1. 砌砖及放置水平钢筋

砌砖宜采用"三一"砌砖法，即"一块砖、一铲灰、一揉压"，水平灰缝厚度和竖直灰缝宽度一般为 10mm，但不应小于 8mm，也不应大于 12mm。砖墙（柱）的砌筑应达到上下错缝、内外搭砌、灰缝饱满、横平竖直的要求。皮数杆上要标明钢筋网片、箍筋或拉结筋的位置，钢筋安装完毕，并且经隐蔽工程验收后方可砌上层砖，同时要保证钢筋上下至少各有 2mm 保护层。

2. 砂浆（混凝土）面层施工

组合砖砌体面层施工前，应清除面层底部的杂物，并浇水湿润砖砌体表面。砂浆面层施工从下而上分层施工，一般应两次涂抹，第一次是刮底，使受力钢筋与砖砌体有一定保护层；第二次是抹面，使面层表面平整。混凝土面层施工应支设模板，每次支设高度一般为 50 ～ 60 cm，并分层浇筑，振捣密实，待混凝土强度达到 30% 以上才能拆除模板。

3. 构造柱施工

构造柱竖向受力钢筋，底层锚固在基础梁上，锚固长度不应该小于35d（d为竖向钢筋直径），并保证位置正确。受力钢筋接长，可采用绑扎接头，搭接长度为35d，绑扎接头处箍筋间距不应大于200mm。楼层上下500mm范围内箍筋间距宜为100。砖砌体与构造柱连接处应砌成马牙槎，从每层柱脚开始，先退后进，每一马牙槎沿高度方向的尺寸不宜超过300mm，并沿墙高每隔500mm设2根 ϕ6拉结钢筋，且每边伸入墙内不宜小于1m；预留的拉结钢筋应位置正确，施工中不得任意弯折。浇筑构造柱混凝土之前，必须将砖墙和模板浇水湿润（若为钢模板，不浇水，刷隔离剂），并将模板内落地灰、砖碴和其他杂物清理干净。浇筑混凝土可分段施工，每段高度不宜大于2m，或每个楼层分两次浇灌，应用插入式振动器，分层捣实。

构造柱钢筋竖向位移不应超过100mm，每一马牙槎沿高度方向尺寸不应超过300mm。钢筋竖向位移和马牙槎尺寸偏差每一构造柱不应该超过2处。

五、砌块砌筑

用砌块代替烧结普通砖做墙体材料，是墙体改革的一个重要途径。近些年来，中小型砌块在我国得到了广泛应用。常用的砌块有粉煤灰硅酸盐砌块、混凝土小型空心砌块、煤矸石砌块等。砌块的规格不统一，中型砌块一般高度为380～940mm，长度为高度的1.5～2.5倍，厚度为180～300mm，每块砌块的质量为50～200 kg。

（一）砌块排列

由于中小型砌块体积较大、较重，不如砖块可以随意搬动，多用专门设备进行吊装砌筑，且砌筑时必须使用整块，不像普通砖可随意砍凿，因此，在施工前，须根据工程平面图、立面图及门窗洞口的大小、楼层标高、构造要求等条件，绘制各墙的砌块排列图，以指导吊装砌筑施工。

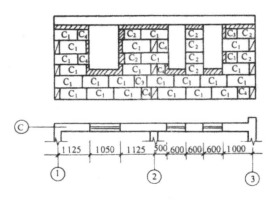

图 3-20　砌块排列图（单位：mm）

砌块排列图按每片纵横墙分别绘制（图3-20）。其绘制方法是在立面上用1：50或1：30的比例绘出纵横墙，然后将过梁、平板、大梁、楼梯及孔洞等在墙面上标出，由纵墙和横墙高度计算皮数，画出水平灰缝线，并保证砌体平面尺寸和高度是块体加灰缝尺寸的倍数，再按砌块错缝搭接的构造要求与竖缝大小进行排列。对砌块进行排列时，注意尽量以主规格砌块为主，辅助规格砌块为辅，减少镶砖。小砌块墙体应对孔错缝搭砌，搭接长度不应小于 90mm。墙体的个别部位不能满足上述要求时，应在灰缝中设置拉结钢筋或钢筋网片，但竖向通缝仍不得超过两皮小砌块。砌块中水平灰缝厚度一般为 10 ～ 20mm，有配筋的水平灰缝厚度为 20 ～ 25mm；竖缝的宽度为 15 ～ 20mm，当竖缝宽度大于 30mm 时，应用强度等级不低于 C20 的细石混凝土填实，当竖缝宽度 ≥ 150mm 或楼层高不是砌块加灰缝的整数倍时，应用普通砖镶砌。

（二）砌块施工工序

砌块施工的主要工序：铺灰→砌块吊装就位→校正→灌缝→镶砖。

1. 铺灰

砌块墙体所采用的砂浆，应具有良好的和易性，其稠度以 50 ～ 70mm 为宜，铺灰应平整饱满，每次铺灰长度一般不超过 5 m，炎热天气以及严寒季节应该适当缩短。

2. 砌块吊装就位

砌块安装通常采用两种方案：

一是以轻型塔式起重机进行砌块、砂浆的运输，以及楼板等预制构件的吊装，由台灵架吊装砌块。

二是以井架进行材料的垂直运输、杠杆车进行楼板吊装，所有预制构件及材料的水平运输则用砌块车和劳动车，台灵架负责砌块的吊装，前者适用于工程量大或两幢房屋对翻流水的情况，后者适用于工程量小的房屋。

砌块的吊装一般按施工段依次进行，其次序为先外后内，先远后近，先下后上，在相邻施工段之间留阶梯形斜槎。吊装时应从转角处或砌块定位处开始，采用摩擦式夹具，按砌块排列图将所需砌块吊装就位。

3. 校正

砌块吊装就位后，用托线板检查砌块的垂直度，拉准线检查水平度，并用撬棍、楔块调整偏差。

4. 灌缝

竖缝可用夹板在墙体内外夹住，然后灌砂浆，用竹片插或铁棒捣，使其密实。当砂浆吸水后用刮缝板把竖缝和水平缝刮齐。灌缝后，通常不应再撬动砌块，以防损坏砂浆黏结力。

5. 镶砖

当砌块间出现较大竖缝或过梁找平时，应镶砖。镶砖砌体的竖直缝和水平箍应控制在 15 ～ 30mm 以内，镶砖工作应在砌块校正后即刻进行，镶砖时应注意使砖的竖缝灌密实。

（三）砌块砌体质量检查

砌块砌体质量应符合下列规定：

1. 砌块砌体砌筑的基本要求与砖砌体相同，但搭接长度不应该少于 150mm。

2. 外观检查应达到：墙面清洁，勾缝密实，深浅一致，交接平整。

3. 经试验检查，在每一楼层或 250 m3 砌体中，一组试块（每组 3 块）同强度等级的砂浆或细石混凝土的平均强度不得低于设计强度最低值，对砂浆不得低于设计强度的 75%；对于细石混凝土不得低于设计强度的 85%。

4. 预埋件、预留孔洞的位置应符合设计要求。

六、填充墙砌体工程施工

在框架结构的建筑中，墙体一般只起围护与分隔的作用，常用体轻、保温性能好的烧结空心砖或小型空心砌块砌筑，其施工方法与施工工艺与一般砌体施工有所不同。

砌体和块体材料的品种、规格、强度等级必须符合图纸设计要求，规格尺寸应一致，质量等级必须符合标准要求，并应有出厂合格证明、试验报告单；蒸压加气混凝土砌块和轻骨料混凝土小型砌块砌筑时的产品龄期应超过 28 d。

填充墙砌体应在主体结构及相关分部已施工完毕，并经有关部门验收合格后进行。砌筑前，应认真熟悉图纸以及相关构造及材料要求，核实门窗洞口位置和尺寸，计算出窗台及过梁圈梁顶部标高，并根据设计图纸及工程实际情况，编制出专项施工方案和施工技术交底。填充墙砌体施工工艺及要求有如下几点：

（一）基层清理

在砌筑砌体前应对基层进行清理，把基层上的浮浆灰尘清扫干净并浇水湿润。块材的湿润程度应符合规范及施工要求。

（二）施工放线

放出每一楼层的轴线、墙身控制线和门窗洞的位置线。在框架柱上弹出标高控制线以控制门窗上的标高及窗台高度。施工放线完成，经过验收合格后，方能进行墙体施工。

（三）墙体拉结钢筋

1. 墙体拉结钢筋有多种留置方式，目前主要采用预埋钢板再焊接拉结筋、用膨胀螺栓定先焊在铁板上的预留拉结筋以及采用植筋方式埋设拉结筋等方式。

2. 采用焊接方式连接拉结筋，单面搭接焊的焊缝长度应不小于 10 倍钢筋直径，双面搭接焊的焊缝长度应不小于 5 倍钢筋直径。焊接不应有边、气孔等质量缺陷，并进行焊接质量检查验收。

3. 采用植筋方式埋设拉结筋，埋设的拉结筋位置较为准确，操作简单不伤结构，但应通过抗拔试验。

（四）构造柱钢筋

在填充墙施工前应先将构造柱钢筋绑扎完毕，构造柱竖向钢筋与原结构上预留插孔的搭接绑扎长度应满足设计要求。

（五）立皮数杆、排砖

1. 在皮数杆上标出砌块的皮数及灰缝厚度，并且标出窗、洞及墙梁等构造标高。

2. 根据要砌筑的墙体长度、高度试排砖，摆出门、窗及孔洞的位置。

3. 外墙壁第一皮砖摆底时，横墙应排丁砖，梁及梁垫的下面一皮砖、窗台台阶水平面上一皮应用丁砖砌筑。

（六）填充墙砌筑

1. 拌制砂浆

（1）砂浆配合比应用质量比，计量精度为水泥 ±2%，砂及掺合料 ±5%，砂应计入其含水量对配料的影响。

（2）宜用机械搅拌，投料顺序为砂→水泥→掺合料→水，搅拌时间不少于 2 min。

（3）砂浆应随拌随用，水泥或水泥混合砂浆通常在拌合后 3～4 h 内用完，气温在 30℃ 以上时，应在 2～3h 内用完。

2. 砖或砌块应提前 1 ̄ 2 d 浇水湿润

湿润程度以达到水浸润砖体深度 15mm 为宜，含水率为 10%～15%。不宜在砌筑时临时浇水，严禁干砖上墙，严禁在砌筑后向墙体洒水。蒸压加气混凝土砌块因含水率大于 35%，只能在砌筑时洒水湿润。

3. 砌筑墙体

（1）砌筑蒸压加气混凝土砌块和轻骨料混凝土小型空心砌块填充墙时，墙底部应砌 200mm 高烧结普通砖、多孔砖或普通混凝土空心砌块或浇筑 200mm 高混凝土坎台，混凝土强度等级宜为 C20。

（2）填充墙砌筑必须内外搭接、上下错缝、灰缝平直及砂浆饱满。操作过程中要经常进行自检，如有偏差，应随时纠正，严禁事后采用撞砖纠正。

（3）填充墙砌筑时，除构造柱的部位外，墙体的转角处和交接处应同时砌筑，严禁无可靠措施的内外墙分砌施工。

（4）填充墙砌体的灰缝厚度和宽度应正确。空心砖、轻骨料混凝土小型空心砌块的砌体灰缝应为 8～12mm，蒸压加气混凝土砌块砌体的水平灰缝厚度、竖向灰缝宽度分别为 15mm 和 20mm。

（5）墙体一般不留槎，如必须留置临时间断处，应砌成斜槎，斜槎长度不应小于高度的 2/30 施工时不能留成斜槎时，除转角处外，可以于墙中引出直凸槎（抗震设防地区不得留直槎）。直槎墙体每间隔高度 ≤ 500mm，应在灰缝中加设拉结钢筋，拉结筋数量按 120mm 墙厚放 1 根 ϕ 6 的钢筋，埋入长度从墙的留槎处算起，两边均不应小于 500mm，末端应有 90°弯钩。拉结筋不得穿过烟道和通气管。

（6）砌体接槎时，必须将接槎处的表面清理干净，浇水湿润，并应填实砂浆，保持灰缝平直。

（7）填充墙砌至近梁、板底时，应留一定空隙，待填充墙砌筑完并间隔 7 d 后，再将其补砌挤紧。

（8）木砖预埋：木砖经防腐处理，木纹应与钉子垂直，埋设数量按洞口高度确定；洞口高度≤2 m，每边放 2 块，高度在 2～3 m 时，每边放 3～4 块。预埋木砖的部位一般在洞口上下 4 皮砖处开始，中间均匀分布或按设计预埋。

（9）设计墙体上有预埋、预留的构造，应该随砌随留随复核，确保位置正确构造合理。不得在已砌筑好的墙体中打洞。墙体砌筑中，不得搁置脚手架。

（10）凡穿过砌块的水管，应严格防止渗水、海水。在墙体内敷设暗管时，只能垂直埋设，不得水平开槽，敷设应在墙体砂浆达到强度后进行。混凝土空心砌块预埋管应提前专门做有预埋槽的砌块，不得墙上开槽。

（11）加气混凝土砌块切锯时应用专用工具，不得用斧子或瓦刀任意砍劈，洞口两侧应选用规则整齐的砌块砌筑。

（六）构造柱、圈梁

有抗震要求的砌体填充墙按设计要求应设置构造柱、圈梁，构造柱的宽度由设计确定，厚度一般与墙壁等厚，圈梁宽度与墙等宽，高度不应该小于120mm。圈梁、构造柱的插筋宜优先预埋在结构混凝土构件中或后植筋，预留长度符合设计要求。构造柱施工时按要求应留设马牙槎，马牙槎宜先退后进，进退尺寸不小于 60mm，高度不宜超过300mm。当设计无要求时，构造柱应设置在填充墙的转角处、T 形交接处或端部；当墙长大于 5 m 时，应间隔设置。圈梁宜设在填充墙高度中部。

支设构造柱、圈梁模板时，宜采用对拉栓式夹具，为了防止模板与砖墙接缝处漏浆，宜用双面胶条黏结。构造柱模板根部应留垃圾清扫孔。在浇灌构造柱、圈梁混凝土前，必须向柱或梁内砌体和模板浇水湿润，并且将模板内的落地灰清除干净，先注入适量水泥砂浆，再浇灌混凝土。振捣时，振捣器应避免触碰墙体，严禁通过墙体传振。

七、砌体的冬期施工

当室外日平均气温连续 5 d 稳定低于5℃时，砌体工程应采取冬期施工措施，并应在气温突然下降时及时采取防冻措施。

冬期施工所用的材料应符合如下规定：①砖和石材在砌筑前，应清除冰霜，遭水浸冻后的砖或砌块不得使用。②石灰膏、黏土膏和电石膏等应防止受冻，如遭冻结，应经融化后使用。③拌制砂浆所用的砂，不得含有冰块和直径大于10mm的冰结块。④冬期施工不得使用无水泥配制的砂浆，砂浆宜采用普通硅酸盐水泥拌制，拌和砂浆宜采用两步投料法。水的温度不得超过80℃，砂的温度不得超过40℃。

普通砖、多孔砖和空心砖在正温度条件下砌筑应适当地浇水润湿；在负温度条件下砌筑时，可不浇水，但必须增大砂浆的稠度。

冬期施工砌体基础时还应注意基土的冻胀性。当基土无冻胀性时，地基冻结还可以进行基础的砌筑，但当基土有冻胀性时，应在未冻胀的地基土上砌筑。在施工期间和回填土前，还应防止地基遭受冻结。

砌体工程的冬期施工可采用掺盐砂浆法。但对配筋砌体、有特殊装饰要求的砌体、处于潮湿环境的砌体、有绝缘要求的砌体以及经常处于地下水位变化范围内又无防水措施的砌体不得采用掺盐砂浆法，可以采用掺外加剂法、暖棚法、冻结法等冬期施工方法。当采用了掺盐砂浆法施工时，砂浆的强度宜比常温下设计强度提高一级，冬期施工中，每日砌筑后应及时在砌体表面覆盖保温材料。

第四章　电气工程施工技术

第一节　电气照明

一、配电箱（盘）安装

（一）配电箱（盘）安装工艺流程

1. 明装配电箱

测量定位→支架制作安装与固定螺栓安装→箱体固定→配线→绝缘测试→通电试运行。

2. 暗装配电箱

测量定位→箱体安装→箱（盘）芯安装→盘面安装→配线→绝缘测试→通电试运行。

（二）施工方法

1. 测量定位

根据施工图纸确定配电箱（盘）位置，并且按照箱（盘）的外形尺寸进行弹线定位。

2. 明装配电箱（盘）支架制作安装

依据配电箱底座尺寸制作配电箱支架，把角钢调直，量好尺寸，画好锯口线，锯断煨弯，钻出孔位，并且将对口缝焊牢，埋注端做成燕尾，之后除锈，刷防锈漆，按需要标高用水泥砂浆埋牢。

3. 明装配电箱（盘）固定螺栓安装

在混凝土墙或砖墙上采用金属膨胀螺栓固定配电箱（盘）。首先根据弹线定位确定固定点位置，用冲击钻在固定点位置处钻孔，其孔径及深度应刚好将金属膨胀螺栓的胀管部分埋入，并且孔洞应平直不得歪斜。

4. 明装配电箱（盘）穿钉制作安装

在空心砖墙上，可采用穿钉固定配电箱（盘）。根据墙体厚度截取适当长度的圆钢制作穿钉。背板可采用角钢或钢板，钢板和穿钉的连接方式可采用焊接或螺栓连接。

5. 明装配电箱（盘）箱体固定

根据不同的固定方式，把箱体固定在紧固件上。在木结构上固定配电箱时，应采取相应的防火措施。管路进明装配电箱的做法详见图4-1。

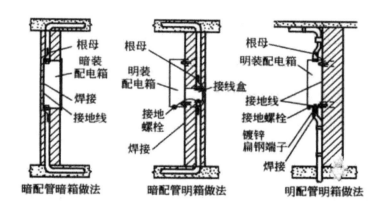

图 4-1 管路进配电箱的做法

6. 暗装配电箱（盘）箱体安装

在现浇混凝土墙内安装配电箱（盘）时，应设置配电箱（盘）预留洞。

暗装配电箱（盘）箱体固定：首先根据施工图要求的标高位置和预留洞位置，将箱体放入洞内找好标高和水平位置，并将箱体固定好。用水泥砂浆填实周边，并且抹平。待水泥砂浆凝固后再安装盘面和贴脸。如箱底保护层厚度小于30mm时，应在外墙固定金属网后再做墙面抹灰，不得在箱底板上直接抹灰，管路进配电箱的做法如图4-1所示暗装做法。

在二次墙体内安装配电箱时，可将箱体预埋在墙体内。在轻钢龙骨墙内安装配电箱时，若深度不够，则采用明装式或在配电箱前侧四周加装饰封板。钢管入箱应顺直，排列间距均匀，箱内露出锁紧螺母的丝扣为2扣或3扣，用锁母内外锁紧，做好接地。焊跨接地线使用的圆钢直径不小于6mm，焊在箱的棱边上。

7．箱（盘）芯安装

先将箱壳内杂物清理干净，并将线理顺，分清支路和相序，箱芯对准固定螺栓位置推进，然后调平、调直及拧紧固定螺栓。

8．盘面安装

安装盘面要求平整，周边间隙均匀对称，贴脸（门）平正，不歪斜，螺丝垂直受力均匀。

9．配线

配电箱（盘）上配线需排列整齐，并绑扎成束。

盘面引出或引进的导线应留有适当的余量，以便检修。垂直装设的刀闸及熔断器上端接电源，下端接负荷；横装者左侧（面对盘面）接电源，右侧接负荷。导线剥削处不应过长，导线压头应牢固可靠，多股导线必须涮锡且不得减少导线股数。导线连接采用顶丝压接或加装压线端子，箱体用专用的开孔器开孔。

10．绝缘测试

配电箱（盘）全部电器安装完毕后，用 500 兆欧表对线路进行绝缘摇测，绝缘电阻值不小于 0.5MΩ。

摇测项目包括相线与相线之间，相线与中性线之间，相线与保护地线之间，中性线与保护地线之间的绝缘电阻。两人进行摇测，同时做好记录，作为技术资料存档。

11．通电试运行

配电箱（盘）安装及导线压接后，应先用仪表校对各回路接线，无差错后试送电，检查元器件及仪表指示是否正常，并且在卡片框内的卡片上填写好线路编号以及用途。

二、开关、插座、风扇安装

（一）工艺流程

接线盒检查清理→接线→安装→通电试验。

（二）施工工艺

1．接线盒检查清理

用錾子轻轻地将盒子内残留的水泥、灰块等杂物剔除，用小号油漆刷将接线盒内杂物清理干净。清理时注意检查有无接线盒预埋安装位置错位（即螺丝安装孔错位90°）、螺丝安装孔耳缺失、相邻接线盒高差超标等现象，若发现有此类现象，应及时修整。如接线盒埋入较深，超过 1.5 cm 时，应加装套盒。

2．接线

（1）将盒内导线留出维修长度后剪除余线，用剥线钳剥出适宜长度，以刚好能完全插入接线孔的长度为宜。

（2）对于多联开关需分支连接的应采用安全型压接帽压接分支。

（3）应注意区分相线、零线及保护地线，不得混乱。

（4）开关、插座及吊扇的相线应经开关关断。

（5）插座接线

①单相两孔插座有横装和竖装两种，如图 4-2 所示。横装时，面对插座的右极接相线，左极接零线；竖装时，面对插座的上极接相线，下极接零线。安装时应该注意插座内的接线标识。

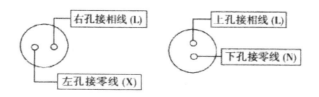

图 4-2　单相两孔插座接线

②单相三孔及

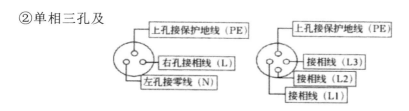

图 4-3　单相三孔及三相四孔插座接线

（6）吊扇接线

①根据产品说明将吊扇组装好（扇叶暂时不装）。

②根据产品说明剪取适当长度的导线穿过吊杆与扇头内接线端子连接。

③上述配线应注意区分导线的颜色，应和系统整体穿线颜色一致，以区分相线、零线及保护地线。

3. 安装开关、插座、吊扇

（1）开关、插座安装

按接线要求，将盒内导线与开关、插座的面板连接好后，将面板推入，对正安装孔，用镀锌机螺丝固定牢固。固定时使面板端正，与墙面平齐。对附在面板上的安装孔装饰帽应事先取下备用，在面板安装调整完毕后再盖上，以免多次拆卸划损面板。

安装在室外的开关、插座应为防水型，面板与墙面之间应有防水措施。安装在装饰材料（木装饰或软包等）上的开关、插座和装饰材料间设置隔热阻燃制品（如石棉布等）。

（2）吊扇安装

将吊扇托起，使吊扇通过减振橡胶耳环与预埋的吊钩挂牢。用压接帽压接好电源接头后，向上推起吊杆上的扣碗，将接头扣于其内，紧贴顶棚后拧紧固定螺丝。

按要求安装好扇叶，其连接螺栓应配有弹簧垫片及平垫片。弹簧垫片应紧靠螺栓头部，不得放反。对于壁挂式吊扇应根据安装底板位置打好膨胀螺栓孔后安装，安装膨胀螺栓数不得少于 2 个，直径不小于 8mm。

4. 通电试验

开关、插座、吊扇安装完毕后，并且各条支路的绝缘电阻摇测合格后，方允许通电试运行。通电后应仔细检查和巡视，检查灯具的控制是否灵活、准确；开关与灯具控制顺序相对应，吊扇的转向、运行声音及调速开关是否正常，若发现问题必须先断电，然后查找原因进行修复。

三、普通灯具安装

（一）施工流程

灯具检查→组装灯具→灯具安装→通电试运行。

（二）操作工艺

1. 灯具检查

（1）根据灯具的安装场所检查灯具是否符合要求

多尘、潮湿的场所应采用密闭式灯具；灼热、多尘的场所（如出钢、出铁、轧钢等场所）应采用投光灯；灯具有可能受到机械损伤的，应采用有防护网罩的灯具；安装在振动场所（如有锻锤、空压机、桥式起重机等）的灯具应有防撞措施（如采用吊链软性连接）；除敞开式外，其他各类灯具的灯泡容量在 100 W 及以上的都应采用瓷灯口。

（2）根据装箱清单清点安装配件。

（3）注意检查制造厂的有关技术文件是否齐全。

（4）检查灯具外观是否正常，有无擦碰、变形、受潮、金属镀层剥落锈蚀等现象。

2. 组装灯具

（1）组合式吸顶花灯的组装

选择适宜的场地，将灯具的包装箱、保护薄膜拆开铺好；戴上干净的纱线手套；参照灯具的安装说明，将各组件连成一体；灯内穿线的长度应适宜，多股软线线头应搪锡；应注意统一配线颜色以区分相线与零线，对于螺口灯座中心簧片应接相线，不得混淆；理顺灯内线路，用线卡或尼龙扎带固定导线来避开灯泡发热区。

（2）吊顶花灯的组装

选择适宜的场地，将灯具的包装箱、保护薄膜拆开铺好；戴上干净的纱线手套；首先将导线从各个灯座口穿到灯具本身的接线盒内。导线一端盘圈、搪锡后接好灯头。理顺各个灯头的相线与零线，另一端区分相线与零线后分别引出电源接线。最后将电源接线从吊杆中穿出；各灯泡、灯罩可在灯具整体安装后再装上，以免损坏。

3. 灯具安装

（1）普通座式灯头的安装

将电源线留足维修长度后剪除余线并剥出线头；区分相线和零线，对于螺口灯座中心簧片应接相线，不得混淆；用连接螺钉将灯座安装在接线盒上。

（2）吊线式灯头的安装

将电源线留足维修长度后剪除余线并剥出线头；将导线穿过灯头底座，用连接螺钉将底座固定在接线盒上；根据所需长度剪取一段灯线，在一端接上灯头，灯头内应系好保险扣，接线时区分相线与零线，对于螺口灯座中心簧片应接相线，不得混淆；多股线芯接头应搪锡，连接时应注意接头均应按顺时针方向弯钩后压上垫片并用灯具螺钉拧紧；将灯线另一头穿入底座盖碗，灯线在盖碗内应系好保险扣并与底座上的电源线用压接帽连接；旋上扣碗。

（3）日光灯安装

①吸顶式日光灯安装

打开灯具底座盖板，根据图纸确定安装位置，将灯具底座贴紧建筑物表面，灯具底座应完全遮盖住接线盒，对着接线盒的位置开好进线孔；比照灯具底座安装孔用铅笔画好安装孔的位置，打出尼龙栓塞孔，装入栓塞（如为吊顶可在吊顶板上背木龙骨或轻钢龙骨用自攻螺钉固定）；将电源线穿出后用螺钉将灯具固定并调整位置以满足要求；用压接帽将电源线与灯内导线可靠连接，装上启辉器等附件；盖上底座盖板，装上日光灯管。

②吊链式日光灯安装

根据图纸确定安装位置，确定吊链吊点；打出了尼龙栓塞孔，装入栓塞，用螺钉将吊链挂钩固定牢靠；根据灯具的安装高度确定吊链及导线的长度（使电线不受力）；打开灯具底座盖板，将电源线与灯内导线可靠连接，装上启辉器等附件；盖上底座，装上日光灯管，将日光灯挂好；把导线与接线盒内电源线连接，盖上接线盒盖板并理顺垂下的导线。

（4）吸顶灯（壁灯）的安装

比照灯具底座画好安装孔的位置，打出尼龙栓塞孔，装入栓塞（如为吊顶可在吊顶板上背木龙骨或轻钢龙骨用自攻螺钉固定）；将接线盒内电源线穿出灯具底座，用螺钉固定好底座；将灯内导线与电源线用压接帽可靠连接；用线卡或尼龙扎带固定导线以避开灯泡发热区；上好灯泡，装上灯罩并上好紧固螺钉；安装在室外的壁灯应有泄水孔，绝缘台与墙面之间应有防水措施；安装在装饰材料（木装饰或软包等）上的灯具与装饰材料间应有防火措施。

（5）吊顶花灯的安装

将预先组装好的灯具托起，用预埋好的吊钩挂住灯具内的吊钩；将灯内导线与电源线用压接帽可靠连接；把灯具上部的装饰扣碗向上推起并且紧贴顶棚，拧紧固定螺钉；调整好各个灯口，上好灯泡，配上灯罩。

（6）嵌入式灯具（光带）的安装

应预先提交有关位置及尺寸，由相关人员开孔；将吊顶内引出的电源线与灯具电源的接线端子可靠连接；将灯具推入安装孔固定；调整灯具边框。如灯具对称安装，其纵向中心轴线应在同一直线上，偏斜不应大于5mm。

4.通电试运行

灯具安装完毕后，经绝缘测试检查合格后，才允许通电试运行。通电后应仔细检查和巡视，检查灯具的控制是否灵活、准确，开关与灯具控制顺序是否对应，灯具有无异常噪声，如发现问题应立即断电，查出原因并修复。

四、专用灯具安装

由于灯具种类不同，因此灯具安装施工程序也不尽相同。通常需要先通电试亮，然后到施工现场进行安装。

（一）照明灯具及附件进场验收

查验合格证，新型气体放电灯具有随带技术文件。外观检查，灯具涂层完整，无损伤，附件齐全。防爆灯具铭牌上有防爆标志和防爆合格证号，普通的灯具有安全认证标志。

对成套灯具的绝缘电阻、内部接线等性能进行现场抽样检测。灯具的绝缘电阻值不小于2 MΩ，内部接线为铜芯绝缘电线，芯线截面积不小于0.5mm2，橡胶或聚氯乙烯（PVC）绝缘电线的绝缘层厚度不小于0.6mm。

对游泳池和类似场所灯具（水下灯及防水灯具）的密封和绝缘性能有异议时，按批抽样送有资质的试验室检测。

（二）游泳池和类似场所灯具安装

游泳池和类似场所灯具安装，通常包括建筑工程中的体育场馆的室内游泳池，宾馆、饭店、办公大厦及住宅小区的庭院和广场上的水中照明灯、灯光喷水池以及水景照明等的水下灯和防水灯具的安装。

常用的水中照明灯每只300W，有额定电压12V和220V两种，220V电压用于喷水照明，12 V电压用于水下照明。水下照明灯的滤色片分为红、黄、绿、蓝、透明五种。

1.水中照明灯具的选择

水中照明光源以金属卤化物灯、白炽灯为最佳。在水之下的颜色中黄色、蓝色容易看出。

在水中以观赏水中景物为目的的照明中，需要水色显得美观，采用金属卤化物灯或白炽灯作为光源。水中电视摄像机的摄像用照明，一般使用金属卤化物灯、白炽灯、氙灯等。

水中照明无论采用什么方式，照明用灯具都要具有抗腐蚀性和耐水构造。由于在水中设置灯具时会受到波浪或风的机械冲击，因此还须具有一定的机械强度。

2. 水中照明灯具安装

灯具的设置位置有三种方式，如图4-4所示。

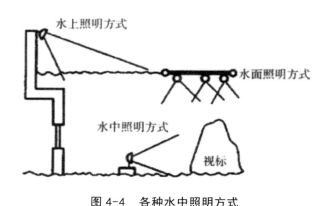

图 4-4 各种水中照明方式

当游泳池内设置水下照明灯时，照明灯上口宜距水面 0.3 ～ 0.5m，在浅水部分灯具间距宜为 2.5 ～ 3m；在深水部分灯具间距宜为 3.5 ～ 4.5m。在水中使用的灯具上常有微生物附着或浮游物堆积情况，为易于清扫和检查，应使用水下接线盒进行连接。当游泳池内设置水下照明时，其照明灯的电源及灯具、接线盒应设有安全接地等保护措施。

游泳池和类似场所灯具（水下灯及防水灯具）的等电位联结应可靠，且有明显标志，其电源的专用漏电保护装置应全部检测合格。自从电源引入灯具的导管必须采用绝缘导管，严禁采用金属或有金属护层的导管。

3. 喷水照明装置安装

水下照明灯用于喷水池中作为水面、水柱、水花的彩色灯光照明，使人工喷泉景在各色灯光的交相辉映下比白天更为壮观，绚丽多姿，光彩夺目，见图4-5、图4-6。

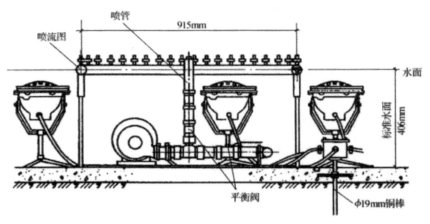

图 4-5　喷水照明平面布置图

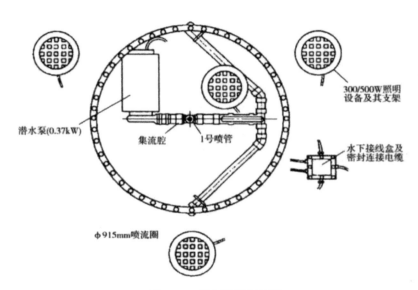

图 4-6　喷水照明剖面图

（1）灯具选择

　　喷水照明普通选用白炽灯，且宜采用可调光方式。当喷水高度高并且不需要调光时，可以采用高压钠灯或金属卤化物灯。喷水高度与光源功率的关系可以参见表 4-1。

表 4-1　喷水高度与光源功率的关系

光源类别	白炽灯					高压钠灯	金属卤化物灯
光源功率 /W	100	150	200	300	500	400	400
适宜喷水高度 /m	1.5～3	2～3	2～6	3～8	5～8	＞7	＞10

（2）灯具安装

灯光喷水系统由喷嘴、压力泵及水下照明灯组成。

喷水照明灯在水面以下设置时，因为水深会引起光线减少，要适当控制高度，一般安装在水面以下 30 ～ 100mm 为宜，白天看上去应难于发现隐藏在水中的灯具。安装后灯具不得露出水面，以免灯具玻璃冷热突变使玻璃灯泡碎裂。

水下照明灯具是具有防水措施的投光灯，投光灯下是固定用的三角支架，根据需要可以随意调整灯具投光角度、位置，使之处于最佳投光位置，达到最满意的照明效果。

喷水照明灯电源的专用漏电保护装置，应全部检验合格；喷水装置及照明装置可接近的裸露导体应接地可靠。

调换灯泡时，应先提出灯具，待干后，才可松开螺钉，以免漏入水滴造成短路及漏电。待换好装实后，才能放入水中工作。

（3）喷水照明的控制

喷水照明的控制方式很多，应根据需要选择。为使喷水的形态有所变化，可与背景音乐结合而形成"声控喷水"或"时控喷水"。时控是由彩灯闪烁控制器按预先设定的程序自动循环，按时变换各种灯光色彩。较先进的声控方式是由一台小型专用计算机和一整套开关元件和音响设备实现的，灯光的变化和音乐同步，使喷出的水柱随音乐的节奏而变化，灯光的色彩和亮灯数量也相应变化。

彩色音乐喷泉控制系统原理是利用音频信号控制水流变化，以随机控制或微机控制高压潜水泵、水下电磁阀、水下彩灯的工作情况。随机控制是根据操作人员对音乐的理解，随时对喷泉开动时的图案、色彩进行交换；微机控制是对特定的乐曲预先编程，对喷泉开动时的图案、色彩自动控制。

（三）手术台无影灯安装

手术台无影灯是医院电气照明中手术室内的手术专用照明灯。医院手术照明主要采用成套无影手术灯，安装在手术台上方 1.5m 处。手术台上无影灯重量较大，使用中根据需要经常调节移动和转动，所以固定和防松是关键。

1. 手术台无影灯安装

手术台无影灯固定灯具底座的螺栓数量，不应少于灯具法兰底座上的固定孔数，且螺栓直径与底座的孔径应相适配。

固定手术台无影灯底座的螺栓应根据产品提供的尺寸预埋，其螺栓可与楼板结构主筋焊接或将螺栓末端弯曲与主筋绑扎锚固。

手术台无影灯底座的固定螺栓，应采用双螺母锁固。灯具底座固定好之后，底座应紧贴建筑物顶板表面，周围无缝隙。

2. 手术台无影灯的接线

手术台无影灯的供电方式由设计选定，一般每个手术室都有独立的电源配电箱，由多个电源供电。手术台无影灯有专用的控制箱，箱内装有总开关和分路开关，从控制箱由双回路引向灯具，以确保供电绝对可靠。在施工中应注意多电源的识别和连接。

开关至手术台无影灯的电线应采用额定电压不低于 750 的铜芯多股绝缘电线。手术台无影灯安装后，灯具表面应保持清洁、无污染，灯具镀、涂层完整无划伤。

（四）应急照明安装

应急照明是在特殊情况下起关键作用的照明，有争分夺秒的要求，只要通电应瞬时发光，因此其灯源不能用延时点燃的高汞灯泡等。

应急照明如果作为正常照明的一部分同时使用时，应有单独的控制开关，且控制开关面板宜与一般照明开关面板相区别或选用带指示灯型开关。应急照明不作为正常照明的一部分，而仅在事故情况下使用时，在正常照明因故停电之后，应急照明电源宜自动投入。

应急照明在正常照明断电后，电源转换时间：备用照明 ≤ 5 s（金融商店交易所 ≤ 1.5 s）；疏散照明 ≤ 15 s；安全照明 ≤ 0.5 s。

消防控制室、消防水泵房、防排烟机房、配电室、自备发电机房、电话总机房以及发生火灾仍需坚持工作的其他房间的应急照明，仍应保证正常照明。

应急照明采用蓄电池作备用电源时，连续供电时间不应少于 20min。高度超过 100 m 的高层建筑及人防工程连续供电时间不应少于 30 min。

目前应急照明灯具厂家提供的灯具数据有名称、型号、规格、光源功率（含平时使用及应急使用）、电压及应急照明时间等，有的厂家还给出接线方法及灯内导线色彩，为用户提供使用指南。在安装应急照明灯时，可根据不同的灯具进行安装、接线。

应急照明线路在每个防火分区应有独立的应急照明回路，穿越到不同防火分区的线路应有防火隔堵措施。

应急照明灯具运行中温度大于 60℃ 的灯具，当靠近可燃物时，应采取隔热、散热等防火措施。当采用白炽灯、卤钨灯等光源时，不可以直接安装在可燃装修材料或可燃物件上。

（五）备用照明安装

备用照明是为保障安全，在正常照明出现故障而工作和活动仍需继续进行时而设置的应急照明。备用照明的照度往往利用部分或全部正常照明灯具来提供。备用照明宜安装在墙面或顶棚部位。备用照明（不包括消防控制室、消防水泵房、配电室、自备发电机房等场所）的照度不宜低于一般照明照度的 10%。

（六）疏散照明安装

疏散照明是当建筑物处于特殊情况，如火灾、空袭、市电供电中断等，使建筑物的某些关键位置的照明器具仍能持续工作，并有效指导人群安全撤离的照明，所以是至关重要的。

疏散照明由安全出口标志灯和疏散标志灯组成。安全出口标志灯和疏散标志灯应装有玻璃或非燃材料的保护罩，面板亮度均匀度为 1：10（最低：最高），保护罩应完整、无裂纹。

疏散照明按安装的位置又分为应急出口（安全出口）照明和疏散走道照明。安全出口标志灯宜安装在疏散门口的上方，在首层的疏散楼梯应安装于楼梯口的里侧上方。安全出口标志灯距地高度不宜低于 2m。

疏散走道上的安全出口标志灯可明装，而厅室内宜采用暗装。安全出口标志灯应有图形和文字符号，在有无障碍设计要求时，应该同时设有音响指示信号。

可调光型安全出口标志灯宜用于影剧院的观众厅。在正常情况之下减光使用，火灾事故时应自动接通至全亮状态。

疏散照明要求沿走道提供足够的照明，能看见所有的障碍物，清晰无误地沿着指明的疏散路线，迅速找到应急出口，并能容易地找到沿疏散路线设的消防报警按钮、消防设备和配电箱。疏散照明的地面水平照度不应低于 0.5 1x，人防工程为 11x。疏散照明可采用荧光灯或白炽灯。

疏散标志灯的设置，不应影响正常通行，且不在其周围设置容易混同疏散标志灯的其他标志牌等。

疏散照明宜设在安全出口的顶部、疏散走道及其转角处距地 1m 以下的墙面上，当交叉口处在墙面下侧安装难以明确表示疏散方向时，也可将疏散标志灯安装在顶部。疏散走道上的标志灯应有指示疏散方向的箭头标志，标志灯间距不宜大于 20 m（人防工程不宜大于 10 m，距地高度为 1 ～ 1.2 m）。

楼梯间内的疏散标志灯宜安装在休息平台板上方的墙角处或壁装，并应用箭头及阿拉伯数字清楚标明上、下层层号。疏散照明线路应采用耐火电线、电缆，穿导管明敷设或在非燃烧体内穿刚性导管暗敷设。暗敷设时保护层厚度不应小于 30mm。电线采用额定电压不低于 750 的铜芯绝缘电线。疏散指示标志可采用蓄电池作备用电源，且连续供电时间不应少于 20 min。高度超过 100 m 的高层建筑及人防工程连续供电时间不应少于 30min。

安全照明是在正常照明故障时，能使操作人员或其他人员在危险之中确保安全而设的应急照明。这种场合一般还需设疏散应急照明。凡在火灾时因正常电源突然中断而有导致人员伤亡的潜在危险的场所（如医院内的重要手术室、急救室等），应设安全照明。安全照明应采用卤钨灯或采用能瞬时可以靠点燃的荧光灯。

五、建筑物照明通电试验

（一）通电试运行前检查

电线绝缘电阻测试前电线的接线完成。照明箱（盘）、灯具、开关、插座的绝缘电阻测试在就位前或接线前完成。检查漏电保护器接线是否正确，严格区分工作零线（N）与专用保护零线（PE），严禁接入漏电开关。

备用电源或事故照明电源做空载自动投切试验前应拆除负荷，空载自动投切试验合格，才能做有载自动投切试验。断开各回路分电源开关，合上总进线开关，检查漏电测试按钮是否灵敏有效。

复查总电源开关至各照明回路进线电源开关接线是否正确。照明配电箱及回路标志应正确一致。开关箱内各接线端子连接是否正确可靠。照明系统回路绝缘电阻测试合格后方可进行通电试验，绝缘电阻不小于 0.5 MΩ。

（二）分回路试通电

将各回路灯具等用电设备开关全部置于断开位置。逐次合上各分为回路电源开关。分回路逐次合上灯具等的控制开关，检查开关与灯具控制顺序是否对应、风扇的转向及调速开关是否正常。用试电笔检查各插座相序连接是否正确，带开关插座的开关是否能正确关断相线。

（三）故障检查整改

发现问题应及时排除，不得带电作业。对检查中发现的问题应采取分回路隔离排除法予以解决。如有开关送电时漏电保护就跳闸的现象，重点检查工作零线与保护零线是否混接、导线是否绝缘不良。

（四）系统通电连续试运行

公用建筑照明系统通电连续试运行时间应为 24 h，民用住宅照明系统通电连续试运行时间应为 8 h。所有照明灯具均应开启，且每 2 h 记录运行状态 1 次，连续试运行期间无故障。试验试运行期间应无线路过载及线路过热等故障。

第二节　防雷及接地

一、建筑物防雷

（一）防直击雷装置

雷电直接击中建筑物或其他物体，对其放电，这种雷击称作直击雷。

防直击雷的主要措施是装设避雷针、避雷带、避雷网、避雷线。这些设备又称接闪器，即在防雷装置中，用以接受雷云放电的金属导体。

1. 避雷针

避雷针通常采用镀锌圆钢或镀锌钢管制成，上部制成针尖形状。所采用的圆钢或钢管的直径不小于下列数值。

当针长为 1m 以下时，圆钢为 12mm，钢管为 20mm；当针长为 1 ~ 2m 时，圆钢为 16mm，钢管为 25mm；烟囱顶上的避雷针，圆钢为 20mm。

避雷针安装要求如下。

（1）避雷针一般安装在支柱（电杆）上或者其他构架、建筑物上。

（2）避雷针下端必须可靠地经引下线与接地体连接，可靠接地。引下线一般采用圆钢或扁钢，其尺寸不小于下列数值：圆钢直径 8mm；扁钢截面积 48mm2，厚度 4mm。所用的圆钢或扁钢均需镀锌。引下线的安装路径应该短直，其紧固件及金属支持件均应镀锌。引下线距地面 1.7m 处开始至地下 0.3m 一段应加塑料管或钢管保护。

（3）接地电阻不大于 10 Ω。

（4）装设避雷针的构架上不得架设低压线或通讯线。

（5）避雷针及其接地装置不能装设在人、畜经常通行的地方，距道路应 3 m 以上，否则要采取保护措施。与其他接地装置和配电装置之间要保持规定距离：地面上不小于 5m；地下不小于 3m。

2. 避雷带、避雷网

避雷带、避雷网普遍用来保护建筑物免受直击雷和感应雷。避雷带是沿建筑物易受雷击部位（如屋脊、屋檐、屋角等处）装设的带形导体。避雷网是屋面上纵横敷设的避雷带组成的网络，网格大小按有关规范确定，对防雷等级不同的建筑物，其要求不同。

避雷带一般采用镀锌圆钢或镀锌扁钢制成，其尺寸不小于下列数值：圆钢直径为 8mm；扁钢截面积 48mm^2，厚度 4mm。装设在烟囱顶端的避雷环，一般采用镀锌圆钢或镀锌扁钢，圆钢直径不得小于 12mm；扁钢截面积不得小于 100mm^2，厚度不得小于 4mm。避雷带（网）距屋面一般 100～150mm，支持支架间隔距离一般为 1～1.5 m。支架固定在墙上或现浇的混凝土支座上。引下线采用镀锌圆钢或镀锌扁钢。圆钢直径不小于 8mm；扁钢截面积不小于 48mm2，厚度为 4mm。引下线沿建（构）筑物的外墙明敷，固定于埋设在墙里的支持卡子上。支持卡子的间距 1.5 m。也可以暗敷，但引下线截面积应加大。引下线一般不少于两根，对于第三类工业，第二类民用建（构）筑物，引下线的间距一般不大于 30m。

采用避雷带时，屋顶上任何一点距离避雷带不应大于 10 m。当有 3m 及以上平行避雷带时，每隔 30～40m 宜将平行的避雷带连接起来。屋顶上装设多支避雷针时，两针间距离不宜大于 30 m。屋顶上单支避雷针的保护范围可以按 60° 保护角确定。

3. 避雷线

避雷线架设在架空线路上，以保护架空线路免受雷击。由于避雷线既要架空又要接地，所以避雷线又叫架空地线。

避雷线一般用截面积不小于 35mm^2 的镀锌钢绞线。根据规定，220kV 及以上架空电力线路应沿全线架设避雷线；110 kV 架空电力线路通常也是沿全线架设避雷线；35 kV 及以下电力架空线路，一般不沿全线架设避雷线。有避雷线的线路，每基杆塔不连避雷线的工频接地电阻，在雷季干燥时，不宜超过表 4-2 所列数值。

表 4-2　避雷线工频接地电阻

土壤电阻率 /（Ω·m）	100 及以下	100 以上至 500	500 以上至 1000	1000 以上至 2000	2000 以上
接地电阻 /Ω	10	15	20	25	30*

注：* 如土壤电阻率很高，接地电阻很难降低到 300 时，可采用 6 ~ 8 根总长度不超过 500m 的放射形接地体，或连续伸长接地体，其接地电阻不受限制。

（二）防雷电侵入波装置

由于输电线路上遭受雷击，高压雷电波便沿着输电线侵入变配电所或用户，击毁电气设备或造成人身伤害，这种现象称作雷电波侵入。避雷器用来防止雷电波的高电压沿线路侵入变配电所或其他建筑物内，损坏被保护设备的绝缘。它和被保护设备并联，见图 4-7。

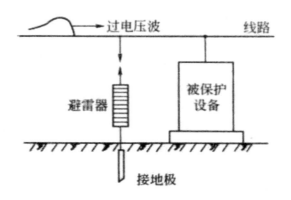

图 4-7　避雷器的连接

当线路上出现危及设备绝缘的过电压时，避雷器就对地放电，从而保护设备。避雷器有阀型避雷器、管型避雷器、氧化锌避雷器。

1. 阀型避雷器安装

（1）安装前应检查其型号规格是否与设计相符；瓷件应无裂纹、破损；瓷套和铁法兰间的结合应良好；组合元件应经试验合格，底座和拉紧绝缘子的绝缘应良好。

（2）阀型避雷器应垂直安装，每个元件的中心线与避雷器安装点中心线的垂直偏差不应大于该元件高度的 1.5%，如有歪斜，可在法兰间加金属片校正，但应保证其导电良好，并把缝隙垫平后涂以油漆。均压环应安装水平，不能歪斜。

（3）拉紧绝缘子串必须紧固，弹簧应能伸缩自如，同相绝缘子串的拉力应均匀。

（4）放电记录器应密封良好、动作可靠，安装位置应一致并且便于观察；安装时，放电记录器要恢复至零位。

（5）50kV 以下变配电所常用的阀型避雷器，体积较小，一般安装在墙上或电杆上。安装在墙上时，应有金属支架固定；安装在电杆上时，应有横担固定。金属支架、横担应根据设计要求加工制作，并固定牢固。避雷器的上部端子一般用镀锌螺栓与高压母线连接，下部端子接到接地引下线上，接地引下线应尽可能短而直，截面积应该按接地要求和规定选择。

2. 管型避雷器安装

（1）一般管型避雷器用在线路上，在变配电所内一般用阀型避雷器。

（2）安装前应进行外观检查：绝缘管壁应无破损、裂痕；漆膜无脱落；管口无堵塞；配件齐全；绝缘应良好，试验应合格。

（3）灭弧间隙不得任意拆开调整，其喷口处的灭弧管内径应符合产品技术规定。

（4）安装时应在管体的闭口端固定，开口端指向下方。倾斜安装时，其轴线与水平方向的夹角：普通管型避雷器应不小于15°；无续流避雷器应不小于45°；装在污秽地区时，还应增大倾斜角度。

（5）避雷器安装方位，应使其排出的气体不致引起相间或对地短路或闪络，也不得喷及其他电气设备。避雷器的动作指示盖向下打开。

（6）避雷器及其支架必须安装牢固，防止反冲力使其变形和移位，同时应便于观察和检修。

（7）无续流避雷器的高压引线与被保护设备的连接线长度应该符合产品的技术规定。

3. 氧化锌避雷器

氧化锌避雷器动作迅速，通流量大，伏安特性好，残压低，无续流，因此，使用很广，其安装要求与阀型避雷器相同。

（三）防感应雷装置

由于雷电的静电感应或电磁感应引起的危险过电压，称之为感应雷。感应雷产生的感应过电压可高达数十万伏。

为防止静电感应产生的高压，一般是在建筑物内，把金属敷埋设备、金属管道、结构钢筋予以接地，使感应电荷迅速入地，避免雷害。根据建筑物的不同屋顶，采取相应的防止静电感应措施，例如金属屋顶，将屋顶妥善接地；对于钢筋混凝土屋顶，将屋面钢筋焊成 6～12m 网格，连成通路，并予以接地；对于非金属屋顶，在屋顶上加装边长 6～12 的金属网格，并予以接地。屋顶或者屋顶上的金属网格的接地不得少于 2 处，其间距不得大于 30m。

防止电磁感应引起的高电压，一般采取以下措施：一是对于平行金属管道相距不到 100mm 时，每 20～30 用金属线跨接；交叉金属管道相距不到 100mm 时，也用金属线跨接；二是管道与金属设备或金属结构之间距离小于 100mm 时，也用金属线跨接；在管道接头、弯头等连接部位也用金属线跨接，并可靠接地。

二、接地装置安装

（一）接地装置

电气接地一般可分成两大类：工作接地和保护接地。所谓工作接地是指为了保证电气设备在系统正常运行和发生事故情况下能可靠工作而进行的接地。如 380/220 配电网络中的配电变压器中性点接地就是工作接地，这种配电变压器假如中性点不接地，那当配电系统中一相导线断线，其他两相电压就会升高 $\sqrt{3}$ 倍，即 220 变为 380 V，这样就会损坏用电设备；还有像避雷针、避雷器的接地也是工作接地，假如避雷针、避雷器不接地或接地不好，则雷电流就不能向大地通畅泄放，这样避雷针、避雷器就不能起防雷保护作用。所以工作接地是指为保证电气设备安全可靠工作必须的接地。所谓保护接地是指为了保证人身安全和设备安全，将电气在正常运行中不带电的金属部分可靠接地，这样可防止电气设备绝缘损坏或其他原因使外壳等金属部分带电时发生人身触电事故。

无论哪种接地，接地必须良好，接地电阻必须满足规定要求。一般接地通过接地装置来实施。接地装置包括接地体和接地线两部分。其中，接地体是埋入地下，直接与土壤接触的金属导体，有自然接地体和人工接地体两种。自然接地体是指兼作接地用的直接与大地接触的各种金属管道（输送易燃、易爆气体或液体的管道除外）、金属构件、金属井管、钢筋混凝土基础等。人工接地体是指人为埋入地下的金属导体，如 50mm×50mm×5mm 镀锌角钢、φ50mm 镀锌钢管等。接地线是指电气设备需接地的部分与接地体之间连接的金属导线。有自然接地线和人工接地线两种。自然接地线如建筑物的金属结构（金属梁、柱等），生产用的金属结构（吊车轨道、配电装置的构架等），配线的钢管，电力电缆的铅皮，不会引起燃烧、爆炸的所有金属管道，人工接地线一般都采用扁钢或圆钢制作。

图 4-8 是接地装置示意图。其中接地线分接地干线和接地支线。电气设备需要接地的部分就近通过接地支线和接地网的接地干线相连接。

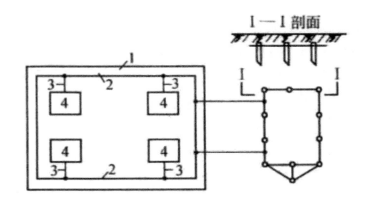

图 4-8 接地装置示意图

1- 接地体；2- 接地干线；3- 接地支线；4- 电气设备

（二）人工接地体安装

1. 垂直接地体安装

装设接地体前，需沿设计图规定的接地网的线路挖沟。由于地的表层容易冰冻，冰冻层会使接地电阻增大，且地表层容易被挖掘，会损坏接地装置。因此，接地装置需埋于地表层以下，通常埋设深度不应小于0.6m。一般挖沟深度0.3～1m。

沟挖好后应尽快敷设接地体，接地体长度一般为2.5 m，按设计位置将接地体打入地下，当打到接地体露出沟底的长度为150～200mm（沟深0.8～1 m）时，停止打入。然后再打入相邻一根接地体，相邻接地体之间间距不小于接地体长度的2倍，接地体与建筑物之间距离不能小于1.5 m。接地体应与地面垂直。接地体间连接一般用镀锌扁钢，扁钢规格和数量以及敷设位置应按设计图规定，扁钢与接地体用焊接方法连接（搭接焊，焊接长度符合规定）。扁钢应立放，这样既便于焊接，也可减小接地流散电阻。

接地体连接好后，经过检查确认接地体的埋设深度、焊接质量等均已符合要求后，即可将沟填平。填沟时应注意回填土中不应夹有石块、建筑碎料以及垃圾，回填土应分层夯实，使土壤与接地体紧密接触。

2. 水平接地体安装

水平接地体多采用 ϕ16mm 的镀锌圆钢或40mm×4mm镀锌扁钢。埋设深度一般在0.6～1m，不能小于0.6 m。常见的水平接地体有带形、环形和放射形，见图4-9。

带形　　　　环形　　　　放射形

图4-9　常见的水平接地体

带形接地体多为几根水平安装的圆钢或扁钢并联而成，埋设深度不应小于0.6m，其根数及每根长度按设计要求。环形接地体用圆钢或扁钢焊接而成，水平埋设于地下0.7 m以上。其直径大小按设计规定。

放射形接地体的放射根数一般为3根或4根，埋设深度不小于0.7m，每根长度按设计要求。

3. 接地线安装

人工接地线材料一般都采用了圆钢或扁钢。只有移动式电气设备和采用钢质导线在安装上有困难的电气设备，才采用有色金属作为人工接地线，但禁止使用裸铝导线作接地线。接地干线采用扁钢时，截面不小于4mm×12mm，采用圆钢时直径不小于6mm。接地线的安装包括接地体连接用的扁钢及接地干线和接地支线的安装。

4. 接地干线安装

接地网中各接地体间的连接干线，通常用扁钢宽面垂直安装，连接处应尽可能采用焊接并加镶块，以增大焊接面积。如无条件焊接时，也允许用螺钉压接，但要先在接地体上端装设接地干线连接板，见图 4-10。连接板须经镀锌处理，螺钉也要采用镀锌螺钉。安装时，接触面应保持平整、严密，不可以有缝隙，螺钉要拧紧。在有振动的地方，螺钉上应加弹簧垫圈。

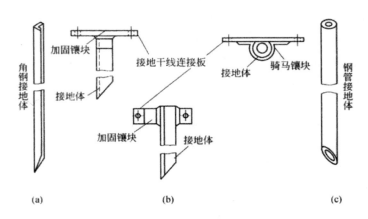

图 4-10　垂直接地体焊接接地干线连接板

（a）角钢顶端装连接板；（b）角钢垂直面装连接板；（c）钢管垂直面装连接板

安装时要注意以下问题。

（1）接地干线应水平或垂直敷设，在直线段不应有弯曲现象。

（2）安装位置应便于检修，并且不妨碍电气设备的拆卸与检修。

（3）接地干线与建筑物或墙壁间应有 15 ～ 20mm 间隙。

（4）水平安装时离地面距离一般为 200 ～ 600mm。

（5）接地线支持卡子之间的距离，在水平部分为 1 ～ 1.5 m，在垂直部分为 1.5 ～ 2m，在转角部分为 0.3 ～ 0.5 m。

（6）在接地干线上应做好接线端子（位置按设计图纸）来便连接接地支线。

（7）接地线由建筑物内引出时，可由室内地坪下引出，也可由室内地坪上引出。

（8）接地线穿过墙壁或楼板，必须预先在需要穿越处装设钢管，接地线在钢管内穿过，钢管伸出墙壁至少 10mm，在楼板上面至少要伸出 30mm，在楼板下至少要伸出 10mm，接地线穿过之后，钢管两端要做好密封。

（三）接地支线安装

接地支线安装时应注意以下问题：一是多个设备与接地干线相连接，每个设备需用 1 根接地支线，不允许几个设备合用 1 根接地支线，也不允许几根接地支线并接在接地干线的 1 个连接点上。二是接地支线与电气设备金属外壳、金属构架的连接，接地支线的两头焊接接线端子，并用镀锌螺钉压接。三是接地干线与电缆或其他电线交叉时，其间距应不小于25mm；与管道交叉时，应加保护钢管；跨越建筑物伸缩缝时，应有弯曲，以便有伸缩余地，防止断裂。四是明设的接地支线在穿越墙壁或楼板时应穿管保护；固定敷设的接地支线需要加长时，连接必须牢固，用于移动设备的接地支线不允许中间有接头；接地支线的每一个连接处，都应该置于明显处，以便于检修。

（四）接地装置的涂色

接地装置安装完毕后，应对各部分进行检查，尤其是焊接处更要仔细检查焊接质量，对合格的焊缝应按规定在焊缝各面涂漆。

明敷的接地线表面应涂黑漆，如因建筑物的设计要求，需涂其他颜色，则应在连接处及分支处涂以宽为15mm的两条黑带，间距为150mm。中性点接至接地网的明敷接地导线应涂紫色带黑色条纹。在三相四线网络中，如接有单相分支线并零线接地时，零线在分支点应涂黑色带以便识别。

（五）接地电阻测量

无论是工作接地还是保护接地，其接地电阻必须满足规定要求，否则就不能安全可靠地起到接地作用。接地电阻是指接地体电阻、接地线电阻和土壤流散电阻三部分之和。其中主要是土壤流散电阻。接地电阻的数值等于接地装置对地电压和通过接地体流入地中电流的比值。

1. 接地电阻测量方法

测量接地电阻的方法很多，目前用得最广的是用接地电阻测量仪、接地摇表测量。图4-11是接地摇表测量接地电阻接线图。

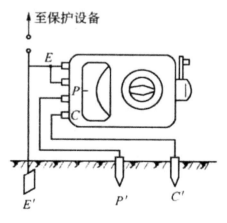

图4-11　接地电阻测量接线

E′－被测接地体；P′－电位探测针；C′－电流探测针

在使用接地摇表测量接地电阻时，要注意以下问题：①假如"零指示器"的灵敏度过高时，可调整电位探测针插入土壤中的深浅，若其灵敏度不够时，可沿电位探测针和电流探测针注水使其湿润；②在测量时，必须将接地线路与被保护的设备断开，以保证测量准确；③如果接地体 E′ 和电流探测针之间的距离大于 20m 时，电位探测针 P′ 的位置插在 E′、C′ 之间直线外几米，则测量误差可以不计；但当 E′、C′ 间的距离小于 20m 时，则应将电位探测针 P′ 正确插在 E′ C′ 直线中间；④当用 0～1/10/100Ω 规格的接地摇表测量小于 1Ω 的接地电阻时，应将正的连接片打开，然后分别用导线连接到被测接地体上，来避免测量时连接导线的电阻造成附加测量误差。

2. 降低接地电阻的措施

流散电阻与土壤的电阻率有直接关系。土壤电阻率越低，流散电阻也就越低，接地电阻就越小。所以在遇到电阻率较高的土壤时，如砂质土壤、岩石以及长期冰冻的土壤，装设人工接地体，要达到设计所要求的接地电阻，往往需采取适当的措施。常用的方法如下。

（1）对土壤进行混合或浸渍处理

在接地体周围土壤中适当混入一些木炭粉、炭黑等以提高土壤的导电率或用食盐溶液浸渍接地体周围的土壤，对降低接地电阻也有明显效果。近年来还采用木质素等长效化学降阻剂，效果十分显著。

（2）改换接地体周围部分土壤

将接地体周围土壤换成电阻率较低的土壤，如黏土、黑土、砂质黏土、加木炭粉土等。

（3）增加接地体埋设深度

当碰到地表面岩石或高电阻率土壤不太厚，而下部就是低电阻率土壤时，可将接地体钻孔深埋或开挖深埋至低电阻率的土壤中。

（4）外引式接地

当接地处土壤电阻率很大而在距接地处不太远的地方有导电良好的土壤或有不冰冻的湖泊、河流时，可将接地体引至该低电阻率地带，之后按规定做好接地。

第三节　变配电室

一、配电柜的安装

配电柜也称开关柜或配电屏，其外壳通常采用薄钢板和角钢焊制而成。根据用途及功能的需要，在配电柜内装设各种电气设备，如隔离开关、自动开关、熔断器、接触器、互感器以及各种检测仪表和信号装置等。安装时，必须先制作和预埋底座，然后将配电柜固定在底座上，其固定方式多采用螺栓连接（对固定场所，有时也采用焊接）。

（一）配电柜的检查和清理

配电柜到达现场后，要及时开箱进行检查和清理，其内容有以下几方面：

1. 型号规格

检查配电柜的型号规格是否与设计施工图相符，然后在配电柜上标注安装位置的临时编号和标记。

2. 零配件及资料

检查配电柜的零配件是否齐全，有无出厂图纸等有关技术资料。

3. 外观质量

检查配电柜内外的壳体及电器件有无损伤、受潮等，发现问题并及时处理。

4. 清理

将配电柜的灰尘及包装材料等杂物清理干净。

（二）配电柜底座制作与安装

1. 配电柜底座制作

配电柜的安装底座，通常用型钢（如槽钢、角钢等）制作，型钢规格大小的选择应根据配电柜的尺寸和重量而定，通常多采用 5～10 号槽钢，或采用 L30×4～L50×5 的角钢。

2. 配电柜底座安装

配电柜底座的安装方法一般有直接埋设法、预留埋设法和地脚螺栓埋设法。

（1）直接埋设法

先按施工图或配电柜底座固定尺寸的要求下料，然后在土建施工做基础时，将底座直接预埋在底座基础中，并将安装位置和水平度调整准确，其允许偏差见表 4-3。

表 4-3　基础型钢安装允许偏差

项目	长度	允许偏差 /mm	检查方法
不直度	1m	1	拉线和尺检
	全长	5	
水平度	1m	1	
	全长	3	

（2）预留埋设法

此种方法是在土建施工做基础时，先把固定槽钢底座的底板（扁钢或圆钢）与底座基础同时浇灌或砌在一起；待混凝土凝固后，再将槽钢底座焊接在基础底板上。或采用预留定位的方法，在浇灌混凝土时，在基础上埋入比型钢略大的木盒（一般为 30mm 左右），并应预留焊接型钢用的钢筋；待混凝土凝固后，将木盒取出，再埋设槽钢底座。

（3）地脚螺栓埋设法

在土建施工做基础时，先按底座尺寸预埋地脚螺栓，待基础凝固后再将槽钢底座固定在地脚螺栓上。底座制作预留工作结束后，应该用扁钢将底座与接地网连接起来。

（三）配电柜的安装

通常在土建工程全部完毕后进行配电柜的安装。

1. 底座钻孔

槽钢底座基础凝固后，即可以在槽钢底座上按照配电柜底座的固定孔尺寸，开钻稍大于螺栓直径的孔眼。

2. 立柜

按照施工图规定的配电柜顺序做安装标记，然后将配电柜搬放在安装位置，并先粗略调整其水平度和垂直度。

3. 调整

配电柜安放好后，务必要校正其水平度和垂直度。水平度用水平仪校正，垂直度用线锤校正。多块柜并列拼装时，一般先安装中间一块柜，再分别向两侧拼装并逐柜调整。双列布置的配电柜，应该注意其位置的对应，以便母线联桥，配电柜安装的允许偏差见表 4-4。

表 4-4　配电柜安装允许偏差

项目		允许偏差 /mm
垂直度（1m）		1.5
水平度	相邻两柜顶部	2
	成列柜顶部	5
不平度	相邻两柜面	1
	成列两柜面	5
柜间接缝		2

4. 固定

水平度和垂直度校正符合要求后，即可用螺栓和螺母将配电柜固定在槽钢底座上。一般在调整校正后固定，也可逐块调整逐块固定。高压配电柜在侧面出线时，应装设金属保护网。

5. 柜内电器

成套配电柜的内部开关电器等设备均由制造厂配置，安装时需检查柜内电器是否符合设计施工图的要求，并进行公共系统（如接地母线、信号小母线等）的连接和检查。

6. 装饰

配电柜安装完毕后，应保证柜面的油漆完整无损（必要时可重新喷漆，漆面不能反光）。最后应标明柜正面及背面各电器的名称和编号，配电柜的安装方法，也适用于落地式动力配电箱和控制箱的安装。

二、电力变压器的安装

（一）安装前的准备工作

1. 场地布置

电力变压器的大部分组装工作最好在检修室内进行，如果没有检修室，则需要选择临时性的安装场所。这时，最好把安装场所选择在变压器的基础台附近，以便变压器就位，也可把变压器放在自己的基础台上就地组装。

2. 施工机械和主要材料准备

（1）安装电力变压器所需要的机械和工具如下

①安装机具

压缩空气机、真空泵、阀门、加热器、滤油机、油泵、油罐、烘箱、电焊机、行灯变压器、麻绳等。

②测试仪器

摇表、介成损失角测定器、升压变压器、调压器、电流表、电压表、功率表、蓄电池、臭空表、温度计等。

③起重机具

吊车、吊架、吊梁、链式起重机、卷扬机、钢丝绳、滑轮等。

（2）安装电力变压器可能用的材料如下

①绝缘材料

绝缘油、电工绝缘纸板、绝缘布带、电木板、绝缘漆等。

②密封材料

耐油橡胶衬垫、石棉绳、虫胶漆、尼龙绳等。

③黏结材料

环氧树脂胶、胶水、水泥、砂浆等。

④清洁材料

白布、酒精、汽油等。

⑤其他材料

石棉板、方木、电线、钢管、瓷漆、滤油纸、凡士林等。

3. 安全措施

（1）要注意防止人身触电以及摔跌等事故发生。

（2）设备安全措施如下

①防止绝缘物过热

变压器身的绝缘多为 A 级绝缘，干燥温度应限制在 105℃以下。

②防止发生火灾

在干燥变压器和过滤绝缘油时，应特别注意防止火灾的发生。

③防止杂物落进油箱

在检查变压器身和安装油箱顶盖时要特别细心，要防止螺母、垫圈及小型工具掉进油箱。工作人员要穿不带纽扣的工作服，所有带进现场的工具、仪表等，在工作之前要进行登记，工作完毕之后如数清点收回。工作中拧下来的各种螺栓应放在小箱之内，由专人看管。

④防止附件损坏

组装附件时，绳索绑扎要恰当，要特别注意防止附件与油箱发生碰撞。一般组装的顺序是先里后外、先上后下、先金属部件后瓷质部件。

⑤防止变压器翻倒、严重倾斜事故的发生。

4. 变压器外部检查

电力变压器运达工地 10 天之内，应进行外部检查，无异常情况才能安装。具体检查下列项目：变压器是否和设计型号规格相符；变压器是否有机械损伤及渗油情况，箱盖螺栓是否完整无缺，密封衬垫是否严密良好；各套管孔、散热器碟阀等处的密封是否严密，螺钉是否紧固；变压器出厂资料是否齐全，散热器套管等附件是否齐全完好；变压器有无小车，轮距和轨道设计距离是否相符；外表是否有锈蚀，油漆是否完整。

5. 轨道埋设

变压器轨道一般采用 43kg/m 的钢轨，钢轨应平直。

在土建浇灌变压器基础时，按设计要求预埋铁板数块，两列铁板的中心尺寸应该符合轨距。铁板为长方形，长度超过钢轨底宽 200mm 以上，铁板之间距在无设计时可按 0.8m 施工。

敷设钢轨时，先测出变压器中心线。再将平直好的钢轨及垫铁运上基础，用水平尺将钢轨按设计标高找平，位于气体继电器一侧的钢轨较轨距长度比应高 1%～1.5%，两根钢轨同一水平也可，其坡度将由止轮器加垫板来解决。轨道水平误差一般不超过5mm，实际轨距不得小于设计轨距，误差不超过 5mm，轨面对设计标高的误差不超过±5mm。

注意轨距是指轨道内侧间距，如图 4-12 所示。

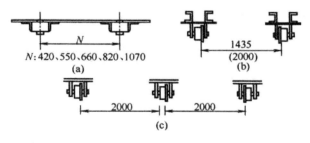

图 4-12　变压器轨距

（a）小型变压器轨距；（b）大、中型变压器轨距；（c）大型变压器轨距

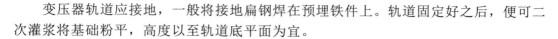

变压器轨道应接地，一般将接地扁钢焊在预埋铁件上。轨道固定好之后，便可二次灌浆将基础粉平，高度以至轨道底平面为宜。

（二）变压器吊芯检查

变压器经过运输，芯部常因振动和冲击使螺钉松动和掉落，胶木螺钉常有折断，穿心螺钉也可能因绝缘受损伤而绝缘程度降低，出现铁芯位移及其他零件脱落等情况，所以常常需要吊芯检查。另外，通过吊芯也可发现制造上的缺陷和疏忽，查看有无水分沉积和受潮现象等。

所有螺栓都应紧固，防松措施良好，胶木螺栓应完好，拧紧时不应用力过大，短少和损坏的螺栓要及时加工配制。器身如有位移要进行校正，恢复原中心位置。铁芯无损伤变形，松开接地片，测试铁芯对地绝缘应良好，无多点接地现象。

穿心螺杆与铁芯、铁轴与夹铁、铁轴方铁与铁轭之间绝缘应良好。如铁貌采用钢带绑扎时，要检查钢带与铁轴之间绝缘是否良好，线圈的绝缘层应完整无损、无移动变位情形、无潮湿迹象。

线圈排列整齐、间隙均匀、油路无堵塞现象，线圈压钉紧固、锁紧螺母拧紧，绝缘垫块紧固不松动。绝缘围屏绑扎牢固，所有线圈引出处的密封良好。引出线绝缘包扎紧固，无破损、拧弯现象；引出线固定牢固，支架坚固；引线裸露部分无毛刺或尖角，焊接质量良好，接线正确、接触良好，电气距离符合要求。

电压切换位置的各分接点与线圈的连接应紧固正确；分接头应清洁、接触紧密、弹力良好；接触部分用 0.05mm×10mm 塞尺应塞不进去；转动接点位置正确并与指示器一致。转动盘动作灵活，密封良好。

有载调压装置的切换开关触头应接触良好，铜编织线完整无损；限流电阻无断损；装置的油箱应密封良好，与大油箱能有效隔离。防磁隔板应完整，固定牢固无松动。

检查油箱底部有无油垢、杂物和水。器身检查完毕后，应用合格变压器油冲洗，并从箱底放油塞将油放尽。凡是有围屏的变压器通常可不解围屏，受围屏遮蔽而不能检查的项目可不检查。

（三）变压器就位与附件安装

核对变压器的中心位置，当符合设计要求时，便可用止轮器将变压器固定。变压器安装应沿气体继电器侧有 1% ～ 1.5% 的升高坡度，如图 4-13 所示。其目的是使油箱内产生的气体易于流入气体继电器。

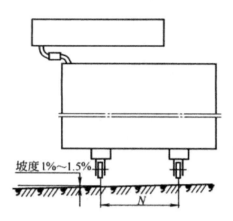

坡度1%～1.5%

N

图 4-13　变压器倾斜坡度示意图

　　套管安装前先进行外观检查、绝缘测量和严密性试验。吊装套管应特别小心，要防止碰撞。套管就位后，按对角顺序拧紧固定套管的法兰螺钉。套管顶部的密封至关重要，接线座一定要拧紧，并垫好橡皮垫。检查散热器没有明显的机械缺陷后，做严密性检查。散热器安装完毕后，再安装相互之间的支撑钢带和风扇，油枕部分是指油枕、吸湿器、瓦斯继电器、防爆管等部件。

　　1. 油枕安装

　　先将油枕的两个支板用螺栓暂时固定到油箱的顶盖上，再吊起油枕放在支板上，调整其间的位置，然后拧紧螺栓。

　　2. 吸湿器安装

　　用卡具把吸湿器的容器垂直安装在油箱壁或者散热器的指定位置，距地面高 1.5～2m，再用钢管把容器与油枕连接起来，连接处用耐油胶环密封。

　　把干燥的粒状硅胶装到吸湿器的容器内，在顶盖下面留出高 15～25mm 的空间。在检查孔的附近要装变色的硅胶，以指示吸湿的程度。将干净的绝缘油注入油槽内至规定的高度。

　　3. 斯继电器安装

　　安装时，先装好两侧的连管，将浮子部分取出后把容器装到两段连管之间。瓦斯继电器应水平安装，顶盖上标示的箭头指向油枕。连管向着油枕的方向最好保持有 2%～4% 的升高坡度。各个法兰的密封垫要安装妥当，不应遮挡油路通径。安装完成后的瓦斯继电器如图 4-14 所示。

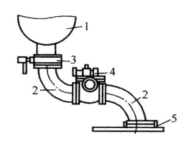

图 4-14　安装完成后的瓦斯继电器

1- 油枕；2- 连管；3- 阀门；4- 瓦斯继电器；5- 油箱顶盖

防爆管安装时应注意各处的密封是否良好，防爆膜片两面都应有橡皮垫。拧紧膜片时，必须均匀用力，使膜片与法兰紧密吻合。膜片损坏需要更换时，其材料及规格应符合产品规定，不得任意代用。

（四）变压器投入运行前的检查

1. 带电前的要求

带电前，应对变压器进行全面检查，查看是否符合运行的条件，如不符合，应立即处理，内容大致如下。

（1）变压器储油柜、冷却柜等各处的油阀门应打开再次排放空气，检查各处应无渗漏。

（2）变压器接地良好。

（3）变压器油漆完整、良好，如局部脱落应补漆，如锈蚀、脱落严重应重新除锈喷漆。套管及硬母线相色漆应正确。

（4）套管瓷件完整清洁，油位正常，接地小套管应接地，电压抽取装置如不用也应接地。

（5）分接开关置于运行要求档位，并复测直流电阻值正常，带负荷调压装置指示应正确，动作试验不少于 20 次。

（6）冷却器试运行正常，联动正确，电源可靠。

（7）变压器油池内已铺好卵石，事故排油管畅通。

（8）变压器引出线连接良好，相位、相序符合要求。

（9）气体继电器安装方向正确，打气试验接点动作正确。

（10）温度计安装结束，指示值正常，整定值符合要求。

（11）二次回路接线正确，经试操作情况良好。

（12）变压器全部电气试验项目（除需带电进行者外）都已结束。

（13）再次取油样做耐压试验应合格。

（14）变压器上没有遗留异物，如工具、破布及接地铁丝等。

2. 变压器的冲击试验

变压器试运行前，必须进行全电压冲击试验，考验变压器的绝缘和保护装置，冲击时将会产生过电压和过电流。

全电压冲击一般由高压侧投入，每次冲击时，应没有异常情况，励磁涌流也不应引起保护装置误动作，如有异常情况应立即断电进行检查。第一次冲击时间应不少于10min。

持续时间的长短应根据变压器结构而定，普通风冷式不开风扇可带 66.7% 负荷，所以时间可以长一些；强油风冷式由于冷却器不投入时，变压器油箱不足以散热，故允许空载运行的时间为 20min（容量在 125MVA 及以下时）和 10min（容量在 125MVA 以上）。

变压器第一次受电时，如条件许可，宜从零升压，并每阶段停留几分钟进行检查，以便及早发现问题，如正常便继续升至额定电压，然后进行全电压冲击。空载变压器检查方法主要是听声音，正常时发出嗡嗡声，而异常时有以下几种声音：声音较大而均匀时，外加电压可能过高；声音较大而嘈杂时，可能是芯部结构松动；有吱吱响声时，可能是芯部和套管有表面闪络；有爆裂音响且大、不均匀，可能是芯部有击穿现象。

冲击试验前应投入有关的保护，如瓦斯保护、差动保护和过流保护等。另外，现场应配备消防器材，以防不测。在冲击试验中，操作人员应观察冲击电流大小。如在冲击过程中，轻瓦斯动作，应该取油样做气相色谱分析，以便做出判断。无异常情况时，再每隔 5min 进行一次冲击，最后空载运行 24h，经 5 次冲击试验合格后才认为通过。

冲击试验通过后，变压器便可带负荷试运行。在试运行中，变压器的各种保护和测温装置等均应投入，并定时检查、记录变压器的温升、油位、渗漏、冷却器运行等情况。有载调压装置还可带电切换，逐级观察屏上电压表指示值应与变压器铭牌相符，如调压装置的轻瓦斯动作，只要是有规律的应属正常，因为切换时要产生一些气体。变压器带一定负荷试运行 24h 无问题，便可以移交使用单位。

三、箱式变电所安装

（一）基础安装

1. 测量定位

按设计施工图纸所标注的位置及坐标方位及尺寸，进行测量放线。确定箱式变电所安装的底盘线和中心轴线，并确定地脚螺栓的位置。

2. 基础型钢安装

（1）预制加工基础型钢的型号、规格应符合设计要求

按设计尺寸进行下料和调直，做好防锈处理，根据地脚螺栓位置及孔距尺寸，进行制孔。制孔必须采用机械制孔。

（2）基础型钢架安装

按放线确定的位置、标高、中心轴线尺寸控制准确的位置放好型钢架，用水平尺

或水准仪找平、找正，与地脚螺栓连接牢固。

3. 基础型钢与地线连接

将引进箱内的地线与型钢结构基架两端焊牢。

（二）箱式变电所就位与安装

要确保作业场地清洁、通道畅通，将箱式变电所运至安装的位置，吊装时应充分利用吊环，将吊索穿入吊环内，之后做试吊检查受力，吊索力的分布应均匀一致，确保箱体平稳、安全、准确就位。

按设计布局的顺序组合排列箱体。找正两端的箱体，然后挂通线，找准调正，使其箱体正面平顺。组合的箱体找正、找平后，应将箱与箱用镀锌螺栓连接牢固。箱式变电所的基础应高于室外地坪，周围排水通畅。

箱式变电所所用的地脚螺栓应螺帽齐全，拧紧牢固，自由安放的应垫平放正。箱壳内的高低压室均应装设照明灯具。箱体应有防雨、防晒、防锈、防尘、防潮、防凝露的技术措施。箱式变电所安装高压或低压电度表时，接线相位必须准确，应安装在便于查看的位置。

箱式变电所接地应使每箱独立与基础型钢连接，严禁进行串联。接地干线与箱式变电所的 N 母线及 PE 母线直接连接，变电箱体、支架或者外壳的接地应用带有防松装置的螺栓连接。连接均应紧固可靠，紧同件齐全。

（三）接线

高压接线应尽量简单，但要求既有终端变电站接线，也有适应环网供电的接线。成套变电所各部分一般在现场进行组装和接线，通常采用下列形式的一种。

1. 放射式

一回一次馈电线接一台降压变压器，其二次侧接一回或多回放射式馈电线。

2. 一次选择系统和一次环形系统

每台降压变压器通过开关设备接到两个独立的一次电源上，来得到正常和备用电源。在正常电源有故障时，则将变压器换接到另一电源上。

3. 二次选择系统

两台降压变压器各接一独立一次电源。每台变压器的二次侧通过合适的开关和保护装置连接各自的母线。两段母线间设联络开关与保护装置，联络开头正常情况下是断开的，每段母线可供接一回或者多回二次放射式馈电线。

4. 二次点状网络

两台降压变压器各接一独立一次电源。每台变压器二次侧都通过特殊型的断路器接到公共母线上，该断路器叫作网络保护器。网络保护器装有继电器，当逆功率流过变压器时，断路器即被断开，并在变压器二次侧电压、相角和相序恢复正常时再行重合。母线可供接一回或多回二次放射式馈电线。

5. 配电网络

单台降压变压器二次侧通过做网络保护器接到母线上。网络保护器装有继电器，当变压器二次侧电压、相角、相序恢复时，断路器断开。母线可供接一回或多回二次放射式馈电线，和接一回或多回联络线，和类似的成套变电站相连。

6. 双回路系统（一个半断路器方案）

两台降压变压器各接一独立一次电源。每台变压器二次侧接一回放射式馈电线。这些馈电线电力断路器的馈电侧用正常断开的断路器连接在一起。接线的接触面应连接紧密，连接螺栓或压线螺钉紧固必须牢固，与母线连接时紧固螺栓采用力矩扳手紧固。

相序排列准确、整齐、平整、美观，涂色正确。设备接线端，母线搭接或卡子、夹板处，明设地线的接线螺栓处等两侧 10 ～ 15mm 处都不得涂刷涂料。

四、变配电设备调试验收

（一）配电柜调试及试运行

1. 调整试验

（1）配电柜的调整

①调整配电柜机械联锁

重点检查五种防止误操作功能，应符合产品安装使用技术说明书的规定。

②二次控制线调整

将所有的接线端子螺丝再紧一次；用兆欧表测试配电柜间线路的线间和线对地间绝缘电阻值，馈电线路必须大于 0.5MΩ，二次回路必须大于 1MΩ；二次线回路如有晶体管、集成电路、电子元件时，这个部位的检查不得使用兆欧表，应使用万用表测试回路接线是否正确。

③模拟试验

将柜（台）内的控制、操作电源回路熔断器上端相线拆掉，将临时电源线压接在熔断器上端，接通临时控制电源和操作电源。按图纸要求，分别模拟试验控制、连锁、操作、继电保护和信号动作，正确无误，灵敏可靠；音响信号指示正确。

（2）配电柜的试验

①高压试验

高压成套配电柜必须按现行国家标准《电气装置安装工程电气设备交接试验标准》（GB 50150-2016）的规定交接试验合格，且应符合下列规定：继电保护元器件、逻辑元件、变送器和控制用计算机等单体校验合格，整组试验动作正确，整定参数符合设计要求。凡经法定程序批准，进入市场投入使用的新高压电气设备和继电保护装置，按产品技术文件要求交接试验，高压瓷件表面严禁有裂纹，缺损和瓷釉损坏等缺陷，低压绝缘部件完整。

②定值整定

定值整定工作应由供电部门完成，定值严格按供电部门的定值计算书输入。对于

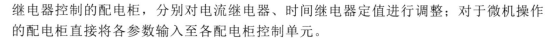

继电器控制的配电柜，分别对电流继电器、时间继电器定值进行调整；对于微机操作的配电柜直接将各参数输入至各配电柜控制单元。

2. 试运行验收

（1）送电试运行前的准备工作

备齐经过检验合格的验电器、绝缘靴、绝缘手套、临时接地线、绝缘垫、干粉灭火器等。对设置固定式灭火系统及自动报警装置的变配电室，其消防设施应经当地消防部门验收后，变配电设施才能正式运行使用。如未经消防部门验收，须经其同意，并办理同意运行手续后，才可以进行高压运行。

再次清扫设备，并检查母线上、配电柜上有无遗留的工具、材料等。试运行的安全组织措施到位，明确试运行指挥者、操作者和监护者。明确操作程序和安全操作应注意的事项。填写工作票、操作票、实行唱票操作。

（2）空载送电试运行

由供电部门检查合格后，检查电压是否正常，然后对进线电源进行核相，相序确认无误后，按操作程序进行合闸操作。先合高压进线柜开关，并且检查 PT 柜的三相电压指示是否正常。再合变压器柜开关，观察电流指示是否正常，低压进线柜上电压指示是否正常，并操作转换开关，检查三相电压情况。再依次将各高压开关柜合闸，并观察电压、电流指示是否正常。合低压柜进线开关，在低压联络柜内，在开关的上下侧（开关未合状态）进行核相。

（3）验收

经过空载试运行试验 24h 无误后，进行负载运行试验，并且观察电压、电流等指示正常，高压开关柜内无异常声响，运行正常后，即可以办理验收手续。

（二）变压器及箱式变电所调试及试运行

1. 设备试验

变压器的常规试验见表 4-5。

表 4-5　变压器的常规试验

试验内容	干式变压器	
	电压等级	
	6kV	10kV
绕组连同套管直流电阻值测量（在分接头各个位置）	与出厂值比较，同温度下变化不大于 2%	同左
检查变比（在分接头各个位置）	与变压器铭牌相同，符合规律	同左
检查接线组别	与变压器铭牌相同，与出线负号一致	同左

绕组绝缘电阻值测量	经测量时温度与出厂测量温度换算后不低于出厂值 70%	同左
绕组连同套管交流工频耐压试验	17kV, 1min	24kV, 1min
与铁芯绝缘的紧固件绝缘电阻值测量	用 2500V 兆欧表测量 1min, 无闪络击穿现象	同左
检查相位	与设计要求一致	同左

2. 送电前检查

（1）变压器试运行前应做全面检查，确认符合试运行条件后方可投入运行，检查内容如下：

①变压器应清理、擦拭干净，顶盖上无遗留杂物。

②变压器一、二次引线相位和相色标志正确，绝缘良好。

③变压器外壳和其他非带电金属部件均应接地良好可靠。

④有中性点接地变压器在进行冲击合闸前，中性点须接地。

⑤消防设施齐备。

⑥保护装置整定值符合规定要求；操作及联动试验正常。

⑦无外壳干式变压器护栏安装完毕；各种标志牌、门锁齐全。

⑧轮子的制动装置固定牢固。

（2）箱式变电所接线完毕后应进行柜体内部清扫，用擦布将柜内外擦干净；检查母线上、柜内有无遗留的工具及材料等。

3. 试运行验收

（1）设备试运行

变压器空载投入冲击试验：变压器不带负荷投入，所有负荷侧开关应全部拉开。按规程规定在变压器试运行前，必须进行全电压冲击试验，以考验变压器的绝缘和保护装置。全电压冲击合闸，第一次投入时由高压侧投入，受电之后，持续时间不少于10min，经检查无异常情况后，再每隔 5min 进行冲击一次，连续进行 3～5 次全电压冲击合闸，励磁涌流不应引起保护装置误动作，最后一次进行 24h 空载试运行。

变压器空载运行主要检查温升及噪声。正常时发出嗡嗡声，异常时有以下几种情况：声音比较大而均匀时，可能是外加电压比较高；声音比较大而嘈杂时，可能是芯部有松动；有兹兹放电声音，可能是芯部和套管有表面闪络；有爆裂声响，可能是芯部击穿现象。应严加注意，并检查原因及时分析处理。

在冲击试验中操作人员应注意观察冲击电流、空载电流及一、二次侧电压等，并做好详细记录。变压器空载运行 24h，无异常情况后，才可投入负荷运行。

（2）验收

变压器和箱式变电所经过空载运行 24h，无异常情况后，可办理验收手续。

第五章 给排水工程施工技术

在生活居住的房间或公用建筑内，为保证一定的舒适条件和工作条件，都装设有采暖系统、给水、排水系统与供煤气系统等，这些系统统称为暖卫系统。其施工安装应遵照《采暖与卫生工程施工及验收规范》（GBJ 242-82）的规定进行。

第一节　室内给水系统

一、施工前的准备工作

管道安装应按照设计图纸进行，因此施工前要认真熟悉图纸，领会设计意图，根据施工方案决定的施工方法和技术交底的具体措施做好准备工作。同时，参看有关专业设备图和建筑结构图，核对各种管道的位置、标高、管道排列所用空间是否合理。

设计图纸有平面图、系统图及剖面图或大样图。从图中可以了解室内外管道的连接情况、穿越建筑物的做法，室内进水管、干管、立管、支管的安装位置及要求等。如施工人员发现原设计有问题及需修改之处，应及时和设计人员研究决定，并办好变更协商记录。

管道的预制加工就是按设计图纸画出管道分支、变径、管径、预留管口、阀门位置等的施工草图，在实际安装的结构位置上做上标记，按标记分段量出实际安装的准确尺寸，记录在施工草图上，之后按草图测得的尺寸预制加工（断管、套丝、上零件、调直、校对），并按管段分组编号。

在准备工作就绪，正式安装前，总体上还应具备以下几种条件：地下管道必须在房心土回填夯实或挖到管底标高时敷设，且沿管线铺设位置应清理干净；管道穿墙处已预留的管洞或安装好的套管，其洞口尺寸和套管规格符合要求，位置、标高应正确；暗装管道应在地沟未盖盖或吊顶未封闭前进行安装，其型钢支架均应安装完毕并符合要求；明装干管安装必须在安装层的楼板完成后进行，将沿管线安装位置的模板及杂物清理干净，托、吊架均安装牢固，位置正确；立管安装应该在主体结构完成后进行，支管安装应在墙体砌筑完毕，墙壁未装修前进行。

二、室内给水管道安装的一般规定

（一）引入管

给水引入管与排水排出管的水平净距不得小于 1.0 m；室内给水管与排水管平行铺设时，两管间的最小水平净距为 500mm，交叉铺设时垂直净距为 150mm。给水管应铺设在排水管的上面，当地下管较多，敷设有困难时，可在给水管上加钢套管，其长度不应小于排水管管径的三倍。

引入管及其他管道穿越地下室或地下构筑物外墙时应采取防水措施，加设防水套管。引入管应有不小于 0.003 的坡度坡向室外给水管网，并在每条引入管上装设阀门，必要时还应装设泄水装置。引入管在地沟内敷设时，应位于供热管道的下面或者另一侧，在检修的地方应设活动盖板，并且应留出检修的距离。

（二）干管、立管

给水横干管宜有 0.002 ~ 0.005 的坡度，坡向泄水装置，以便在试压、维修和冲洗时能排净管道内的余水。在装有三个或三个以上配水点支管的始端，应安装可拆卸的连接件（活接）。

立管上管件预留口位置，一般应根据卫生器具的安装高度或施工图纸上注明的标高确定，立管一般在底层出地面后 500mm 以上装设阀门。明装立管在沿墙角敷设时不宜穿过污水池，并不得靠近小便槽设置，防止腐蚀。

立管穿过楼板时应加设钢套管，且高出地面不小于 30mm，立管的接口不能置于楼板内。楼层高度不超过 4 m 时，立管上只需设一个管卡，立管卡距地面 1.5 ~ 1.8 m。

（三）支管

支管应有不小于 0.002 的坡度坡向立管，以便检修时放水。支管明装沿墙敷设时，管外壁距墙面应有 20 ~ 25mm 的距离；暗装时设在管槽中，可拆卸接头应装在便于检修的地方。

冷、热水管和水龙头并行安装，应符合下列规定：上下平行安装、热水管应装在冷水管上面；垂直平行安装，热水管应装在冷水管的左侧；在卫生器具之上安装冷、热水龙头，热水龙头应安装在左侧。

明装在室内的分户水表，表外壳距墙面不得大于 30mm；表前后直线管段长度大于 300mm 时，其超出管段应煨弯沿墙敷设。

三、管道现场安装

管道安装时一般从总进入口开始操作，总进口端头加好临时丝堵以备试压。把预制完的管段运到安装部位按编号依次排开，安装前清扫管腔，丝扣连接管道抹上铅油缠好麻，用管钳按编号依次上紧，丝扣外露 2～3 扣，安装完后找直找正，复核分支留口的位置、方向及变径无误后，清除麻头。安装中所有敞开管口均应临时堵死，以防污物进入。在安装立管时，应该注意先自顶层通过管洞向下吊线，以检查管洞的尺寸和位置是否正确，并据此弹出立管位置线；立管自下向上安装时每层立管先按立管位置线装好立管卡，并于安装至每一楼层时加以固定。立管的垂直度偏差为每米不超过 2mm，超过 5m 的层高总偏差不超过 10mm，可以用线坠吊测检查。

室内给水管道系统的安装与试验，以用水设备（卫生器具）前的阀门为终点，待用水设备安装后，再经实际测量安装器具支管。

四、质量验收标准

每一项工程在竣工交付使用前都要进行工程质量验收。工程验收是指施工单位在完成所承担的施工项目以后，应按设计和施工验收规范的标准，对工程的质量进行全面检查鉴定，并评出质量"合格"或"优良"等级，由建设单位鉴证验收。

为了统一建筑设备安装工程质量检验评定的方法，国家依据建筑安装工程施工验收规范和技术标准等颁发了《工程质量检验评定标准》，标准中对划分建筑安装工程项目，质量检查的内容和方法，对工程质量的组织和工程质量等级的评定都有明确规定，在此就不做详细介绍了。

采暖与卫生设备安装工程竣工后的质量检验和评定应执行《建筑采暖卫生与煤气工程质量检验评定标准》（GBJ 302-88），关于室内给水管道安装其质量标准主要有如下内容。

（一）保证项目

即标准中采用"必须""不得""严禁"等用词的条文。①隐蔽管道和给水系统的水压试验结果必须符合设计要求和施工规范规定。（检查系统或分区试验记录）②管道及管道支座（墩）严禁铺设在冻土和未经处理的松土上。（观察和检查隐蔽工程记）③给水系统竣工后或者交付使用前必须进行吹洗。（检查吹洗记录）

（二）基本项目

即标准中采用"应""不应"等用词的条文。①管道坡度的正负偏差应符合设计要求。（用水平尺拉线和尺量检查或检查隐工程记录）②碳素钢管的螺纹加工精度应符合国标《管螺纹》规定，螺纹整洁规整，无断丝或缺丝。镀锌碳素钢管和管件的镀锌层无破损，螺纹露出部分防腐蚀良好，接口处无外露油麻等缺陷。（观察或解体检查）③碳素钢管的法兰连接应对接平行、紧密？与管子中心线垂直。螺纹露出螺母长度一致，且不大于螺杆直径的二分之一，螺母在同侧，衬垫材质符合设计要求及施工规范规定。（观察检查）④非镀锌碳素钢管的焊接焊口平直，焊纹均匀一致，焊缝表面无结瘤、夹渣和气孔。焊缝加强面符合施工规范规定。（观察或用焊接检测尺检查）⑤管道支、吊架及管座（墩）的安装应构造正确，埋设平整牢固，排列整齐，支架与管道接触紧密。（观察或用手扳检查）⑥阀门安装的型号、规格、耐压和严密性试验符合设计要求和施工规范规定。阀门的位置、进出口方向正确，连接牢固，紧密，启闭灵活，朝向合理，表面洁净。（手扳检查与检查出厂合格证、试验单）⑦管道、箱类和金属支架的油漆种类和涂刷遍数符合设计要求，附着良好，无脱皮、起泡和漏涂，漆膜厚度均匀，色泽一致，无流淌以及污染现象。（观察和检查）

（三）允许偏差项目

给水管道安装的允许偏差和检验方法见表 5-1。

表 5-1 允许偏差和检验方法

项次	项目			允许偏差 mm	检验方法
1	水平管道纵、横方向弯曲	给水铸铁管	每米长	1	用水平尺直尺拉线和尺量检查
			全长（25 m 以上）	不大于 25	
		碳素钢管	每米长 管径小于或等于 100 mm	0.5	
			每米长 管径大于 100 mm	1	
			全长（25 m 以上） 管径小于或等于 100 mm	不大于 13	
			全长（25 m 以上） 管径大于 100 mm	不大于 25	
2	立管垂直度	给水铸铁管	每米长全长（5 m 以上）	3 不大于 15	吊线和尺量检查
		碳素钢管	每米长全长（5 m 以上）	2 不大于 10	
3	隔热层	表面平整度	卷材或板材涂抹或其他	4 8	用 2 m 靠尺和模形塞尺检查
			厚度	$+0.1\delta$ -0.05δ	用钢针刺入隔热尺和尺量检查

第二节　室内排水系统

一、施工前的准备

室内排水管道安装前首先要根据设计图纸及施工预算书进行备料，并且检查好管材和管件的质量，然后根据设计图纸及技术交底的内容，检查、核对预留孔洞的尺寸大小是否正确，将管道位置、标高进行划线定位。同时对管道转弯、分支以及管件比较多的结点处（如卫生间内）安装前需进行管道结点组合尺寸的核算，并绘出排水管道的加工安装草图。

在安装中为了减少打固定灰口，对部分管段及管材与管件的连接可预算按测绘草图集中打好灰口，并编号，养护好后码放在平坦的场地上，以备安装。正式安装前，对于地下排水管道的铺设，必须满足基础达到或接近 ±0.00 标高，房心土回填到管或稍高的高度，房心内沿管线位置无堆积物，且在管道穿过建筑物基础处，按设计要求预留好管洞。对于各楼层内的排水管道，应与结构施工隔开一层以上，且管道穿结构部位的孔洞等均已预留完毕，室内模板或杂物已清除净，室内房间尺寸线以及水平线已准确弹出。

二、室内排水管道安装的规定

承插排水管道的接口，应以油麻丝填充，用水泥或石棉水泥打口，不得用一般水泥砂浆抹口，否则，使用时在接口处往往会漏水。为了保证排水通畅，排水管道的横管与横管、横管与立管的连接，应采用45°三通（斜三通）和四通或90°斜三通（顺水三通）和四通。立管与排出管端连接，宜采用两个45°弯头。

排水管道上的吊钩或卡箍应固定在承重砖墙或其他可靠的支架上。固定支架间距：横管不得大于2 m，立管不得大于3 m。层高小于或等于4 m的立管可安装一个固定件，立管底部的弯管处应设支墩，以防止立管下沉，造成管道接口断裂。排水管道不得穿过烟道、风道、沉降缝、伸缩缝和居室。

暗装或埋地的排水管道，在隐蔽前必须做灌水试验，其灌水高度不应低于底层地面高度。在满水15 min后，再灌满延续5 min，液面不下降为合格，排水管道穿越基础、墙体和楼板时，应配合土建预留孔洞。

三、室内排水管道的安装

室内排水管道的安装应遵守先地下后地上（俗称先零下后零上）原则。安装顺序依次为排出管（做至一层立管检查口）、一层埋地排水横管、一层埋地器具支管（做至承口突出地面）、埋地部分管道灌水试验与验收。此段工程完工俗称一层平口，其施工可在土建一层楼板盖好进行，其后的施工顺序是立管、各层的排水横管及器具支管。

（一）排出管安装

排出管是室内排水立管或横管与室外检查井之间的连接管道。排出管安装是整个排水系统安装工程的起点，必须严格保证施工质量，打好基础。安装中要保证管子的坡向和坡度，应该为直线管段，不能转弯或突然变坡。为了检修方便，排水管的长度不宜太长，一般检查井中心至建筑物外墙的距离不小于 3 m，不大于 10 m。排水管插入检查井的位置不可以低于井的流水槽，如图 5-1（a）（b）为排出管穿过建筑物外墙的防水做法。

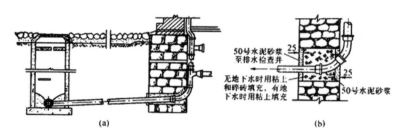

图 5-1　排出管安装

排出管应做至一层立管检查口和地面扫除口，其中间连接的排水横管的三通（或四通）应根据排水横管的埋深确定其位置。当排水管的承口必须装在预留洞内时，排出管宜采用预制，待接口强度达到后，再穿入基础孔洞安装，排水管道穿墙预留孔洞尺寸见表 5-2 确定。

表 5-2　穿基础预留孔洞尺寸

管径 /mm	≤ 100	125 ~ 150
a×b/mm	250×350	350×450

一般情况下，排出管先做出建筑物墙外 1 m 处，经室内排水管道通球试验和灌水试验合格后，再接至室外检查井。施工中，还要注意堵好室外管端敞口。

（二）排水横干管安装

排水横干管按其所处位置不同，其安装有两种情形，一种是建筑物底层的排水横干管可直接铺设在底层的地下，另一种是各楼层中的排水横干管，可敷设在支、吊架上。

铺设在地下的排水管道，在挖好的管沟或房心土回填到管底标高处时进行，把预制好的管段按照承口朝向来水的方向铺设。由出水口处向室内顺序排列，挖好打灰口用的工作坑，将预制好的管段慢慢地放入管沟内，封闭堵严总出水口，做好临时支撑，按施工图纸的位置标高找好位置和坡度，以及各预留管口的方向和中心线，将管段承插口相连。在管沟内打灰口前，先将管道调直、找正，用麻钎或捻凿将承口缝隙找均匀。将拌好的填料（水灰比为 1 ∶ 9）装在灰盘内放在承口下部，人跨在管道上，一手填灰，一手用捻凿捣实，先填下部，由下而上，边填边捣实，填满后用手锤打实，再填再打，将灰口打满打平为止。然后再将首层立管以及卫生器具的排水预留管口，按室内地坪线及轴线找好位置、尺寸，并接至规定高度，将预留管口临时封堵。打好的灰口，用麻绳缠好或回填湿润细土掩盖养护。各接口养护好后，就可按照施工图纸对铺设好的管道位置、标高及预留分支管口进行自检，确认准确无误后即可从预留口处灌水做灌水试验，水满后观察水位不下降、各接口及管道无渗漏为合格，经有关人员检查，并填写隐蔽工程验收记录，办理隐蔽工程验收手续。验收合格后，临时封堵各预留管口，配合土建填堵洞、孔，按规定回填土。

敷设在支、吊架上的管道安装，得先搭设架子，将支架按设计坡度栽好或做好吊具，量好吊杆尺寸。将预制好的管道固定牢靠，并将立管预留管口及各层卫生器具的排水预留管口找好位置，接至规定高度，也将预留管口临时封堵。位在吊顶内的排水干管，也需按隐蔽工程项目办理检查验收手续。

（三）排水立管安装

根据施工图校对预留管洞尺寸，如为混凝土预制楼板，则需凿楼板洞，如需断筋，必须征得土建有关人员同意，按规定处理。立管检查口应按设计或施工验收规范要求设置，当排水立管暗装在管槽或管井中时，在检查口之处应设检修孔，如图 5-2 所示。

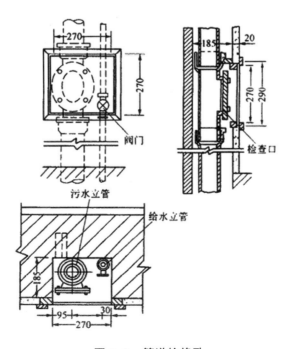

图 5-2　管道检修孔

安装立管应二人上下配合，一个在上一层楼板上，由管洞投下一个绳头，下面一个人将预制好的立管上部拴牢，上拉下托，将管子插口插入其下管子承口内。这时，下层的人把预留分支管口及立管检查口方向找正，上层的人用木楔将管子在楼板洞处临时卡牢，打麻、调直、打灰、复查立管垂直度，将立管临时固定牢靠，养护。立管安装完毕后，配合土建用不低于楼板标号的混凝土将洞灌满堵实，拆除了临时支架。

（四）排水支管安装

支管安装也应先搭好架子，并将支、吊架按坡度栽好，将预制好的管段放到架子上，再将支管插入立管预留口的承口内，将支管预留口尺寸找准，并固定好支管，然后打麻、打灰口。如支管设在吊顶内，末端有清扫口者，应将管子接至上层地面上，便于清扫。支管安装完毕后，可将卫生器具或设备的预留管安装到位，找准尺寸并配合土建将楼板洞堵严，预留管口临时封堵。

四、排水管道质量验收标准

在质量检验评定标准 GBJ（302-88）中，有关室内排水管道安装的质量标准有如下规定。

（一）保证项目

隐蔽的排水管道灌水试验结果必须符合设计要求及施工规范规定。（检查各段灌水试验记录）管道坡度必须符合设计要求或施工规范规定。（检查隐蔽工程记录或用水平尺、拉线和尺量检查）管道及管道支座（墩）严禁铺设在冻土和未经处理的松土上。（观察检查或检查隐蔽工程记录）竣工后通水试验结果，必须要符合设计要求或施工规范规定。（通水检查或检查通水试验记录）

（二）基本项目

金属管道的承插和管箍接口应符合以下规定：接口结构所用填料符合设计要求和施工规范规定，打口密实、饱满，环缝间隙均匀，灰口平整、光滑，养护良好。（尺量或用锤轻击检查）管道和支、吊架刷油及支、吊架安装和室内采暖管道安装的要求相同。

（三）允许偏差项目

室内排水管道安装的允许偏差和检验方法见表 5-3。

表5-3 室内排水管道安装的允许偏差和检验方法

项次	项目			允许偏差 mm	检验方法
1	坐标			15	用水准仪（水平尺）、直尺、拉线和尺量检查
2	标高			±15	
3	水平管道纵、横方向弯曲	铸铁管	每米长	1	
			全长（25 m以上）	不大于25	
		碳素钢管	每米长 管径小于或等于100 mm	不大于25	
			管径大于100 mm	1	
			全长（25 m以上） 管径小于或等于100 mm	不大于13	
			管径大于100 mm	不大于25	
4	立管垂直度	铸铁管	每米长	3	吊线和尺量检查
			全长（5 m以上）	不大于15	
		碳素钢管	每米长	2	
			全长（5 m以上）	不大于10	

五、塑料排水管道的安装

塑料排水管是一种新型的建筑材料，因其具有体轻、美观、经济、耐腐蚀、节约金属、便于运输和安装方便等特点，现已经在各地大量开始使用。塑料排水管道在施工安装程序、操作方法和质量检验方面与铸铁排水管道基本相同。另外，在施工安装中应注意以下几方面。

在施工中往往存在着塑料管及管件的材质不同（多为硬质聚氯乙烯UPVC），管壁厚度、外形尺寸、管材长度、管件规格尺寸也都不统一，因此，实际所采用的管材及管件连同粘接剂应是同一厂家配套产品，并且应与卫生洁具连接相适宜，并有产品合格证及说明书。

由于在使用中，管线膨胀易引起管道弯曲和接口漏水，因此，塑料排水管必须按设计要求的位置和数量装设伸缩节，如设计无需求，伸缩节间距不大于4 m。安装前，将预制好的立管运到安装部位后，先将立管上已预留的伸缩节锁母拧下，取出了U型橡胶圈，清理净杂物，并复查上层洞口是否合适。立管插入端应先划好插入长度标记（一般预留胀缩量为20～30mm），之后涂上肥皂液，套上锁母及U型橡胶圈。安装时，先将立管上端伸入上一层洞口内，垂直用力插入至标记为止。合适后，即用自制U型钢制的抱卡紧固于伸缩节上沿，然后找正、调直，并测量顶棚距三通口中心是否符合要求，无误后即可堵洞，并且将上层预留的伸缩节封严。

六、室内给排水管道的特殊处理

（一）给水管道的特殊处理

1. 绝热防冻防结露处理

当给水管道穿过不供暖的楼梯间和水箱间及经常敞开的外门上方等易发生冻结的地方时，应做绝热防冻处理，当表面温度低的给水管道通过温度较高的房间时，常常会发生结露现象（俗称出汗现象），因此，室内给水管道在做好防腐蚀的同时，有时还应做好防冻、防结露措施。

防冻和防结露的做法相同，就是利用绝热材料对局部管道做好绝热处理，即通常所说的保温和保冷。管道的绝热材料很多，施工方法也各异，如使用石棉硅藻土、石棉灰等涂抹式保温法；使用泡沫混凝土、石棉、矿渣棉、玻璃棉、膨胀珍珠岩、膨胀蛭石等填充式和预制式保温法；使用矿渣棉毡、玻璃棉毡、超细玻璃棉毡以及岩棉毡、岩棉被等缠绕式保温法等。

2. 防沉降缝折剪管道处理

当给水管道穿过建筑物的沉降缝时，有可能在墙体沉陷时折剪管道而发生漏水或断裂等，此时给水管道需做防剪切破坏处理。

原则上管道应尽量避免通过沉降缝，当必须通过时，有以下几种处理方法：

（1）丝扣弯头法

不使管道直穿沉降缝，而是利用丝扣弯头把管道做成n形管，利用丝扣弯头的可移性缓解墙体沉降不均的剪切力。这样，在建筑物沉降过程中，两边的沉降差就可由丝扣弯头的旋转来补偿。这种方法适用于小管径的管道。

（2）橡胶软管法

用橡胶软管连接沉降缝两端的管道，这种做法只适用于冷水管道（t≤20℃）。

（3）活动支架法

把沉降缝两侧的支架做成使管道能垂直位移但不能水平横向位移。

3. 防噪声传播处理

管道的噪声主要来自水泵运行，管内水流速度较大，阀门或水嘴启闭引起的水击等原因。这种现象在高层建筑物中更为突出，因为高层建筑物中常设有水泵加压泵间或其他设备间，管内水流速度也较大（高层建筑物要求供水流速不大于0.5 m/s）。噪声可以通过管道、墙体、水流和空气等媒介传播而影响室内安装，对于高级建筑物需做好防噪声处理。

消除和减弱噪声的措施除了在设计方面采用合理流速、水泵减震等方法外，从安装角度考虑，主要是利用吸声材料隔离管道与其依托的建筑物的硬接触，如暗装管道

和穿墙管填充矿渣棉，管道托架及立管卡和管子的软结合，水嘴采用软连接等。

（二）高层建筑排水管道的安装

目前，随着高层建筑的日益发展，高层建筑的生活排水管道的施工任务也越来越多。对于其管道的安装与普通铸铁排水管相比，可考虑以下技术措施。

排水立管须选用加厚的承插排水铸铁管，比普通铸铁管厚 2～3mm，以提高管道的强度和承压能力，并须在立管与排水横管垂直连接的底部设 150 号混凝土支墩，以支承整根立管的自重。

高层建筑考虑管道胀缩补偿，可以采用柔性法兰管件，在承口处还要留出胀缩余量。为了保证高层建筑的排水通畅，可采用辅助透气管。

对于 30 m 以上的建筑，也可在排水立管上每层设一组气水混合器与排水横管连接，立管的底部排出管部分设气水分离器，这就是新型的苏维脱排水系统。此系统适用于排水量大的高层宾馆和高级饭店，可以起到粉碎粪便污物，分散与减轻低层管道的水流冲击力，保证排水通畅的作用。

（三）防水套管

对于室内给水管道的引入管，可以借助采暖地沟引入室内，也可以单独埋地、穿墙或基础进入室内。而对于排水管道的排出管，管道穿过地下室或地下构筑物外墙时，应采取防水措施。对于有严格防水要求的，应采用柔性防水套管，一般的可采用刚性防水套管。由此可见，无论是给水管道、排水管道还是其他管道，在穿过建筑物外墙时，就应加设防水套管。防水套管有两种，即刚性防水套管和柔性防水套管。

套管安装的要求：①设预埋穿墙防水套管时，必须在浇筑水泥前将套管加以固定，然后用混凝土一次浇固于墙内，套管的填料应紧密捣实。②预埋套管设翼环（也叫止水环）时，环数应符合设计要求，且翼环必须满焊严密。③套管及翼环表面必须清除污垢及铁锈，加工完成之后，其外壁均需刷底漆（包括樟丹和冷底子油）一遍。

第三节　卫生器具安装

卫生器具是用于便溺、盥洗和洗涤的器具，又是室内排水系统的污（废）水收集设备，其品种繁多，造形各异，豪华程度差别悬殊，故安装中必须在定货的基础上，参照产品样本或实物确定安装方案。

本节仅就常用的卫生器具，选择有代表性的安装方式，介绍其安装方法。

一、安装前的质量检验

卫生器具安装前的质量检验是安装工作的组成部分。质量检验包括：器具外形的端正与否、瓷质的细腻程度、色泽的一致性、有无损伤及各部分几何尺寸是否超过了表 5-4 的允许公差等。

表 5-4　卫生陶瓷设备的允许公差值

序号	项目		单位	允许公差值
1	外形尺寸公差		%	±3
2	皂盒、手纸盒外观尺寸公差		mm	-3
3	安装尺寸公差	孔径≤15 孔径 16～29 孔径 30～8。 孔径＞80	mm	+2 ±2 ±3 ±5
4	洗脸盆水嘴孔距		mm	±2
5	洗脸盆、水箱、洗涤槽、妇洗器下水口圆度变形直径偏差		mm	3
6	小便器排出口圆度变形直径偏差		mm	5
7	大便器及存水弯排出口、连接口圆度变形直径偏差		mm	8
8	排出口中心距边缘尺寸公差≤300 ＞300		mm %	±10 ±3

质量检验的方法：

外观检查：表面有否缺陷。

敲击检查：轻轻敲打，声音实而清脆是没有受损伤的，声音沙裂是损伤破裂的。

尺量检查：用尺实测主要尺寸。

通球检查：对圆形孔洞可做通球试验，检验用球直径是孔洞直径的 0.8 倍。

二、安装的基本技术要求

（一）卫生器具安装高度

表 5-5　卫生器具的安装高度　mm

项次	卫生器具名称 居住和公共建筑 幼儿园		安装高度 mm		备注
1	架空式 污水盆落地式		800 500	800 500	
2 3 4 5	洗涤盆（池） 洗脸盆和洗手盆（有塞、无塞） 盥洗槽 浴盆		800 800 800 520	800 500 500 —	自地面至器具上边缘
6	蹲式 大便器	高水箱	1 800	1 800	自台阶面至高水箱底 自台阶面至低水箱底
		低水箱	900	900	
7	坐式大便器	高水箱	1 800	1 800	自台阶面至高水箱底
		低水箱　外露排出管式	510	—	自地面至低水箱底
		低水箱　虹吸喷射式	470	370	
8	小便器	立式	1 000	—	自地面至上边缘 自地面至下边缘
		挂式	600	450	
9 1。 11 12	小便槽 大便槽冲洗水箱、 妇女卫生盆 化验盆		200 不低于 2 000 360 800	150	自地面至台阶面 自台阶面至水箱底 自地面至器具上边缘 自地面至器具上边缘

（二）卫生器具安装的基本技术要求

1. 安装位置的准确性

卫生器具的安装位置是由设计决定的，在某些只有器具的大致位置而无具体尺寸要求的设计中，常常要现场定位。位置包括平面位置，即距某一建筑轴线或墙、柱等实体的距离尺寸和器具之间的间距；立面位置（安装高度）的确定主要考虑使用方便、舒适、易检修等因素，并尽量做到和建筑布置的整体协调美观。为此，必须在器具安装的后墙上弹画出安装中心线，作为排水管道安装和卫生器具安装时的安装基准线。

以下数据可作为排水卫生器具平面定位时的依据。

蹲便器中心距：900mm；洗脸盆、小便器中心距：700mm；淋浴器中心距：900～1 100mm；盥洗槽水嘴中心距：700mm。器具的安装位置应考虑到排水口集中于一侧，便于管道布置，门的开启方向，应该避免门开启后碰撞器具。

2. 安装的稳固性

安装中应特别注意支承卫生器具的底座、支架、支腿等的安装质量，来确保器具安装的稳固。

3. 安装的美观性

卫生器具是室内的固定陈设物，在实用的基础上，还应以端正、平直的安装，达到美观要求，因此，在安装过程中应随时用水平尺、线坠等工具进行检测和校正，使安装控制在规定的允许偏差范围内。

4. 安装的严密性

安装的严密性体现在卫生器具和给水、排水管道的连接及与建筑物墙体靠接两方面。

卫生器具与给水配件（水龙头、浮球阀等）连接的开洞处应加橡胶软垫，并压挤紧密，使连接处不漏水；与排水管、排水栓连接的下水口应用油灰、橡胶垫圈等结合严密，不漏水；与墙面靠接时，应抹油灰，或以白水泥填缝，使靠接处结合严密，不污染墙面。

5. 安装的可拆卸性

在使用和维修过程中，瓷质卫生器具可能被碰坏更换，安装时应考虑到器具的可以拆卸特点。因此，卫生器具和给水支管连接处，必须装可拆卸的活节头；坐便器和地面的稳固，排出口和排水短管的连接，蹲便器排出口和存水弯的连接等，均应用便于拆除的油灰填塞连接，并且在存水弯上或者排水栓处均应设根母连接。

6. 铁和瓷的软结合，管钳和器具配件的软加力

硬金属与瓷器之间的所有结合处，均应垫以橡胶垫、铅垫等，做软结合。和器具紧固的所有螺纹连接时，应先用手加力拧，再用紧固工具缓慢加力，防止加力过猛损伤瓷器。用管钳紧拧铜质、镀光质的给水配件时，应垫以破布，防止出现管钳加力后的牙痕。

7. 安装后的防护与防堵塞

卫生器具的安装应安排在建筑物施工的收尾阶段。器具一经安好，应进行有效防护，如切断水源或用草袋加以覆盖等。防护最根本的措施是加强工种间的配合，避免人为的破坏。

卫生器具安装后，器具的敞开排水口均应加以封闭，用来防堵塞。地漏常常被建筑工人用来排除水磨石浆、排除清洗地面水等，最容易堵塞更应加强维护。

三、大便器的安装

大便器有蹲式、坐式两种类型。按照冲洗方法分水箱冲洗和冲洗阀冲洗，按水箱进水管安装方法分为明装及墙槽暗装。

（一）蹲式大便器的安装

常用蹲便器规格见图 5-3。

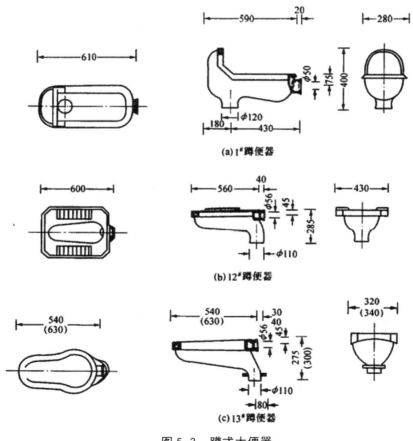

(a) 1#蹲便器

(b) 12#蹲便器

(c) 13#蹲便器

图 5-3　蹲式大便器

蹲式大便器几种安装型式，见图5-4。

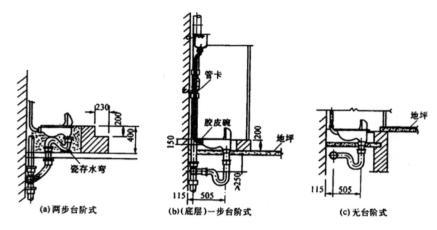

图5-4 蹲便器的几种安装方式

蹲便器高水箱安装的步骤与方法见表5-6。

表5-6 蹲便器高水箱安装的步骤及方法

序号	操作内容和方法	注意事项
1	以排水管口为基准，在安装后墙面上弹画出便器和水箱安装垂直中心线	吊线附弹画
2	以安装中心线为基准，画出水箱安装螺栓的安装位置，使箱底距地面1.8m	以水箱实物尺寸为准画线定位
3	钻孔（打洞）栽埋鱼尾螺栓或膨胀螺栓，打洞栽埋冲洗水管立管管卡	栽埋位置准确、平正、牢固
4	稳固便器：在便器出水口上缠石棉绳（油麻）、抹油灰，同时在排水管承口内抹油灰，将便器插入承口内、压实抹平	便器下可垫以适当高度的红砖将便器担着
5	校正安装位置：对准安装中心线：摆正放平，可稍向排水口方向下倾，最后用细砂将安装空隙填实，使便器稳固	填砂时留出胶皮碗安装空间
6	将预先组装好冲洗洁具的水箱挂装在水箱螺栓上，用螺母拧入固定	铁瓷接触处垫橡皮垫

7	安装冲洗管：先装下部胶皮碗用铜丝至少绑扎 3 ～ 4 道，再将上端插入水箱底部锁母中，衬以石棉绳拧紧锁母最后用立管卡使冲洗管固定	铜丝绑扎应拧紧，保证严密不漏
8	水箱接管	软结合，软加力

（二）坐便器的安装

用低水箱冲洗的坐便器安装有：分体式和连体式两种安装型式。

常见坐便器的规格，见图 5-5 所示。

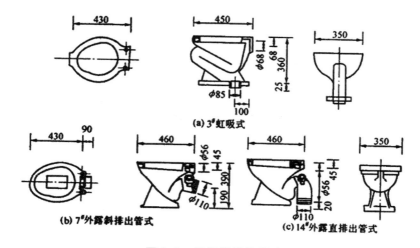

图 5-5　坐便器规格尺寸

分体式坐便器的安装，如图 5-6 所示，图中配用低水箱可以用 5# 或 12#（括号内数据）；水箱短冲洗管管径为 DN50，可以用铁管或者硬塑料管；给水管为暗装在墙槽内，与水箱的连接采用铜角阀及铜管镶接。

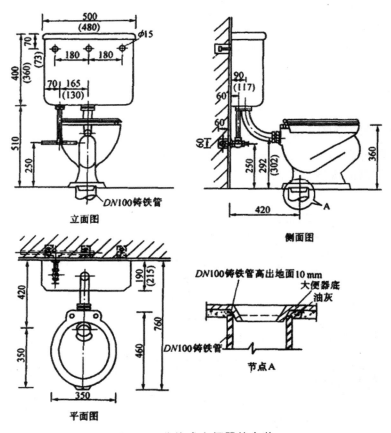

图 5-6　分体式坐便器的安装

坐便器的安装步骤及方法见表 5-7。

表 5-7　分体式坐便器的安装步骤及方法

序号	操作内容和方法	注意事项
1	弹线：以便器排水管口为准，在安装后墙上弹画出便器安装的垂直中心线	吊线弹画
2	水箱定位：在后墙上画出水箱安装螺栓的安装水平线，在水平线上使螺栓定位，画出定位的十字中心线	水平尺画线，尺量定位

3	栽埋水箱螺栓：打洞栽埋鱼尾螺栓如 ϕ 10×150，或钻孔打膨胀螺栓	螺栓安装位置必须校正准确
4	坐便器定位划线：将便器排水口插入排水管口，调正摆放位置，使中心对准墙上的安装中心线后，用尖冲插入坐便器底座上的螺孔内，冲出安装螺栓位置，画出底座轮廓线	比量法定位后，应校正便器安装位置的准确性
5	坐便器安装螺栓的栽埋：在冲眼定位处画出十字线，打洞栽埋地脚螺栓或嵌入 40 mm×40 mm 的小木砖，用 3# 木螺丝垫铅垫稳固便器	常用栽木砖法使坐便器安装位置有调整余地
6	坐便器稳装：在坐便器底部抹上油灰，下水口缠油麻，抹油灰，对准底座轮廓线，插入下水管口，压实抹光，使用螺母或木螺丝稳固	上螺母、拧木螺丝时，均应垫以铅垫
7	安装冲洗管：冲洗管两端均用锁母紧固	软加力、软结合

连体式坐便器直接稳于地面上，用比量法定位，即将坐便器底盘上抹满油灰，下水口缠油麻抹油灰，插入下水管口，直接稳固在地面上，压实抹去底盘挤出油灰即可。在进水管与连体水箱镶接后，坐便器得以进一步稳固，连体式坐便器的安装见图 5-7 所示。

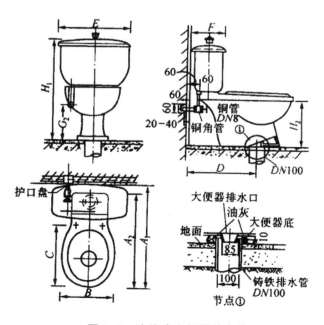

图 5-7　连体式坐便器的安装

四、小便器、槽的安装

（一）小便器的安装

小便器分为：斗式、角式（安装于墙角处）、立式（落地式）和壁挂式几种。小便器安装工作应在地面工程和墙面工程完成后方可进行。小便器的冲洗管有明装和暗装之分，排水管明装时用 S 型存水弯；暗装时可采用 P 型存水弯。

1. 斗式小便器的安装

挂斗式小便器常成排安装（两个以上）。安装前须按已经装好的水支管（承口与地面相平）中心线，在墙上画出了小便器安装中心线（用线坠找直），安装步骤如下（如图 5-8、5-9）。

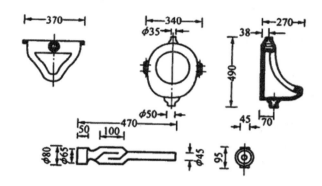

图 5-8　挂斗式小便器 3#

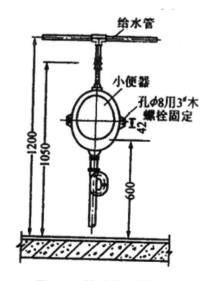

图 5-9　挂斗式小便器安装

将小便器中心压在墙上的安装中心线上，保持安装高度，如图 5-9，用钉子穿过便器两侧的安装孔，打出安装螺栓位置，画出十字中心线。如成排安装，应用水平尺、卷尺测量一次定出各个小便器的螺栓位置，画出了十字中心线。

用电钻装 ϕ 13.5mm 的钻头钻墙洞（钻孔深度为 60mm），栽埋 M 6×70 膨胀螺栓，即可把小便器固定在墙上，或向墙洞打入木砖，用 $2\dfrac{1}{2}'$ 木螺丝将小便器紧固。注：预埋的木砖应做防腐处理，拧入的木螺丝应加铅垫。

连接的给水管道：当明装时，用螺纹闸阀、镀锌短管及便器进水口压盖连接；当给水管暗装时，用角型阀、镀锌管和暗装支管连接，角型阀的下侧用铜管（或镀铬铜管）、锁紧螺母和压盖和小便器进水口相连。

连接排水的存水弯：存水弯上口抹油灰后套入小便器排水口，下端缠绕石棉绳抹上油灰，再与排水短管承插连接，经试水各接口处不漏水即可。

2. 立式（落地式）小便器的安装

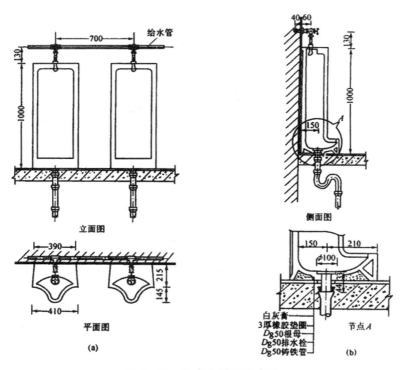

图 5-10　立式小便器的安装

立式小便器多为成排安装（两个以上）。安装前应画上小便器在墙上的安装中心线，其方法同挂斗式小便器，安装步骤如下。①在小便器排水孔上用 3mm 厚橡胶垫圈和锁母装好排水栓，在排水栓管和小便器底部周围的空间处填平白灰膏。②在小便器排水管存水弯承口上抹上油灰，即可将小便器排水栓短管插入存水弯承口，抹平油灰，并再次校正小便器安装中心线误差。③连接小便器给水管道，其方法同上。

成排挂斗式、立式小便器，均可使用共同高位水箱冲洗，水箱底安装高度是 2 160mm，水箱内装有自动冲洗阀，可自动冲水。

3. 小便槽的安装（如图 5-11）

安装要求：①小便槽的长度及罩式排水栓位置由设计人员确定；②罩式排水栓也可用铸铁或塑料地漏代替；③多孔管也可用塑料管；④存水弯也可以采用 P 型弯。

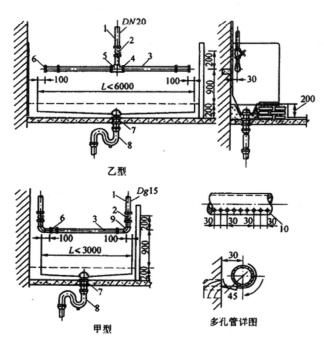

图 5-11　小便槽安装形式

1- 给水管；2- 截止阀；3- 多孔管；4- 管补心 DNV20×15；5- 三通；6- 管帽；7- 罩式排水栓；8- 存水弯；9- 弯头；10- 孔 ϕ 2mm

五、洗脸盆的安装

洗脸盆的种类很多，造型各异，常用的有方形、立柱式和台式。洗脸盆的产品类型不同，其安装方法也不同。方形洗脸盆用墙架固定于墙上；带柱腿的立柱式洗脸盆是靠立在地面上的柱腿支撑稳固在地面上的；台式洗脸盆则直接摆在工作台预留的洞口上。

洗脸盆在安装前均应按照排水短管中心线确定洗脸盆的安装位置，并在墙或台面上画出安装中心线，确定安装高度及安装间距。

（一）方形洗脸盆的安装

方形洗脸盆由盆架支承安装。盆架可用洗脸盆配套供应的铸铁托架，通过 ϕ 6×60 木螺丝紧固于预埋墙体里的木桩上，或用膨胀螺栓将托架紧固于墙体上，也可以用 ϕ 14 的圆钢制作的托架（n 形），栽埋于墙内以支承脸盆。

洗脸盆上架安装时，应在与墙接触的背面抹上油灰，以使结合紧密不漏同时使盆底安装凹槽及孔洞和支托架稳固结合。

洗脸盆安装稳固后即可进行给排水管路的连接。接管前应先把冷、热水瑞和排水栓用厚度 2～3mm 的橡皮垫结合锁母拧紧，冷水嘴在右，热水嘴在左。暗装管与墙面接合处，存水弯管与墙面、地面结合处，都应加装管子护口盘（瓦钱），护口盘内抹满油灰与接触墙、地面按紧压紧压实。

给水管暗装时，用角型阀和铜管镶接，铜管上下锁母处用石棉绳压紧。排水管暗装时，用 P 型存水弯；安装时，先穿上护口盘，在存水弯管端部缠石棉绳、抹油灰，插入排水管，最后压紧护口盘。

（二）立柱式洗脸盆的安装

立柱式洗脸盆由配套瓷质立柱支承，背部用螺栓紧固于墙上加固安装。安装时先弹画出脸盆安装的垂直中心线及安装高度水平线，然后用比量法使立柱柱脚和背部紧固螺栓定位。其过程是将脸盆放在支柱上，调整安装位置对准垂直中心线并和后墙靠严后，在地面上画出支柱外轮廓线和背部螺栓安装位置，然后打洞栽埋螺栓（或膨胀螺栓），在地面上铺上厚 10mm 的方形油灰，使宽度略大于立柱下部外轮廓，按中心位置摆好立柱，压紧压实，刮去多余油灰。在立柱上部和洗脸盆结合的凹形槽内填塞油灰，把脸盆摆在柱腿上，压紧压实，刮去多余油灰，拧紧背部拉紧螺栓。

连接给、排水管道及配件、同前述。其中，排水存水弯要配用 P 型或瓶型存水弯，置于空心的柱腿内，通过侧孔和排水短管暗装。控制排水栓启闭的控制杆，也通过侧孔和盆面上的控制件连接。

（三）台式洗脸盆的安装

台式洗脸盆直接卧装于平台上，其给水方式有冷热水双龙头式、带混合器的单龙头式、红外线自动水龙头式等。

六、浴盆的安装

浴盆按材质不同分为铸铁搪瓷、钢板搪瓷、陶瓷、玻璃钢、人工玛瑙石、聚丙烯塑料等多种产品；按外形尺寸不同分为大号、小号；按安装型式不同分为铸铁盆脚支撑和不带盆脚而以砖砌体贴瓷砖（或马赛克）支撑两种；按使用情况分为带固定（或活动）淋浴器和不带淋浴器等。

浴盆一般安装于墙角处，容易定位，安装后应用水平尺找平，即可连接给、排水管道，所用给排水连接多为配套产品。

浴盆的排水由盆侧上方的溢水管、盆底的排水短管组成一套配件。连接时，溢水口处及接合三通处应加厚度 3mm 橡皮垫圈用锁母锁紧。和排水系统连接时，排水配件端部应缠石棉绳抹油灰后与排水短管连接。

给水管可明装也可暗装。暗装时给水配件的连接短管上要先套上压盖（瓦钱），再与墙内的给水管螺纹连接，随后用油灰压紧压盖，使其与墙结合严密。浴盆上淋浴喷头和混合器连接为锁母垫石棉绳或橡胶垫片连接。固定喷头的立管应加立管卡固定；活动喷头用专用喷头架紧固在预埋的木砖上。

七、淋浴器的安装

淋浴器有组装成品和现场配制两种。按冷热水管的安装方式不同，分明装和暗装两种方式。冷水管安装高度为 900mm，热水管安装高度为 400mm。连接淋浴器时，应按热左冷右的规定安装，而且冷热水管均应装阀门，以便调节水温；喷管和成套设备的连接为锁母紧固，与管件配制的淋浴器连接用活接头。

八、妇女卫生盆的安装

妇女卫生盆又称净身盆。常用的型号为：PT-4、PT-6、PT-8、PT-9、PT-10，配套配件有冷、热水混合器、混合管、喷嘴及排水栓、排水拉杆机构、排水管等，都为铜质镀铬件。

妇女卫生盆的安装步骤如下：①根据排水管的中心位置，画出卫生盆的安装中心线，把卫生盆摆放在中心线上，使大于等于预接好的排水栓及短管插入排水管口，调整安装位置使器具端正；复测排水管中心与墙距离大于等手 380mm 后，在地面上画出卫生盆底座轮廓线。②在底座轮廓线范围内铺 10mm 厚的油灰。盆底排水短管上缠石棉绳抹油灰后，将盆稳在油灰层上压实，并把盆的排水管与排水管道连接，校正安装位置后，刮去多余油灰。③连接冷、热水管以及配件时，注意套上护口盘（压盖），采用软结合，软加力法安装。

第四节　雨水系统

一、建筑雨水排水系统的分类

降落在屋面的雨和冰雪融化的水，特别是暴雨，需要设置屋面排水系统，有组织地将屋面雨水及时排除，否则会造成四处溢流或屋面漏水形成水患，影响了人们的生活和其他活动。建筑雨水排水系统一般可按以下方式分类。

（一）按集水方式分类

根据屋面雨水的收集方式，建筑雨水排水系统可以分为檐沟排水系统、长天沟排水系统。

1. 檐沟排水系统

檐沟排水系统由檐沟和雨落管组成。降落到屋面的雨水沿屋面集流到檐沟，然后流入隔一定距离沿外墙设置的雨落管排至地面或雨水口。雨落管多用镀锌铁皮管或塑料管，镀锌铁皮管为方形，断面尺寸一般为 80mm×100mm 或 80mm×120mm，塑料管管径为 75mm 或 100mm。根据降雨量和管道的通水能力确定一根雨落管服务的屋面面积，再根据屋面形状和面积确定雨落管间距。根据经验，民用建筑雨落管间距为 8 ～ 12m，工业建筑为 18 ～ 24m。檐沟排水系统适用于普通住宅、通常的公共建筑和小型单跨厂房。

2. 长天沟排水系统

长天沟排水系统由天沟、雨水斗和排水立管组成。天沟设置在两跨中间并坡向端墙，雨水斗沿外墙布置。降落到屋面上的雨水沿坡向天沟的屋面汇集到天沟，沿天沟流至建筑物两端（山墙、女儿墙），入雨水斗，经立管排至地面或雨水井。天沟外排水系统适用于长度不超过 100m 的多跨工业厂房。

天沟的排水断面形式根据屋面情况而定，一般多为矩形和梯形。天沟坡度不宜太大，以免天沟起端屋顶垫层过厚而增加结构的荷重，但也不宜太小，以免天沟抹面时局部出现倒坡，雨水在天沟中积聚，造成屋顶漏水，所以天沟坡度一般在 0.003 ～ 0.006。

天沟内的排水分水线应设置在建筑物的伸缩缝、变形缝、沉降缝处，天沟的长度应根据地区暴雨强度、建筑物跨度、天沟断面形式等进行水力计算确定，一般不要超过 50m。为了排水安全，防止天沟末端积水太深，在天沟顶端设置溢流口，溢流口比天沟上檐低 50 ～ 100mm。

采用天沟外排水方式，在屋面不设雨水斗，排水安全可靠，不会因施工不善造成屋面漏水或检查井冒水，并且节省管材，施工简便，有利于厂房内空间利用，也可减小厂区雨水管道的埋深。但因天沟有一定的坡度，而且较长，排水立管在山墙外，也存在着屋面垫层厚、结构负荷增大的问题，使得晴天屋面堆积灰尘多，雨天天沟排水不畅，在寒冷地区排水立管有被冻裂的可能，屋面集水优先考虑天沟形式。

（二）按雨水管道的位置分类

根据排水管道的安装位置，建筑雨水排水系统可以分为外排水系统和内排水系统。檐沟排水系统和长天沟排水系统属于外排水系统，雨水管道系统优先考虑外排水，但应取得建筑师同意。内排水是指建筑物内部有雨水管道的雨水排水系统，屋面雨水斗排水系统属于内排水系统，降落到屋面上的雨水，沿屋面流入雨水斗，经连接管、悬吊管，进入排水立管，再经排出管流入雨水检查井，或者经埋地干管排至室外雨水管道。寒冷地区尽量采用内排水系统。

在实际设计时，应根据建筑物的类型、建筑结构形式、屋面面积大小、当地气候条件及生产生活的要求，经过技术经济比较来选择排除方式。一般情况下，应尽量采用外排水系统或将两种排水系统综合考虑。对于跨度大、特别长的多跨工业厂房，在屋面设天沟有困难的锯齿形或壳形屋面厂房及屋面有天窗的厂房，应考虑采用内排水形式。对于建筑立面要求高的建筑，大屋面建筑及寒冷地区的建筑，在墙外设置雨水排水立管有困难时，也可以考虑采用内排水形式。

（三）按雨水斗的数量分类

内排水系统按雨水斗的连接方式可分为单斗和多斗雨水排水系统两类。单斗系统一般不设悬吊管，多斗系统中悬吊管将雨水斗和排水立管连接起来。对于单斗雨水排水系统的水力工况，人们已经进行了一些实验研究，并获得了初步的认识，实际工程也证实了所得的设计计算方法和取用参数比较可靠。但对多斗雨水排水系统的研究较少，尚未得出定论。所以，在实际中应采用单斗雨水排水系统。

（四）按排除雨水的安全程度分类

根据排除雨水的安全程度，内排水系统分为敞开式和密闭式两种排水系统。前者利用重力排水，雨水经排出管进入普通检查井。但由于设计和施工的原因，当暴雨发生时，会出现检查井冒水现象，造成危害。敞开式内排水系统也有在室内设悬吊管、埋地管和室外检查井的做法，这种做法虽可避免室内冒水现象，但管材耗量大且悬吊管外壁易结露。

密闭式内排水系统利用压力排水，埋地管在检查井内用密闭的三通连接。当雨水排水不畅时，室内不会发生冒水现象。他的缺点是不能接纳生产废水，需另设生产废水排水系统。

不允许室内地面冒水的建筑应采用密闭系统或外排水系统，不得采用敞开式内排水雨水系统。

（五）按设计流态分类

根据雨水在管道中的设计流态，建筑雨水排水系统可以分成压力流（虹吸式）排水系统和重力流排水系统。

压力流（虹吸式）雨水排水系统是近年在欧洲发展起来的，我国《建筑给排水设计规范》中的名称是压力流雨水系统，国际上的称呼是虹吸式雨水系统。

系统在设计中有意造成悬吊管内负压抽吸流动，被形象地命名为siphonicsystem，即虹吸式系统。

重力流雨水系统指使用65型、87型雨水斗的系统，设计流态是半有压流态，系统的流量负荷、管材、管道布置等考虑了水流压力的作用。

檐沟外排水宜按重力流系统设计；长天沟外排水宜按压力流系统设计；高层建筑屋面雨水排水宜按重力流系统设计；工业厂房、库房、公共建筑的大型屋面雨水排水宜按压力流系统设计。

压力流系统的设计流态是水的一相满流，再提高系统的流量须升高屋面水位，但升高的水位与原有总水头（建筑高度）相比仍然很小，系统的流量增加亦很小，超重现期雨水须由溢流设施排除；重力流系统在确定系统的负荷时，预留了排放超设计重现期雨水的余量。

二、建筑雨水排水系统的选择

（一）选用原则

选择的雨水排水系统应尽量迅速、及时地将屋面雨水排至室外地面或沟渠。屋面雨水指以小于建筑物设计使用年限为重现期的降雨。工业建筑地面和屋面冒水泛水曾给我国的工厂造成过巨大的经济损失。雨水从屋面溢流口溢流不符合第一款的精神，属于非正常排水，应尽量减少或避免。本着既安全又经济的原则选择系统。安全的含义，室内地面不冒水、屋面溢水频率低、管道不漏水冒水。经济的含义：在满足安全的前提下，系统造价低、寿命长，选择雨水系统时不宜轻易增加溢水频率。

（二）选用次序

1. 根据安全性大小，各雨水系统的先后排列次序为：
（1）密闭式系统→敞开式系统。
（2）外排水系统→内排水系统。
（3）重力流系统→压力系统。

2. 根据经济性优劣，各雨水系统的先后排列次序为：
压力流系统→重力流系统。

（三）雨水排水系统的组成与设置

外排水系统的组成与布置见前文所述。内排水系统由以下几部分组成：

1. 雨水斗

屋面排水系统应设置雨水斗。不同设计排水流态、排水特征的屋面雨水排水系统应选用相应的雨水斗。雨水斗设有整流格栅装置，格栅进水孔的有效面积是雨水斗下连接管面积的 $2 \sim 2.5$ 倍，能迅速排除屋面雨水。格栅还具有整流作用，避免形成过大的旋涡，稳定斗前水位，减少掺气，并且拦隔树叶等杂物。整流格栅可以拆卸，以便清理格栅上的杂物。

2. 连接管

连接管是连接雨水斗和悬吊管的一段竖向短管。连接管一般与雨水斗同径，但不宜小于100mm，连接管应牢固固定在建筑物的承重结构上，下端用斜三通与悬吊管连接。

3. 悬吊管

悬吊管连接雨水斗和排水立管，是雨水内排水系统中架空布置的横向管道，其管径不小于连接管管径，也不应大于300mm。

4. 立管

雨水立管承接悬吊管或雨水斗流来的雨水，重力流屋面雨水排水系统立管管径不得小于悬吊管管径，压力流雨水排水系统立管管径应经计算确定，可小于上游横管管径。

5．排出管

排出管是立管和检查井间的一段有较大坡度的横向管道，其管径不得小于立管管径。排出管与下游埋地管在检查井中宜采用管顶平接，水流转角不得小于135°。

6．埋地管

埋地管敷设于室内地下，承接立管的雨水，并将其排至室外雨水管道。埋地管最小管径为200mm，最大不超过600mm。埋地管通常采用混凝土管、钢筋混凝土管或陶土管。

7．附属构筑物

常见的附属构筑物有检查井、检查口井和排气井，用于雨水管道的清扫、检修、排气。检查井适用于敞开式内排水系统，设置在排出管与埋地管连接处，埋地管转弯、变径及超过30m的直线管路上。检查井井深不小于0.7m，井内采用管顶平接，井底设流槽，流槽应高出管顶200mm。埋地管起端几个检查井与排出管间应设排气井。水流从排出管流入排气井，与溢流墙碰撞消能，流速减小，气水分离，水流经格栅稳压后平稳流入检查井，气体由放气管排出。密闭内排水系统的埋地管上设检查口，将检查口放在检查井内，便于清通检修，称作检查口井。

三、雨水系统设置

（一）雨水斗

屋面排水系统应设置雨水斗，雨水斗应有权威机构测试的水力设计参数，如排水能力（流量）、对应的斗前水深等。未经测试的雨水斗不得使用在屋面上。重力流系统的雨水斗应采用87型和65型，压力流系统的雨水斗应采用淹没式雨水斗，雨水斗不得在系统之间借用。

雨水斗的设置位置应根据屋面汇水情况并结合建筑结构承载、管系敷设等因素确定。雨水斗可设与天沟内或屋面坡底面上，压力流系统雨水斗应设于天沟内，但DN50的雨水斗可直接埋设于屋面，寒冷地区雨水斗宜设在冬季易受室内温度影响的屋顶范围内。

雨水斗的设计排水负荷应根据各种雨水斗的特性、并结合屋面排水条件等情况设计确定。布置雨水斗的原则是雨水斗的服务面积应与雨水斗的排水能力相适应。雨水斗间距的确定应能使建筑专业实现屋面设计坡度，还应考虑建筑结构特点使立管沿墙柱布置，以固定立管。

重力流系统、压力流系统接入同一悬吊管的雨水斗应在同一标高层屋面上。当系统的设计流量：小于立管的负荷能力时，可以将不同高度的雨水斗接入同一立管，但最低雨水斗距立管底端的高度，应大于最高雨水斗距立管底端高度的2/3。具有1个以上立管的重力流系统承接不同高度屋面上的雨水斗时，最低斗的几何高度应不小于最高斗几何高度的2/3，几何高度以系统的排出横管在建筑外墙处的标高为基准。

内排水系统布置雨水斗时应以伸缩缝、沉降缝和防火墙作为天沟分水线，各自自成排水系统。在不能以伸缩缝或沉降缝为屋面雨水分水线时，应在缝的两侧各设雨水斗。如果分水线两侧两个雨水斗需连接在同一根立管或者悬吊管上时，应采用伸缩接头，并保证密封不漏水。

当采用多斗排水系统时，雨水斗宜相对立管对称布置。一根悬吊管上连接的雨水斗不得多于 4 个，接有多斗悬吊管的立管顶端不得设置雨水斗。

（二）天沟与溢流设置

天沟不应跨越建筑物的伸缩缝或沉降缝。天沟坡度不宜小于 0.003，单斗的天沟长度不宜大于 50m。天沟的净宽度和深度应按雨水斗的要求确定，65 型和 87 型雨水斗的天沟最小净宽度为：DN100，300mm；DN150，350mm。

建筑屋面雨水排水工程应设置溢流口、溢流堰、溢流管系等溢流设施。溢流排水不得危害建筑设施和行人安全。

一般建筑的重力流屋面雨水排水工程与溢流设施的总排水能力不应小于 10 年重现期的雨水量。重要公共建筑、高层建筑的屋面雨水排水工程与溢流设施的总排水能力不应小于 50 年重现期的雨水量。溢流口底面应水平，口上不得设格栅，屋面天沟排水时溢流口宜设于天沟末端，屋面坡底排水时溢流口设于坡底一侧。

（三）悬吊管及其他横管（包括排出管）

重力流系统的悬吊管及其他横管的坡度不小于 0.005；压力流系统大部分排水时间是在非满流状态下运行，悬吊管宜设 0.003 的排空坡度。悬吊管与雨水斗出口的高差应大于 1.0m，重力流系统的悬吊管管径不得小于雨水斗连接管的管径。

悬吊管采用铸铁管，用铁箍、吊卡固定在建筑物的桁架或梁上。在管道可能受振动或生产工艺有特殊要求时，可采用钢管，焊接连接。在悬吊管的端头和长度大于 15m 的悬吊管上，应设检查口或带法兰盘的三通，其间距不宜大于 20m，且应布置在便于维修操作处。悬吊管与立管间宜采用 45° 三通或 90° 斜三通连接。

雨水系统的悬吊管尽量对正立管布置。悬吊管及其他横管跨越建筑的伸缩缝，应设置伸缩器或金属软管，排出管宜就近引出室外。

（四）立管

一根立管连接的悬吊管根数不多于 2 根。建筑屋面各汇水范围内，雨水排水立管不宜少于 2 根。立管尽量少转弯，不在管井中的雨水立管宜沿墙、柱安装。立管的管材和接口与悬吊管相同，在距地面 1m 处设检查口。有埋地排出管的屋面雨水排出管系，立管底部应设清扫口。高层建筑的立管底部应设托架。

各雨水立管宜单独排出室外。当受建筑条件限制，一个以上的立管必须接入同一排出横管时，各立管宜设置出口与排出横管连接，寒冷地区，立管应布置在室内。

（五）管材与附件

重力流排水系统多层建筑宜采用建筑排水塑料管，高层建筑宜采用承压塑料管、金属管。压力流排水系统宜采用内壁较光滑的带内衬的承压排水铸铁管、承压塑料管和钢塑复合管等，其管材工作压力应大于建筑物净高度产生的静水压。用于压力流排水的塑料管，其管材抗坏变形外压力应大于0.15MPa，立管受日照强烈，材质宜为金属。

四、建筑物雨水系统水力要求

（一）重力流雨水系统要求

1. 单斗系统

单斗系统的雨水斗、连接管、悬吊管、立管、排出横管的口径均相同，系统的设计流量（金属或非金属材质）不应该超过表5-8中的数值。

表5-8 单斗系统的最大排水能力

口径（mm）	75	100	150	200
排水能力（L/s）	8	16	32	52

2. 多斗系统的雨水斗

悬吊管上具有1个以上雨水斗的多个系统中，雨水斗的设计流量根据表5-9取值。最远端雨水斗的设计流最不得超过表中数值。其他斗与立管的距离逐渐变小，泄流量会依次递增。为更接近实际，设计中宜考虑这部分附加量，将距立管较近的雨水斗划分的汇水面积增大些，即设计流量加大些。建议以最远为基准，其他各斗的设计流量依次比上游斗递增10%，但是到第5个斗时，设计流量不宜再增加。

表5-9 87型和65型雨水斗的设计流量

口径（mm）	75	100	150	200
排水能力（L/s）	8	12	26	40

3. 多斗系统的悬吊管

多斗悬吊管的排水能力的充满度h/D不大于0.8。悬吊管的管径根据各雨水斗流量之和确定，并宜保持管径不变。

4. 多斗系统的立管

多斗系统的立管（金属和非金属）排水能力按表5-10选取，其中低层建筑不应该超过下限值，高层建筑不应超过上限值。

表5-10 立管的最大排水流量

口径（mm）	75	100	150	200	250	300
排水能力（L/s）	10～12	19～25	42～55	75～90	135～155	220～240

5. 排出管和其他横管

排出管（又称出户管）和其他横管（如管道层的汇合管等）可近似按悬吊管的方

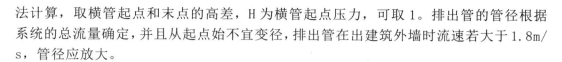

法计算，取横管起点和末点的高差，H 为横管起点压力，可取 1。排出管的管径根据系统的总流量确定，并且从起点始不宜变径，排出管在出建筑外墙时流速若大于 1.8m/s，管径应放大。

（二）压力流雨水系统要求

1. 雨水斗

雨水斗的名义口径一般有三种：D50、D75 和 D100。各口径斗的排水能力因型号和制造商而异，需根据生产厂提供的资料选取。表 5-11 是国标 01S302 斗的排水流量。

表 5-11　压力流雨水斗排水能力（L/S）

名义口径	D50	D75	D100
国标 04S302 斗	6.0	12.0	25.0

2. 管道计算公式

管道水头损失按海澄威廉公式计算，也可以采用柯尔勃克公式。压力流雨水系统的雨水斗和管道一般由专业设备商配套供应，选用水头损失计算公式时需参考供货商的意见。

3. 悬吊管和立管的管径确定

悬吊管和立管的管径选择计算应同时满足下列条件：

（1）悬吊管最小流速不宜小于 1 m/s，立管最小流速不宜小于 2.2m/s。管道最大流速宜小于 6m/s，不得大于 10m/s。

（2）系统的总水头损失（从最远斗到排出口）与出口处的速度水头之和（mH2O），不得大于雨水管进、出口的几何高差 H。

（3）系统中的各个雨水斗到系统出口的水头损失之间的差值，不大于 10kPa，否则，应调整管径重算。同时，各个节点的压力的差值不大于 10kPa（DN ≤ 75）或 5kPa，（DN ≥ 100）。

（4）系统中的最大负压绝对值应小于

金属管：80kPa；塑料管：视产品的力学性能而定，但是不得大于 70kPa。如果管道水力计算中负压值超出以上规定，应调整管径（放大悬吊管管径或缩小立管管径）重算。

（5）系统高度（雨水斗顶面和系统出口的几何高差）H 和立管管径的关系应满足：

立管管径 DN ≤ 75，H ≥ 3m；DN ≥ 90，H ≥ 5m。如不满足，可增加立管根数，减少管径。

4. 系统出口及下游管道

系统出口处的下游管径应放大，流速应控制在 1.8m/s 内。系统出口的设置位置如下确定：当只有一个立管或者多个立管，但雨水斗在同一高度时，可设在外墙处；当两个及以上的立管接入同一排出管，且雨水斗设置高度不同时，则各立管分别设出口，出口设在与排出管连接点的上游，先放大管径再汇合。

（三）溢流口要求

溢流口的功能主要是（雨水系统）事故排水和超量雨水排除。按照最不利情况考虑，溢流口的排水能力应不小于 50 年重现期的雨水量。

（四）天沟外排水设计要求

天沟外排水设计计算主要是配合土建要求，设计天沟的形式和断面尺寸，确定天沟汇水长度。为增大天沟泄流量，天沟断面形式多采用水力半径大、湿周小的宽而浅的矩形或梯形，具体尺寸应由计算确定。为了排水安全可靠，天沟应有不小于 100mm 的保护高度，天沟起点水深不小于 80mm。对于粉尘较多的厂房，考虑到积灰占去部分容积，应该适当增大天沟断面，来保证天沟排水畅通。

第六章 通风与空调工程施工技术

第一节 防排烟系统

当建筑物发生火灾时，随着火势的发展，掌握何时使防排烟设备动作及在同一时间内使哪些设备动作，是极其重要的。防排烟设备可以在火灾现场附近就地手动操作、也可以在消防控制室实现远程控制或联动控制。从全局来看，有必要使防排烟设备系统地动作，并且能局部控制。若把防排烟设备的动作顺序搞错，就可能导致将烟气引进疏散通道或其他部位的危险。

一、防烟系统的运行与控制

（一）防烟系统设备的组成

机械加压送风防烟系统主要由送风机、风道、送风阀、送风口、新风入口以及控制系统组成，如图 6-1 所示。

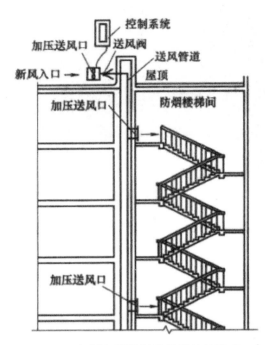

图 6-1　机械加压送风防烟系统的组成

在机械加压送风防烟系统中设置送风阀，主要是防止火灾烟气进入送风系统，送风阀一般采用 70℃ 能够自动关闭的防火阀。若送风温度达到 70℃ 及以上时，送风阀关闭，表明新风入口已受到火灾烟气的危害，应停止送风。

（二）防烟系统设备的联动方式

防烟系统设备的联动方式有多种，采取哪种方式，主要是由其控制设施来决定。

1. 直接联动控制

当某建筑不设消防控制室时，其防烟系统的运行控制主要把火灾报警信号连到送风机控制柜，由控制柜直接启动送风机。

2. 消防控制中心联动控制

当某建筑设有消防控制室时，火灾报警信号通过总线连到消防控制室，由消防控制中心的主机发出相应的指令程序，通过控制模块启动送风口及送风机。

（三）防烟系统的控制程序

当火灾发生时，机械加压送风系统应能够及时开启，防止火灾烟气侵入作为疏散通道的防烟楼梯间及其前室、消防电梯前室或合用前室以及封闭的避难层（间），以确保有一个安全可靠、畅通无阻的疏散通道和安全疏散所需的时间，这就需要及时正确地控制和监视机械加压送风防烟系统的运行，防烟系统的控制通常采用手动、自动、手动和自动控制相结合的方式。

火灾发生时，各种消防设施是否联动、联动方式的不同，以及是有人发现火灾还是由火灾监控设施探测到火灾，防烟系统的运行方式也就不同。

1. 不设消防控制室

当火灾现场有人发现火灾发生，可以手动开启常闭送风口，送风口打开，送风机与送风口联动，送风机开启，即可向防烟楼梯间、（合用）前室等部位进行加压送风；此时也可直接在控制柜上直接开启送风口和送风机，让其直接运行，其控制程序如图6-2（a）所示；如果送风口常开，送风口与送风机无法实现联动运行，只能在控制柜上直接开启送风机，其控制程序如图6-2（b）所示。

如果火灾由火灾探测器发现，火灾探测器启动常闭送风口，送风口打开，送风机与送风口联动，送风机开启，即可向防烟楼梯间、（合用）前室等部位进行加压送风；此时也可直接在控制柜上直接开启送风口和送风机，使其直接运行，其控制程序如图6-2（a）所示；如果送风口常开，送风口和送风机无法实现联动运行，只能由火灾探测器直接开启送风机，其控制程序如图6-2（b）所示。

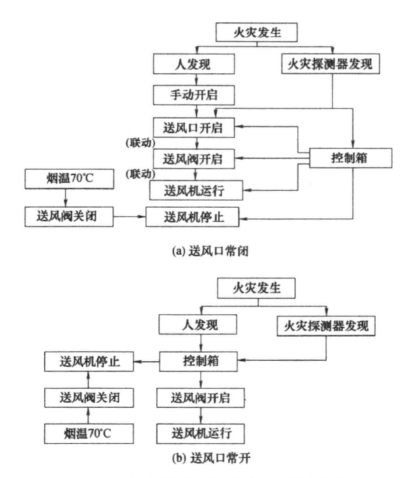

(a) 送风口常闭

(b) 送风口常开

图6-2　不设消防控制室的机械防烟系统控制程序

2. 设消防控制室

当火灾现场有人发现火灾发生，可手动开启送风口，送风口打开，其开启信号反馈到消防控制室，消防控制室发出指令程序，开启送风机，该过程即称为送风口联动控制送风机，其控制程序如图6-3（a）所示。当消防控制室接到电话报警或通过监控系统发现火情，可在消防控制室直接开启送风机，或者开启送风口，使其联动控制送风机运行，其控制程序如图6-3（b）所示。

如果火灾由火灾探测器发现，火灾探测器将信号反馈到消防控制室，由消防控制室通过联动控制程序启动常闭送风口、送风机，向着防烟楼梯间、（合用）前室等部位进行加压送风，其控制程序如图6-3（a）所示。

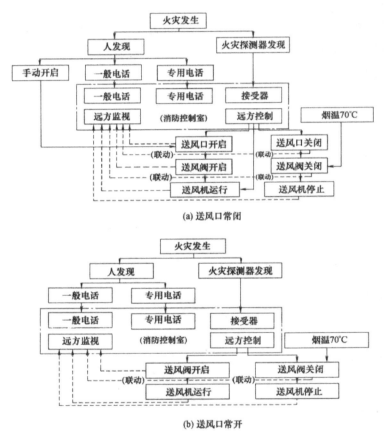

图 6-3 设消防控制室的机械防烟系统控制程序

火灾发生时，如果建筑内的空调系统正在运行，消防控制室在发出指令程序，开启排烟机和送风机的同时，消防控制室也应发出指令程序，停止空调系统的运行。在送风机的运行过程中，如果火灾烟气危害到新风入口，让送风温度达到70℃时，送风阀应立即关闭，送风机停止运行并停止送风。

（四）防烟系统运行调节方式的确定

一个性能良好的机械防烟系统在设计条件下运行时，应满足设计参数的要求，即关门正压间应保持一定的正压值，开门门洞处的气流应维持高于最低流速值的速度。当系统在非设计条件下运行时，如施工质量较差，开门工况变化等，也应能保证关门正压间不超压不卸压，维持开门门洞处的风速不低于最低流速。这就意味着正压系统必须有良好的应变能力，这除了在计算系统的加压送风量时充分考虑各种不利的因素、风量储备系数等外，还有一个系统的运行调节方式问题。此处着重指出，前室加压时，通常只加压火灾层及其上下邻层的前室，如果着火层前室设有独立的加压系统，每层前室内设出风口，出风口为常闭。当火灾发生时，火灾信号传至消防中心，立即指令加压风机启动，并同时指令火灾层及其上下邻层前室出风口打开，对前室进行加压。着火层是随机的，而其上下邻层也随着火层同时控制，在控制线路上较为繁杂，但可以解决。另外其正压值与楼梯间正压保持一定压差，并在各前室设置泄压装置。当出现超压时，可自动泄压。在楼梯间通往前室和前室通往走廊的隔墙上分别设泄压阀，保证各处之间的压差梯度，进而简化压力控制方法。

二、排烟系统的运行与控制

（一）排烟系统设备的组成

机械排烟系统主要由排烟机、排烟管道、排烟防火阀、排烟口以及控制系统组成，如图 6-4 所示。当建筑物内发生火灾时，由火场人员手动控制或由感烟探测器将火灾信号传递给防排烟控制器，开启活动的挡烟垂壁将烟气控制在发生火灾的防分区内，并打开排烟口以及和排烟口联动的排烟防火阀，同时关闭空调系统和送风管道内的防火阀防止烟气从空调、通风系统蔓延到其他非着火房间，最终由设置在屋顶的排烟机将烟气通过排烟管道排至室外。

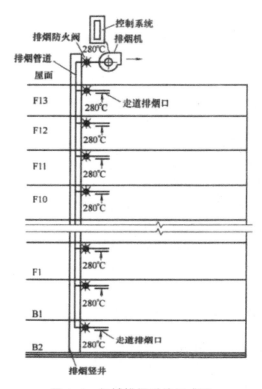

图 6-4　机械排烟系统组成图

（二）排烟系统设备的联动方式

排烟系统设备的联动方式有多种，采取哪种方式，主要由其控制设施来决定。

1. 直接联动控制

当某建筑不设消防控制室时，其排烟系统的运行控制主要是把火灾报警信号连到排烟机控制柜，由控制柜直接启动排烟机。

2. 消防控制中心联动控制

当某建筑设有消防控制室时，火灾报警信号通过总线连到消防控制室，由消防控制中心的主机发出相应的指令程序，通过控制模块启动排烟口和排烟机。

（三）排烟系统的控制程序

火灾发生时，机械排烟系统的快速启动运行，对于人员的疏散起着至关重要的作用，机械排烟系统可以手动启动、火灾探测器联动控制、消防控制室远程控制。火灾发生时，各种消防设施是否联动、联动方式的不同，及是有人发现火灾还是由火灾监控设施探测到火灾，排烟系统的运行方式也就不同。

1. 不设消防控制室

当火灾现场有人发现火灾发生，可手动开启常闭排烟口，排烟口打开，排烟口和活动挡烟垂壁、排烟机、空调机等联动，活动挡烟垂壁下降，形成防烟分区，同时空调系统停止运行，排烟机开启，即可对房间、走廊、中庭等部位进行排烟；此时也可直接在控制柜上直接开启排烟口和排烟机，使其直接运行。其控制程序如图 6-5（a）所示；如果排烟口常开，排烟口与排烟机无法实现联动运行，只可在控制柜上直接开启排烟机，关闭空调系统，其控制程序如图 6-5（b）所示。

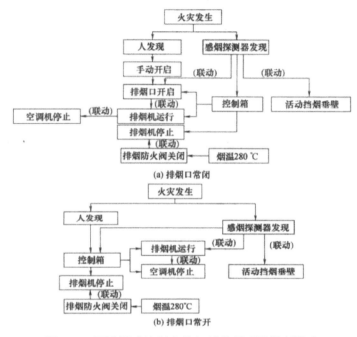

图 6-5　不设消防控制室的机械排烟系统控制程序

如果火灾由感烟探测器发现，感烟探测器启动常闭排烟口，排烟口打开，排烟口与活动挡烟垂壁、排烟机、空调机联动，活动挡烟垂壁下降，形成防烟分区，同时空调系统停止运行，排烟机开启，即可对排烟部位进行排烟；此时也可在控制柜上直接开启排烟口和排烟机，使其直接运行，关闭空调系统。其控制程序如图 6-5（a）所示。

如果排烟口常开，排烟口与排烟机无法实现联动运行，只能由感烟探测器直接开启排烟机，同时启动活动挡烟垂壁动作，排烟机联动控制空调系统，让其停止运行。其控制程序如图 6-5（b）所示。

2. 设消防控制室

当火灾现场有人发现火灾发生，可手动开启排烟口，排烟口打开，其开启信号反馈到消防控制室，消防控制室发出指令程序，关闭空调系统，开启排烟机，该过程称为排烟口联动控制排烟机，其控制程序如图 6-6（a）所示。当消防控制室接到电话报警或通过监控系统发现火情，可在消防控制室直接开启排烟机，或者开启排烟口，联动控制排烟机运行，其控制程序如图 6-6（a）所示。

如果火灾由火灾探测器发现，火灾探测器将信号反馈到消防控制室，由消防控制室通过联动控制程序开启常闭排烟口、排烟机，对排烟部位进行排烟，同时要关闭空调系统。其控制程序如图 6-6（b）所示。

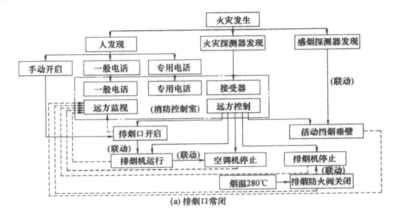

(a) 排烟口常闭

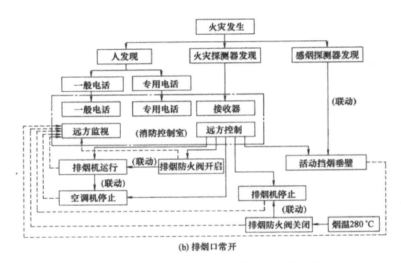

(b) 排烟口常开

图 6-6　设消防控制室的机械排烟系统控制程序

不管是排烟口、排烟机、活动挡烟垂壁的启动，还空调系统停止工作，以及排烟防火阀的启闭，其动作信号都会反馈到消防控制室。当火灾烟气温度达到 280℃时，排烟防火阀关闭，同时，联动排烟机停止排烟，排烟系统关闭。

三、运行与控制注意事项

（一）防烟系统运行与控制注意事项

防烟系统应采用消防电源，而且应采用双回路供电，来保证其在火灾紧急情况下正常运行；要尽量保证送风口处于当地常年主导风向的上风向；进风口要远离排烟口，以免遭到烟气的侵害；要根据相关规范的要求，对防烟系统的各零部件及控制设施定期进行检查、维护、更新；保证其控制设施处于自动控制状态，特别是与火灾探测器

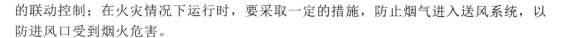

的联动控制；在火灾情况下运行时，要采取一定的措施，防止烟气进入送风系统，以防进风口受到烟火危害。

（二）排烟系统运行与控制注意事项

排烟系统应采用消防电源，而且应采用双回路供电，来保证其在火灾紧急情况下正常运行；排烟口要尽量远离机械防烟系统的进风口；排烟口、排烟管道要与可燃物保持一定的距离，以防造成火势蔓延扩大；要根据相关规范的要求，对排烟系统的各零部件及控制设施定期进行检查、维护、更新；保证其控制设施处于自动控制状态，特别是与火灾探测器的联动控制；保证排烟口、排烟防火阀、排烟机与活动挡烟垂壁、防火卷帘等挡烟设施之间动作的协调配合。

实际上，对一个建筑物来说，它不是只设有防烟系统或只设有排烟系统，一般是既设有防烟系统又设有排烟系统。在火场上，防烟系统及排烟系统的运行并不是相互独立的，而是有机地联系在一起，共同构成一个防排烟系统。

在消防控制中心程序的控制下，在排烟机开启，开始对房间、走廊等需要排烟的部位进行排烟的同时，送风机也开始向防烟楼梯间及其前室、消防电梯前室或合用前室等需要防烟的部位进行加压送风。在排烟机、送风机开启的同时，通风空调系统应停止工作。如果机械排烟系统与通风、空调系统合用，当发生火灾时，消防控制室在发出指令程序，开启排烟机和送风机的同时，消防控制室也应发出指令程序，停止空调系统的通风机，顺利实现系统功能的转换，即从日常的通风、空调功能转为火灾紧急情况下的排烟功能，同时应严禁火灾烟气通过空调系统的通风机及过滤器等重要设施。

第二节　新风系统

一、新风系统概述

（一）新风

所谓新风就是指室外的新鲜空气。人要保持清醒的头脑和充分的活力，就需要不断地补充新鲜空气。新鲜空气补入量取决于系统的服务用途和卫生要求。一些极端情况，如对于有大量有害或放射性物质的室内，空气不允许循环，这时室内空气需全部由新风来替代。多数情况下，室内空气可循环使用，但补充的新风量不应低于总风量的 10%，一般可按 30 m^3（h·人）的量按人数来计算新风量。

（二）新风系统

新风–风机盘管系统，通常由空调箱处理新鲜空气，其新风处理量只需满足每人每小时所需的新风虽即可，而其他热（冷）负荷由设在空调末端（空调房间）内的风机盘管来完成。

二、新风系统的组成

常用的新风系统主要由新风箱（空调箱）、风机、风管、进出风口、消声器（静压箱）和阀门组成，图为空调新风系统。图 6-7 为空调新风系统。

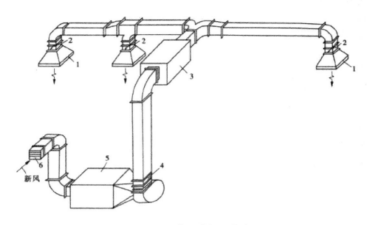

图 6-7　空调新风系统

1- 送风口；2- 风量调节阀；3- 消声器；4- 总风量调节阀；5- 空调箱；6- 进风网格

（一）风机

风机是为通风系统中的空气流动提供动力的机械设备。在排风系统中，为了防止有害物质对风机的腐蚀和磨损，通常把风机布置在空气处理设备的后面风机可分为离心风机和轴流风机两种类型。

离心风机主要由叶轮、机壳、机轴、吸气口、排气口等部件组成。离心风机的工作原理是：当装在机轴上的叶轮在电动机的带动下做旋转运动时，叶片间的空气在随叶轮旋转所获得的离心力的作用下，从叶轮中心高速抛出，压入螺旋形的机壳中，随着机壳流通断面的逐渐增加，气流的动压减小，静压增大，以较高的压力从排气口流出。当叶片间的空气在离心力的作用下，从叶轮中心高速抛出后，叶轮中心形成负压，把风机外的空气吸入叶轮，形成连续的空气流动。

轴流风机的构造如图 6-8 所示，叶轮安装在圆筒形外壳内，当叶轮在电动机的带动下做旋转运动时，空气从吸风口进入，轴向流过叶轮和扩压管，静压升高之后从排气口流出。

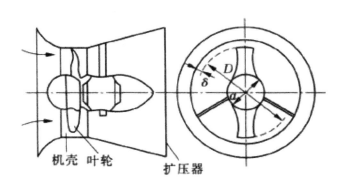

图 6-8　轴流风机构造示意图

两者进行比较：与离心风机相比，轴流风机产生的压头小，一般用于不需要设置管道或管路阻力较小的场合。对管路阻力较大的通风系统，应当采用离心风机提供动力。

（二）风管

在新风系统中，通风管道主要起向室内送入新鲜空气的作用。常用风管形状有圆形和矩形，在工业与民用建筑中，根据制作材料的不同，风管主要可分为金属风管和非金属风管，用于制作金属风管的主要材料有普通薄钢板、镀锌钢板、不锈钢板、铝板和塑料复合钢板等，用于制作非金属风管的主要材料有硬聚氯乙烯、有机玻璃钢和无机玻璃钢等。另外，还有采用不燃材料面层、复合绝热材料板制成的复合材料风管；采用不燃、耐火材料制成，能满足一定的耐火极限的防火风管。常用通风管道与管件如图 6-9 所示。

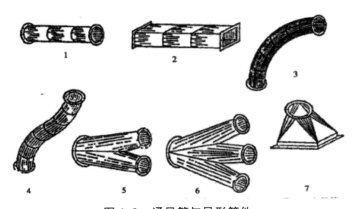

图 6-9　通风管与异形管件

1- 圆直管；2- 矩形直管；3- 弯头；4- 来回弯；5- 三通；6- 四通；7- 变径管

（三）风口

通常在新风管道的始端和末端，设有室外进风口、室内送风口、回风口。

1. 室外进风口

室外进风口将室外的新鲜空气采集进来，供新风系统使用，常用的室外进风口是百叶窗。

2. 室内送风口

室内送风口是新风系统的末端。风管送来的空气，通过送风门以适当的速度分配到各个指定的地点。常用的室内送风口有三种：侧向送风口、散流器和孔板送风口。

（1）侧向送风口

此类风口常向房间横向送出气流，常用形式包括百叶送风口、格栅送风口等。百叶送风口内一般根据需要设置 1～3 层可转动的叶片，外层叶片可设置成水平或垂直叶片，以调整气流方向和角度，内层叶片为对开式，以调节送风量。格栅送风口除可装横竖薄片组成的格栅外，还可用薄板冲制成的带有各种装饰图案的空花格栅。

（2）散流器

散流器是一类安装在顶棚上的送风口，可与顶棚平齐，也可在顶棚表面以下。其特点是气流从风口向四周辐射状射出，由于出口方向的不同而形成两种气流流型——送流型和下送流型。平送流型是指气流贴附着平顶向四周扩散的流动，下送流型是指气流向下扩散的流动。散流器的诱导性能较侧送风口好，送出了气流能与室内空气充分混合。

3. 回风口

回风口对室内气流组织影响不大，构造简单，类型也不多。如在洞口上，根据需要装上阻挡杂物的金属网或为了美观装上各种图案的格栅、活动百叶等。回风口若装在房间下部，为避免灰尘和杂物的吸入，风口下缘离地面至少为 0.15 m。

（四）消声器（静压箱）

空调系统的主要噪声源是风机。风机的噪声在经过各种自然衰减后，仍然不能满足室内噪声标准时，就应该在管路上安装专门的消声装置——消声器。在风机出口处或在空气分布器前设置静压箱并贴以吸声材料，就成了消声静压箱，它既可以稳定气流，又起到了消声器的作用。

消声器是根据消声原理来制作的，用于制作消声器的材料一般是具有多孔性、松散性的吸声材料。常用的消声器有管式消声器、片式、格式消声器和共振式消声器，以及将前面几种消声器的优点集合起来的复合式消声器，还有利用风管构件作为消声元件的，如消声弯头、消声静压箱。

（五）阀门

插板阀：一般用在通风机的出口和主干风管上，做开关使用。

蝶阀：一般安在各支风管上，起着开启、关闭及调节风量的作用。常用的蝶阀有拉链式及手柄式两种。

多叶调节阀：安装在新风进风口或系统分支路的管道上，具有良好的调节风量功能，开启角度随意，比蝶阀阻力小，气流组织均匀，关闭时漏风小，其有手动及电动两种。

防火阀：一般安装在新风箱的送风干管附近，当风管穿越防火分区时，应设置防火阀。主要作用是在发生火灾时能自己切断气流，防止了火势蔓延。

（六）风管检查孔和测定孔

风管检查孔为清扫风管内灰尘或检修通风管道上安装的设备（电加热器等）之用。测定孔分温度测定孔和风域测定孔两种。对于非保温度可以不预留测定孔，在测定时需要钻孔。保温风管现场钻孔会破坏保温层，所以要预留测定孔。

第三节　空调水系统

空调系统通常设有集中冷冻站（制冷机房）来制备冷冻水，以水为载冷剂的冷冻站内，冷冻水供应系统是中央空调系统的一个重要组成部分。一般中小型冷冻站的冷冻水系统按回水方式可分为开式系统和闭式系统两种。大型企业或高层建筑中的集中空调用冷冻站，由于其供应冷水的距离远、高差大、系统多，以及参数要求不同等特点，冷冻水系统较为复杂多样，如一次环路供水系统，一和二次环路供水系统，冷冻水分区供水系统等。

一、开式系统和闭式系统

（一）开式系统（图 6-10）

一般为重力式回水系统，当空调机房和冷冻站有一定高差且距离较近时，回水借重力自流回冷冻站，使用壳管式蒸发器的开式回水系统，设置回水池。当采用立式蒸发器时，由于冷水箱有一定的贮水容积，可以不另设回水池。重力回水式系统结构简单，不设置回水泵，且可利用回水池，调节方便且工作稳定。缺点是水泵扬程要增加将冷冻水送至用冷设备高度的位能，电耗较大。

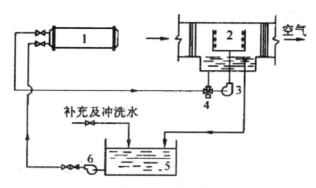

图 6-10　使用壳管式蒸发器的重力式回水系统

1- 壳管式蒸发器；2- 空调淋水室；3- 淋水泵；4- 三通阀；5- 回水池；6- 冷冻水泵

（二）闭式系统

为压力式回水系统，目前空调设备常用表面冷冻器冷却空气，闭式系统见图 6-11 所示，该系统只有膨胀箱通大气，所以系统的腐蚀性小，因为系统简单，冷损失较小，且不受地形的限制。因为在系统的最高点设置膨胀箱，整个系统充满了水，冷冻水泵的扬程仅需克服系统的流动摩擦阻力，因而冷冻水泵的功率消耗较小。膨胀箱的底部标高至少比系统管道的最高点高出 1.5 m；补给水量通常按系统水容积的 0.5% ～ 1% 考虑。膨胀箱的接管应尽可靠近循环泵的进口，以免泵吸入口内液体汽化造成了气蚀。

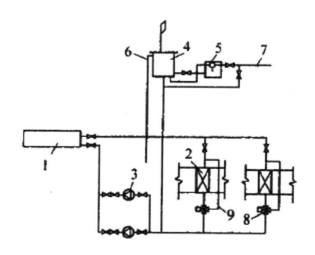

图 6-11　闭式冷冻水系统

1- 冷水机组中的蒸发器；2- 表面式冷却器；3- 冷冻水循环泵；4- 膨胀箱；5- 自动补水水箱；6- 溢流管；7- 自来水水管；8- 三通阀；9- 旁通管

二、定水量系统和变水量系统

冷冻水系统也可分为定水量系统及变水量系统。定水量系统通过改变供回水温差来满足负荷的变化，系统的水流量始终不变；变水量系统通过改变水流量来满足负荷的变化。

在定水量系统中，表冷器、风机盘管采用三通阀进行调节。当负荷减小时，一部分冷冻水与负荷成比例地流经表冷器或风机盘管，另外一部分从三通阀旁通，以保证供冷量与负荷相适应。采用三通阀定水量调节时，水泵的耗能较大，因为系统处于低负荷状态下运行的时间较长，而低分荷运行时，水泵仍按设计流量运行。

在变水量系统中，表冷器采用二通调节阀进行调节。当负荷减小时，调节阀关小，通过空调机的水流量按比例减少，从而使房间参数保持在设计值范围内。风机盘管常用二通阀进行停、开双位控制。当负荷减小时，变水量系统中水泵的耗能也相应减少。

定水量系统中水泵的流量是根据各空调房间设计工况下的总负荷确定的。确定变水量系统水泵的流量时，应考虑负荷系数和同时使用系数，按照瞬时建筑物总设计负荷确定。

三、一次环路供水系统与一、二次环路供水系统

采用变水量系统会产生一些新问题，如：①当流经冷水机组的蒸发器流量减小时，导致蒸发器的传热系数变小，蒸发温度下降，制冷系数降低，甚至会使冷水机组不能安全运行；同时，变水量系统还会造成冷水机组运行不稳定。②由于冷冻水系统必须按空调负荷的要求来改变冷冻水流量，这样随着流量的减少会引起了冷冻水系统的水力工况不稳定。

为了解决上述问题，目前工程上采用下述两种的解决方法：

（一）一次环路供水系统

常用供水变流量系统是在空调等用冷设备入口装设二通调节阀，为使冷冻水供水流量随着负荷变化而变化，在供、回水管之间设有旁通管，在管上设有压差控制的稳压阀（双通道电动阀门），即冷源侧为定流量，负荷侧为变流量的单级泵系统。当冷负荷下降供、回水管水压超过设定值时，便自动启动稳压阀，使部分冷水经旁通管回到冷水机组，使冷水机组的水流量不减少。由于冷水机组与泵一一对应，亦即随着负荷的减少（供水温度下降）而减少运行台数。该系统结构简单，但缺点是循环水泵的功率不能随供冷负荷按比例减少，尤其是只有一台冷水机组工作时，水泵能耗不能减少。

（二）一、二次环路供水系统

该系统把冷冻水系统分成冷冻水制备和冷冻水输送两部分，设双级泵。为使通过冷水机组的水量不变，一般采用一机一泵的配置方式。与冷水机组对应的泵称为一次泵，并与供、水干管的旁通管构成一定流量的一次环路，即冷冻水制备系统。连接

所有负荷点的泵称为二次泵。二次泵可以并联运行，向分区各用户供冷冻水，也可以根据各分区不同的压力损失，设计成独立环路的分区供水系统。用冷设备管路系统与旁通管构成二次环路，即为冷冻水输运系统。该系统完全根据负荷需要，通过改变水泵的台数或水泵的转速来调节二次环路中的循环水量，该系统可以降低供冷系统的电耗。

（三）高层建筑空调冷冻水分区供应系统

高层建筑内的冷冻水大都采用闭式系统，这样对管道和设备的承压能力的要求非常高。为此，冷冻水系统一般都以承压情况作为设计考虑出发点。当系统静压超过设备承压能力时，则在高区应另设独立的闭式系统。

高层建筑的低层部分包括裙楼、裙房。其公共服务性用房的空调系统大都具有间歇性使用的特点，一般在考虑垂直分区时，把低层与上部标准层作为分区的界线。

应根据具体建筑物群体的组成特点，从节能、便于管理出发，对不同高度分成多组供水系统。

四、冷冻循环泵

（一）一次泵的选择

泵的流量应等于冷水机组蒸发器的额定流量，并附加 10% 的余量。泵的扬程为克服一次环路的阻力损失，其中包括一次环路的管道阻力和设备阻力，并附加 10% 的余量。一般离心式冷水机组的蒸发器阻力约为 0.08 ～ 0.1 MPa；活塞式或螺杆式冷水机组的阻力约为 0.05 MPa，一次泵的数量与冷水机组台数相同。

（二）二次泵的选择

泵的流量按分区夏季最大计算冷负荷确定

$$G = 1.1 \times \frac{3600Q}{C\Delta t} \qquad \qquad = （6\text{-}1）$$

公式中： G —— 分区环路总流量，kg/h；

Q —— 分区环路的计算冷负荷，kW；

Δt —— 冷冻水供回水温差，一般取 5 ～ 6℃；

C —— 冷冻水比热容，KJ/（kg·C）。

二次泵的单泵容量应根据该环路最频繁出现的几种部分负荷来确定，并且考虑水泵并联运行的修正值。如选择台数为大于 3 台时，一般不设备用泵。

二次泵的扬程应能克服所负担分区的二次环路中最不利的用冷设备、管道、阀门附件等总阻力要求。并应考虑到管道中如装有自动控制阀时应另加 0.05 MPa 的阻力。水泵的扬程应有 10% 的余量。

当系统投入运行后，应经常检查水泵运行状态与实际运行负荷是否正常，即检查

实际运行由流值与额定由流值的美昌———水石运转的振动和唱声昌不有异堂等

第七章 装饰装修工程施工技术

建筑装饰工程是以科学的施工工艺，为保护建筑主体结构，满足人们视觉要求和使用功能，从而对建筑物和主体结构的内外表面进行装设和修饰，并对建筑及其室内环境进行艺术加工和处理。建筑装饰工程是建筑施工的重要组成部分，本模块主要介绍门窗工程、抹灰工程、饰面工程（含涂饰工程、裱糊工程）、楼地面工程。

第一节 建筑地面

楼地面是房屋建筑底层地坪和楼层地坪的总称。由面层、垫层和基层等部分构成。面层材料有：土、灰土、三合土、菱苦土、水泥砂浆、混凝土、水磨石、马赛克、木、砖和塑料地面等。面层结构有：整体地面（如水泥砂浆地面、混凝土地面、现浇水磨石地面等）、块材（如马赛克、石材等）地面、卷材（如地毯、软质塑料等）地面及木地面。

一、基层施工

抄平弹线，统一标高。检测各个房间的地坪标高，并且将统一水平标高线弹在各房间四壁上，离地 500mm 处。

楼面的基层是楼板，应做好楼板板缝灌浆、堵塞工作及板面清理工作。地面下的基土经夯实后的表面应平整，用 2 m 靠尺检查，要求基土表面凹凸不大于 10mm，标高应符合设计要求，水平偏差不大于 20mm。

二、垫层施工

刚性垫层：水泥混凝土、碎砖混凝土、水泥炉渣混凝土等各种低强度等级混凝土垫层。

半刚性垫层：一般有灰土垫层和碎砖三合土垫层。

柔性垫层：包括用土、砂、石、炉渣等散状材料经压实的垫层。砂垫层厚度不小于 60mm，用平板振动器振实；砂石垫层的厚度不小于 100mm，要求粗细颗粒混合摊铺均匀，浇水使砂石表面湿润，碾压或者夯实不少于 3 遍至不松动为止。

三、现浇水磨石楼地面

现浇水磨石地面面层应在完成顶棚和墙面抹灰后，再施工水磨石地面面层。

（一）工艺流程

基层处理→浇水冲洗湿润→设置标筋→做水泥砂浆打平层→养护→弹线、镶嵌分格条→铺抹水泥石粒浆面层→养护并初试磨→第 1 遍磨平浆面并养护→第 2 遍磨平磨光浆面并养护→第 3 遍磨光并养护→酸洗打蜡。

（二）水磨石楼地面面层施工方法

1. 弹线并嵌分格条

弹线并嵌分格条铺水泥砂浆找平层并经养护 2～3 d 后，即可以进行嵌条工作。先在找平层上按设计要求弹上纵横垂直水平线或图案分格墨线，然后按墨线固定 3mm 厚玻璃条或铜条，并予以埋牢，作为铺设面层的标志。嵌条时，用木条顺线找齐，用素水泥浆涂抹嵌条两边形成八字角，素水泥浆涂抹的高度应比分格条低 3mm。如图 7-1、图 7-2 所示。分格条嵌好后，应拉 5 m 长通线对其进行检查并整修，嵌条应平直，交接处要平整、方正，镶嵌牢固，接头严密，经 24 h 后即可以洒水养护，通常养护 3～5 d。

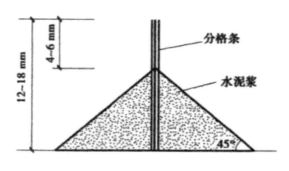

图 7-1　分格条示意图

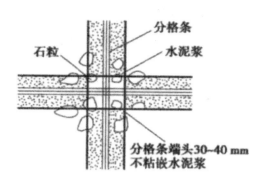

图 7-2　分格条十字交叉处

2. 铺设水泥石子浆面层

分格条粘散养护后，清除积水浮砂，在找平层表面刷一道和面层颜色相同的水灰比为 040 ～ 0.50 的素水泥浆做结合层，随刷随铺水泥石子浆。水泥石子浆的虚铺厚度比分格条高出 1 ～ 2mm。要铺平整，用滚筒滚压密实。待表面出浆后，再用抹子抹平。在滚压过程中，如发现表面石子偏少，可在水泥浆较多处补撒石子并拍平，次日即开始洒水养护。做多种颜色的彩色水磨石面层时，应先做深色后做浅色；先做大面，后做镶边；且待前一种色浆凝结后再做后一种色浆，来避免混色。

3. 磨光

开磨时间应以石粒不松动为准，一般可参照表 7-1 现浇水磨石楼地面开磨时间表。

表 7-1　现浇水磨石楼地面开磨时间表

平均温度 / ℃	开模时间 / d	
	机磨	人工磨
20 ～ 30	2 ～ 3	1 ～ 2
10 ～ 20	3 ～ 4	1.5 ～ 2.5
5 ～ 10	5 ～ 6	2 ～ 3

4. 酸洗打蜡

用水冲净，涂草酸溶液一遍，再研磨至出白浆，表面光滑为止，再用水冲洗干净并晾干，最后上蜡。

（三）水磨石地面质量要求

1. 选用材质、品种、强度（配合比）以及颜色应符合设计要求和施工规范规定。

2. 面层与基层的结合必须牢固，无空鼓裂纹等缺陷。

3. 表面光滑，无裂纹、砂眼和磨纹，石粒密实，显露均匀，图案符合设计要求，颜色一致，不混色，分格条牢固，清晰顺直。

4. 地漏和储存液体用的带有坡度的面层应符合设计要求，不倒泛水，无渗漏，无积水，和地漏（管道）结合处严密平顺。

5. 踢脚板高度一致，出墙厚度均匀，与墙面结合牢固，局部虽有空鼓但其长度不大于 200 mm，且在一个检查范围内不多于 2 处。

6. 楼梯和台阶相邻两步的宽度和高差不超过 10mm，棱角整齐，防滑条顺直。

7. 地面镶边的用料及尺寸应符合设计和施工规范规定，边角整齐光滑，不同的面层的颜色相邻处不混色。

四、板块地面的施工

板块地面是以陶瓷锦砖、玻化砖、大理石、花岗石以及预制水磨石板等铺贴的地面，其构造如图 7-3 所示。

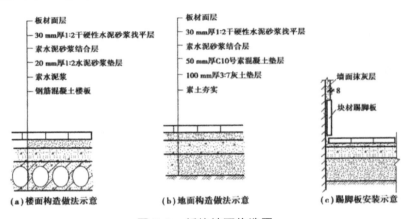

图 7-3　板块地面构造图

（一）施工准备

板块地面的施工准备包括：①基层处理；②分格弹线；③试拼、试排。

（二）施工方法

刷素水泥浆及铺结合层；镶铺；灌缝擦缝；踢脚板施工（包括粘贴法、灌浆法）。

（三）成品保护

1. 在铺砌板块的操作过程中，对已安装好的门窗、管道都要妥善地保护。

2. 铺砌板块时，应随铺随用干布擦干净板块面上的水泥浆痕迹。

3. 当铺砌的砂浆强度达到一定要求时，方可上人操作，但必须注意油漆、砂浆不得存放在板块上，铁管等硬器不得碰撞面层，喷浆时要对面层加以覆盖保护。

（四）质量要求

饰面板（大理石、预制水磨石板等）品种、规格、颜色、图案必须符合设计要求和有关标准规定。饰面板安装（镶贴）必须牢固、无空鼓，无歪斜、缺棱掉角和裂缝等缺陷。

饰面板表面平整清净、图案清晰、颜色协调一致。接缝均匀，填嵌密实、平直，宽窄一致，阴阳角处板的压向正确，非整板的使用部位适宜。套割：用整块套割吻合，边缘整齐、光滑。地漏坡度符合设计要求，不倒水，无积水，和地漏结合处严密牢固，无渗漏。

第二节　抹灰

抹灰是用水泥、石灰膏作为胶结材料加入砂或石粒等，与水拌和成砂浆或石渣浆，涂抹在建筑物的墙、顶等表面上。

一、抹灰工程的概述

（一）抹灰工程的分类及要求

1. 抹灰工程的分类

抹灰工程按照使用材料和装饰效果分为般抹灰工程和装饰抹灰工程。

一般抹灰：通常是指用石灰砂浆、水泥混合砂浆、水泥砂浆、聚合物水泥砂浆、膨胀珍珠岩水泥砂浆、麻刀灰、纸筋灰、石膏灰等材料的抹灰。按质量要求及主要工序的不同可分为普通抹灰、中级抹灰和高级抹灰三级；按建筑标准可以分为普通抹灰和高级抹灰，当无设计要求时，按普通抹灰验收。

装饰抹灰：种类较多，其底层的做法基本相同（一般均采用1∶3的水泥砂浆打底），仅面层的做法有些不同。装饰抹灰根据施工方法和面层材料不同有水刷石、水磨石、干粘石、假而砖、拉条灰、喷涂、滚涂、弹涂、仿石及彩色抹灰等。

2. 一般抹灰的工序及要求

（1）普通抹灰

①一底层、一面层二遍完成（或不分层一遍完成）。

②工序：分层赶平、修整、表面压光。

③要求：表面接槎平整。

（2）中级抹灰

①一底层、一中层、一面层三遍完成（或一层底层、一层面层）。

②工序：阳角找方，设置标筋，控制厚度和表面平整度，分层赶平、修整、表面压光。

③要求：表面洁净，线角顺直且清晰，接槎平整。

（3）高级抹灰

①一底层、几遍中层、一面层多遍完成。

②工序：阴、阳角找方，设置标筋，分层赶平、修整、表面压光。

③要求：表面光滑、洁净，颜色均匀，线角平直、清晰、美观，接槎平整，无抹纹。

（二）抹灰层的组成、作用及厚度

1. 抹灰层的组成

抹灰层由底层、中层和面层组成。

2. 抹灰层的作用

（1）底层主要起与基层黏结作用，兼初步找平作用。其厚度为 5 ～ 9mm。

（2）中层主要是找平作用。其厚度为 5 ～ 9mm。

（3）面层主要起装饰和保护墙体的作用。其厚度由面层材料不同而异，麻刀灰罩面，不大于 3mm；纸筋灰或者石膏灰罩面，不大于 2mm；水泥砂浆面层和装饰面层不大于 10mm。

二、抹灰工程的材料要求

（一）水泥

常用的水泥有普通水泥、火山灰水泥，矿渣水泥和白水泥等，水泥标号在 325 号以上，无结块、无杂质，出厂 3 个月之后的水泥应经实验方能使用。

（二）石灰膏

块状生石灰经熟化成石灰膏后使用，熟化后宜用筛孔不大于 3 mm 的筛子过滤。熟化时间不得小于 15 d。石灰膏洁白细腻，不得含有未熟化颗粒，已冻结风化的石灰膏不得使用。

（三）石膏

建设用石膏是将生石膏在 100 ～ 190℃的温度下先燃烧成熟石膏并磨成粉状。石膏凝结很快，掺水几分钟后就开始凝结，终凝时间不超过 30 min。这种石膏仅适用于室内的装饰、隔热、保温、吸声和防火等饰面层。各种熟石膏易受潮变质，贮存 3 个月强度将降低 30% 左右。

（四）砂

抹灰用砂最好是中砂，或粗砂与中砂混合掺用，使用时应过筛，要求颗粒洁净，黏土、泥灰粉末等含量不超过 3%。

（五）彩色石粒

彩色石粒是由天然大理石破碎而成，具有多种色泽，多用于作水磨石、水刷石及斩假石的骨料，要求颗粒坚韧、有棱角、洁净、不得含有风化的石粒，使用时应冲洗干净，并晾干。喷粘用的石粒粒径为 1.2 ～ 3mm，使用之前分别筛除 3mm 以上的粗粒和 1.2mm 以下的细粉，过磅后用袋装好备用。

（六）彩色瓷粒

彩色瓷粒是用石英、长石和瓷土为主要原料烧制而成，粒径为 1.2 ～ 3mm，颜色多样。以彩色瓷粒代替彩色石粒用于室外装饰抹灰，具有大气、稳定性好、颗粒小、瓷粒均匀，露出黏结砂浆较少，整个饰面厚度减薄、自重减轻等优点，但由于成本较高，故推广面小。

（七）麻刀和纸筋

麻刀即为细碎麻丝，要求坚韧、干燥、不含杂质。使用前剪成 20 ～ 30mm 长，敲打松散，每 100 kg 石灰膏约掺 1 kg 麻布。

纸筋常以粗草纸泡制。使用时将其撕碎，除去尘土，用清水浸透，然后按 100 kg 石灰膏掺 2.75 kg 纸筋的比例加入淋灰池内，使用时需用小钢磨拌打细，并用 3mm 的筛进行过筛。

（八）聚乙烯醇缩甲醛胶（107 胶）

107 胶是一种无色水溶性胶结剂，在素水泥浆中掺入适量：107 胶，可便于涂刷，且颜色匀实，能提高面层强度，不致粉酥掉面；又能增加涂层柔韧性，减少开裂倾向；并能加强涂层与基层之间的黏结性能，不易爆皮剥落，但是掺入量不宜超过水泥质量的 40% 要用耐碱容器贮运。

（九）颜料

为增强房屋装饰艺术效果，通常在装饰砂浆中掺入适量颜料。抹灰用颜料必须为耐碱、耐光的矿物颜料或无机颜料，且掺量适度否则将影响抹灰砂浆的强度。常用的颜料有氧化铁黄、铬黄、氧化铁红、甲苯胺红、群青、钴蓝、铬绿、氧化铁棕、氧化铁紫、氧化铁黑、炭黑、锰黑、松烟等，按照使用要求选用。

三、抹灰工程的施工

（一）一般抹灰的施工工艺

1. 抹灰工程的施工顺序

先室外后室内，先上面后下面，先顶棚后墙地。外墙由屋檐开始由上而下，先抹阳角线（包括门窗角、墙角）、台口线，后抹窗台和墙面。室内地面可与外墙抹灰同时进行或交叉进行。内墙和顶棚抹灰，应待屋面防水完工后进行，一般应先顶棚后墙面，再是走廊、楼梯、门厅，最后是外墙裙、勒脚、明沟及散水坡等。

2. 一般抹灰的施工程序

一般抹灰的施工工艺程序是：基层处理→润湿基层→贴灰饼→设置标筋（冲筋）→抹底层灰→抹中层灰→抹面层灰→检查修整，表面压光。

（1）基层处理

表面污物的清除，各种孔洞、剔槽的墙砌修补，凹凸处的剔平或补齐，墙体的浇水湿润等。对于光滑的混凝土墙，顶棚应凿毛，以增加黏结力，对不同用料的基层交接处应加铺金属网以防抹灰因基层吸湿程度和温度变化引起膨胀不同而产生裂缝。

（2）贴灰饼

为保证抹灰层的垂直平整，先用拉线板检查砖墙平整垂直程度大致决定抹灰厚度，在距顶棚 200mm 处做两个上灰饼，之后根据这两个灰饼用吊线在距踢脚线上方 200～250mm 处做两个下灰饼，灰饼大小为 50mm×50mm；再在灰饼之间拉通线做中间灰饼，间距 1.2～1.5mm 为宜，不宜太宽，如图 7-4 所示。

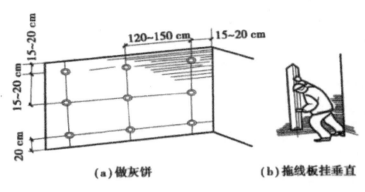

图 7-4　做灰饼与拖线板挂垂直

（3）设置标筋（冲筋）

做标筋就是在竖向灰饼之间填充砂浆抹出一长灰梗条来，其面宽 50 mm，底宽 80 mm，其厚度与标志相平，作为抹底子灰填平的标准，其做法是先在上下两个灰饼中间先抹一层，再抹第二遍凸出成"八"字形，比灰饼凸出 5～10 mm，然后用木杠两端紧贴灰饼左上右下搓动，直至把标筋搓得与标志块一样平为止，同时要把标筋的两边用刮尺修成斜面，使其和抹灰层接样平顺，标筋做法如图 7-5 所示。

图 7-5　冲筋

（4）阴阳角找方

阴阳角找方是指在待抹灰的房间内的阴角和阳角处，用方尺规方，并贴灰饼控制。同时，对门窗洞口及墙边应做水泥砂浆护角，护角每边宽度不小于50mm，高度距地面不低于2 m。

（5）顶棚抹灰

顶棚抹灰无须贴饼、冲筋。抹灰之前应在四周墙上弹出水平线，以控制顶棚抹灰层平整。

3. 底层抹灰

底层抹灰俗称"刮糙"。其方法是将砂浆抹于墙面两标筋之间，厚度应低于标筋（一般为冲筋厚度的2/3），必须与基层紧密结合。对混凝土基层，抹底层前应先刮素水泥浆一遍。

4. 中层抹灰

中层抹灰视抹灰等级分一遍或几遍成活。待底层灰收水凝结后抹中层灰，中层灰厚度一般为5～9mm，中层砂浆同底层砂浆。抹中层灰时，以略高于灰筋为度满铺砂浆，然后用大木杠紧贴灰筋，把中层灰刮平（图7-6），最后用木抹子搓平。

图7-6　装档、刮杠图

5. 面层抹灰

当中层灰六七成干后（手按不软，但有指印），一般采用钢皮抹子，两遍成活抹罩面灰。普通抹灰可用麻刀灰罩而，高级抹灰应用纸筋灰罩面，用铁抹子抹平，并分两遍连续适时压实收光，如中层灰已干透发白，应该先适度洒水湿润后，再抹罩面灰。

（二）装饰抹灰施工

装饰抹灰与一般抹灰的区别在于两者具有不同的面层，其底层及中层的做法基本相同。

水刷石面层施工工艺：基层处理→弹线分格→贴分格条→洒水润湿→刷水泥素浆→抹面层石渣浆→拍平压实→洗刷面层→起分格条并修整→养护。

干粘石施工工艺：基层处理→底、中层抹灰→贴分格条→洒水润湿→刷水泥素浆

→抹砂浆黏结层→撒（甩）石子→拍平压实→起分格条并修整→洒水养护。

斩假石施工工艺：基层处理→底、中层抹灰→粘分格条→刷水泥素浆→铺抹水泥石屑浆→打磨压实→清扫→养护 3～5 天→弹线：弹出斩剁范围线→斧剁→拆出分格条→清除残渣，素水泥浆勾缝。

现将常用装饰抹灰面层的方法简述于下：

1. 水刷石饰面

先将 1：3 水泥砂浆底层湿润，再薄刮厚为 1mm 水泥浆一层，随即用厚为 8～12mm，稠度为 50～70mm，配合比为 1：1.25 的水泥石子浆抹平压实，等其达到一定强度（用手指按无陷痕印）时，用毛刷子水冲洗干净。

2. 斩假石（剁斧石）饰面

先用 1：2～1：2.5 水泥砂浆打底，待 24 h 后浇水养护，硬化后在表面洒水湿润，刮素水泥浆一遍，随即用 1：1.25 水泥石碴（内掺 30% 石屑）浆罩面，厚为 10mm，抹完后要注意防止日晒或冰冻，并养护 2～3 天（强度 60%～70%），用剁斧将面层斩毛，剁的方向要一致，剁纹深浅要均匀，一般为两遍成活，分格缝周边、墙角、柱子的棱角周边留 15～20mm 不剁，即可以做出似用石料砌成的装饰面。

3. 干粘石饰面

先在已经硬化的厚为 12 mm 的 1：3 水泥砂浆底层上浇水湿润，再抹上一层厚为 6 mm 的 1：2～1：25 的水泥砂浆中层，随即紧跟抹厚为 2 mm 的 1：0.5 水泥石灰膏浆黏结层，同时将配有不同颜色的（或同色的）小八厘石碴略掺石屑后甩粘拍平压实在黏结层上。拍平压实石子时，不得把灰浆拍出，以免影响美观，待有一定强度后洒水养护。

有时可用喷枪将石子均匀有力地喷射于黏结层上，用抹子轻轻压一遍，使表面搓平。如在黏结砂浆中掺入 107 胶，可使黏结层砂浆抹得更薄，石子粘得更牢。干粘石的质量要求是石粒分布均匀，黏结牢固，不掉石子，不露浆且颜色一致。

4. 拉条灰饰面

拉毛灰是将底层用水湿透，抹上 1：（0.05～0.3）：（0.5：1）水泥石灰罩面砂浆，随即用硬棕刷或铁抹子进行拉毛。棕刷拉毛时，用刷蘸砂浆，往墙上连续垂直拍拉，拉出毛头。铁抹子拉毛时，则不蘸砂浆，只用抹子黏结在墙面随即抽回，要做到快慢一致，拉得均匀整齐，色泽一致，不露底，在一个平面上要一次成活，避免中断留槎。它可代替拉毛等传统的吸声墙面，具有美观大方、吸声效果好、不易积尘及成本较低等特点，可应用于要求较高的室内装饰抹灰，例如公共建筑的门厅、会议室、观众厅等墙面装饰抹灰。

5. 喷涂饰面

喷涂饰面是用喷枪将聚合物砂浆均匀喷涂在底层上，此种砂浆由于加入了 107 胶或二元乳液等聚合物，具有良好的抗冻性及和易性，可以提高装饰面层的表面强度和黏结强度。通过调整砂浆的稠度和喷射压力的大小，可喷成砂浆饱满、波纹起伏的"波面"，或表面不出浆而满布细碎颗粒的"粒状"，还可在表面涂层上再喷以不同色调的砂浆点，形成"花点套色"。

6. 滚涂饰面

滚涂饰面是将带颜色的聚合物砂浆均匀涂抹在底层上，随即用平面或带有拉毛，刻有花纹的橡胶、泡沫塑料滚子，滚出所需的图案和花纹。其分层做法为：① 10 ~ 13mm 厚水泥砂浆打底，木抹搓平；②粘贴分格条（施工前在分格处先刮一层聚合物水泥浆，滚涂前将涂有 107 胶水溶液的电工胶布贴上，等饰面砂浆收水后揭下胶布）；③ 3mm 厚色浆罩面，随抹随用辊子滚出各种花纹；④待面层干燥之后，喷涂有机硅水溶液。

7. 弹涂饰面

彩色弹涂饰面是用电动弹力器将水泥色浆弹到墙面上，形成半径为 1 ~ 3mm 的圆状色点。由于色浆一般由 2 ~ 3 种颜色组成，不同色点在墙面上相互交错，相互衬托，犹如水刷石、干粘石；也可做成单色光面、细麻面、小拉毛拍平等各种形式。其施工流程为：在基层上找平修整或做砂浆底灰→调配色浆刷底色→弹头道色点→弹二道色点→局部弹找均匀→树脂罩面防护层。

8. 假面砖饰面

假面砖是用掺加氧化铁黄和氧化铁红等颜料的水泥砂浆罩面，厚度为 3mm，达到一定强度后，用铁梳子沿靠尺由上而下划纹，然后按面砖宽度，用铁钩子沿靠尺画 3 ~ 4mm 深横向沟，露出底层砂浆，最后清扫墙面而达到模拟面砖装饰效果的饰面做法。假面砖常用面层砂浆质量配合比为，水泥：石灰膏：氧化铁黄：氧化铁红：砂子 =100：20：（68）：1.2：150，水泥和颜料应事先配备，混合均匀。要求沟纹均匀、深浅一致、表面平整、色泽均匀、接缝整齐，不应有掉角、脱皮、起砂现象。

9. 仿石抹灰饰面

仿石抹灰又称为"仿假石"，是在基层上涂抹面层砂浆，分出大小不等的横平竖直的巨型格块，用竹丝扎成能手握的竹丝帚，用人工扫出横竖毛纹或斑点，有如石面质感的装饰抹灰。它适用于影剧院、宾馆内墙面和厅院外墙面等装饰抹灰。

仿石抹灰的基层处理及底层、中层做法与一般抹灰相同，其中层要刮平、搓平、划痕。墙面应采用隔夜浸水的 6mm×15mm 分格木条，根据墨线用纯水泥浆镶贴木条分格，分格尺寸可大可小，一般可分为 25 cm×30 cm、25 cm×50 cm、50 cm×50 cm、50 cm×80 cm 等几种形式。抹面层灰以前，要先检查墙面干湿程度，并浇水湿润。面层抹灰后，用刮尺沿分格条刮平，用木抹子搓平。等稍收水后，用竹丝帚扫出条纹。扫好条纹后，立即起出分格条，随手将分格缝飞边砂粒清净，并且用素灰勾好缝。

10. 彩色瓷粒饰面

彩色瓷粒是以石英、长石和瓷土为主要原料烧制而成的陶瓷小颗粒，粒径为 1.2 ~ 3mm，颜色多样。用彩色瓷粒作外墙饰面，是用水泥砂浆粘彩色瓷粒，表面经塑料处理成的。

黏结层砂浆配合比为白水泥：细砂 =1 ∶ 2（质量比），体积比为 1 ∶ 1.5，外加水泥质量 10% 的 107 胶。水灰比约为 0.5；黏结层厚度 4 ～ 6mm。随抹黏结层随甩粘彩色瓷粒（同干粘石做法），然后用铁抹子或其他工具轻轻拍平压实。最后用配制的聚乙烯醇缩丁醛、聚甲基乙氧基硅氧烷酒精溶液喷涂墙表面进行处理，喷涂后数小时酒精挥发，墙表面即成膜。

第三节　建筑门窗

门窗工程是建筑装饰装修分部工程中的子分部工程。门窗的种类包括木门窗、金属门窗、塑料门窗以及特殊的门窗（如电动、感应、旋转、信息和指纹门窗等）等。

一、木门窗的安装施工

（一）常用机具

木门窗安装施工的常用机具有刨（粗刨、细刨、单线刨、裁口刨）、锯、锤（钉锤、线锤）、钻、斧、墨斗、塞尺及扫帚等。

（二）安装施工

1. 门窗框的安装

门窗框的安装方法有先立门窗框（立口）和后塞门窗框两种，后塞门窗框法比较常用。

后塞门窗框法在安装前，要预先检查门窗洞口的尺寸、垂直度及木砖数量；安装时，将门窗框塞入洞口立直并在同一层水平、上下层垂直后钉固在预埋木砖上。

2. 门窗扇的安装

安装前，量好门窗框尺寸并在门窗扇上画线，刨光，凿剔好合页槽；安装时，将门窗框塞入框内对位，用木螺钉借合页和框连。

二、金属门窗安装施工

金属门窗包括普通钢门窗、铝合金门窗、涂色镀锌钢门窗等。其安装工艺流程是：框在洞口内摆正→楔块临时固定→校正至横平竖直→用连接件把框与墙体连接牢固→选料填缝→装扇、五金还配件、玻璃等。下面仅以铝合金门窗为例进行介绍。

（一）施工材料

强度等级 3.25 以上的水泥，砂子、射钉、膨胀螺栓、密封胶及发泡聚氨酯等。

（二）常用机具

手电钻、射钉枪、小型焊机、锤子、抹子、线坠、盒尺和100 N弹簧秤等。

（三）施工方法

工艺流程：弹线→门窗洞口处理→框就位并临时固定→固定门窗框→填缝→安装门窗扇→五金安装→纱扇安装→清理。

门窗框的安装一般在主体结构基本结束后进行；门窗扇的安装一般宜在室内外装饰基本结束后进行，以免在土建施工时把其破坏。

三、塑料门窗安装

塑料门窗具有质量轻、造型美观及良好的耐腐蚀性和装饰性的特点，但是刚度较差。

塑料门窗安装时尚应注意如下要点：①门窗框固定点应距窗角、中横（竖）框不超过200mm，且固定点间距应不大于600mm。②在门窗框上安装连接件、五金配件时，需先钻孔后用自攻螺丝拧入，严禁直接锤击钉入，以防损坏门窗。③门窗框与墙体间隙应采用闭孔弹性发泡材料壤嵌饱满，表面也应该采用密封胶密封。

图 7-7 为塑料窗安装工程中窗框与墙体间隙进行填充处理的常用做法示意。

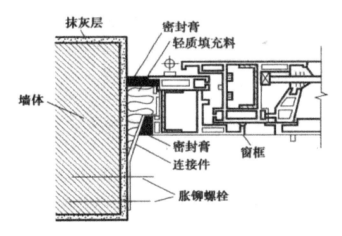

图 7-7　塑料窗框与墙体间隙填充处理做法示意图

四、门窗的分类

（一）按门窗材料分类

1. 木门窗

实木门窗做工精细、价格不菲，这种实木门窗，大都做工精细、尊贵典雅，或欧式雕花、或和式组合、或古韵犹存、或简洁明快，演绎着不同的居室情调。木门窗具有质感柔、隔音好、色泽自然及纹理淳朴等特点，给人以亲和力和温情感，虽然价格不菲，但仍受到不少家庭的厚爱，尤其是室内卧室门、卫生间门，不少家庭选择实木门窗，配以实木地板，给人以返璞归真的大自然感觉，另外，空腹夹板木门窗也占有一定的市场。

2. 金属门窗

（1）普通钢门窗。

（2）铝合金门窗 —— 曾以外观敞亮、坚固耐用的特点而风靡一时。外观敞亮、坚固时用。但是，随需求市场占有率的不断饱和，铝合金加工行业之间的竞争也愈加明显。有些加工制作方为了减少成本，取得更大的市场份额，纷纷在材料上打主意，任意使用低质量的材料进行组合加工，最终导致铝合金门窗市场良莠不齐，令用户难辨真伪，逐渐走下坡路。

铝合金推拉门有 70 系列和 90 系列两种，基本门洞高度有 2 100mm、2 400mm、2700mm、3 000mm，基本门洞宽度有 1 500mm、1 800mm、2 100mm、2 700mm、3 000mm、3300mm、3 600mm。推拉铝合金窗有 55 系列、60 系列、70 系列、90 系列、90-Ⅰ系列。基本窗洞高度有 900mm、1 200mm、1400mm、1 500mm 1 800mm、2 100mm；基本窗洞宽度有 1200mm、1 500mm、1 800mm、2 100mm、2 400mm、2 700mm、3000mm。

铝合金平开门有 50 系列、55 系列、70 系列。基本门洞高度有 2 100mm、2 400mm、2700mm，基本门洞宽度有 800mm、900mm、1 200mm、1 500mm、1 800mm。平升铝合金窗有 40 系列、50 系列、70 系列。基本窗洞高度有 600mm、900mm、1 200mm、1 400mm、1 500mm、1 800mm、2 100mm；基本窗洞宽度有 600mm、900mm、1 200mm、1 500mm、1 800mm、2 100mm。

铝合金地弹簧门有 70 系列、100 系列。基本门洞高度有 2 100mm、2 400mm、2 700mm、3 000mm、3 300mm，基本门洞宽度有 900mm、1 000mm、1 500mm、1 800mm、2 400mm、3 000mm、3 300mm、3 600mm。

（3）涂色镀锌钢门窗。

（4）塑钢门窗 —— 正规的塑钢门窗结实稳定、保温隔热，通常的双层玻璃的平开窗，每平方米在 400 元左右，多数中空玻璃的平开窗每平方米都超过 1 000 元。一些质量低劣的塑钢门窗的缺陷很明显：压条、封条等辅助材料与主型材不配套，外观粗糙，封闭性能差；五金配件达不到标准，比如，按规定 700mm 的应配合安装厚度为 1.2mm 的钢撑，但劣质塑钢门窗的钢撑厚度不达标，甚至不用钢撑，这样其使用寿命大大缩短。

（5）玻璃钢门窗 —— 塑钢后时代的又一新型门窗，轻质高强、耐老化，由于出现得晚，自然也综合了其他类门窗的优点，既有钢、铝门窗的坚固性，也有塑钢门窗的防腐、保温、节能性能，更具有自身的独特性能，在阳光直接照射下无膨胀，在寒冷的气候下无收缩，轻质高强无需金属加固，耐老化使用，寿命长，其综合性能优于其他类门窗。

（二）按门窗的开启方式分类

1. 平开门窗

门窗扇向内开或向外开。

2. 推拉门窗

门窗扇启闭采用横向移动方式。

3. 折登门

开启时门扇可以折叠在一起。

4. 转门窗

门窗扇以转动方式启闭。转窗包括上悬窗、下悬窗、中悬窗及立转窗等。

5. 弹簧门

装有弹簧合页的门，开启后会自动关闭。

6. 其他门

包括卷帘门、升降门、上翻门等。

（三）按门窗的功能分类

百叶门窗、保温门、防火门隔声门等。

（四）按门窗的位置分类

门分为外门和内门，窗分为侧窗（设在内外墙上）和天窗。

第四节　饰面砖

饰面工程是为了能增加建筑物的美观和艺术形象，减小外界有害物质对建筑物的腐蚀，延长围护结构的使用寿命等，将块材镶贴（安装）在建筑物基层上，用形成饰面层的工程。

一、饰面砖施工

（一）饰面砖镶贴的施工准备

1. 基层处理

镶贴饰面的基层应清洁、湿润，并且应根据不同的基体进行处理。

（1）砖墙基体表面处理

应用钢錾子剔除砖墙面多余灰浆，然后用钢丝刷清除浮土，并用清水将墙体充分湿水，使润湿深度 2 ～ 3mm。

（2）混凝土基体表面处理

先剔凿混凝土基体上凸出部分，使基体基本保持平整、毛糙，然后用洗涤剂配以钢丝刷将表面上附着的脱模剂、油污等清除干净，最后用清水刷净。基体表面如有凹入部位，需用 1 ：2 或 1 ：3 水泥砂浆补平，不同材料的结合部位，还应用钢丝网压盖接缝，射钉钉牢。混凝土表面应用 107 胶素水泥浆满涂一道，以增加结合层的附着力。

（3）加气混凝土基体表面处理

先将基体清理干净后，刷 107 胶水溶液一道，再满钉丝径 0.7mm、孔径 32 mm×32 mm 或以上的机制镀锌铁丝网一道。用 d6 "U" 形钉间距不大于 600mm，按梅花形布置钉在墙面上。

2．找平层施工

基层抹灰前，应对基体进行充分浇水润湿，严禁在干燥的混凝土或砖墙上抹砂浆找平层。找平层应吊垂线、贴灰饼，并连通灰饼进行冲筋，作为找平层砂浆平整度和垂直度的标准。

外墙面局部镶贴饰面砖时，应对相同水平部分拉通线，对相同的垂直面吊线锤，进行贴灰饼冲筋。内墙面应在四角吊垂线、拉通线，确定抹灰厚度后贴灰饼、连通灰饼（竖向、水平向）进行冲筋，灰饼的间距一般为 1 200 ～ 1 500mm。然后用 1 ：3 水泥砂浆或 1 ：1 ：4 水泥石灰砂浆打底找平，要求分层抹灰，每一层厚度不宜太厚，一般不大于 7mm，局部加厚部位应加挂钢丝网。找平层完成之后，应洒水养护 3 ～ 7d。

3．材质要求

（1）常用饰面砖有釉面瓷砖、面砖和陶瓷锦砖等。要求饰面砖的表面光洁、色泽一致，不得有暗痕和裂纹。

（2）釉面瓷砖有白色、彩色、印花图案等多样品种，常用于室内墙面装饰。

（3）面砖有毛面和釉面两种。颜色有米黄色、深黄色、乳白色、淡蓝色等。用于外墙面、柱面、窗间墙和门窗套等。

（4）陶瓷锦砖（亦称马赛克）的形状有正方形、长方形和六角形等。由于陶瓷锦砖规格小，不宜分块铺贴，生产的产品是将陶瓷锦砖按各种图案组合，反贴在纸上，编有统一货号，以备选用。每张大小约 300mm 见方，称作一联，每 40 联为一箱，每箱约 3.7 m²。常用于室内厕浴间、游泳池和外墙面装饰等。

（二）饰面砖的镶贴

1．釉面瓷砖的镶贴

内墙镶贴瓷砖施工工艺流程：基层处理→抹底灰→弹线→排砖→浸砖→贴标准点→镶贴→擦缝→交工验收。

外墙镶贴瓷砖施工工艺流程：基层处理→抹底灰→刷结合层→弹线分格、排砖→浸砖→贴标准点→镶贴面砖→勾缝→清理表面→交工验收。

2．陶瓷锦砖的镶贴

陶瓷锦砖镶贴时，应按照设计图案要求及图纸尺寸，核实墙面的实际尺寸，据排砖模数和分格要求，绘制出施工大样图，加工好分格条，并对陶瓷锦砖统一编号，便于镶贴时对号入座。

基层上用 12～15mm 厚 1：3 水泥砂浆打底，找平划毛，洒水养护。镶贴前弹出水平、垂直分格线，找好规矩。然后在湿润的底层上刷素水泥浆一道，再抹一层 2～3mm 厚 1：0.3 水泥纸筋灰或 3mm 厚 1：1 水泥砂浆（掺 2% 乳胶）粘贴层，用尺刮平，抹子抹平。同时将锦砖底面朝上铺在木垫板上，缝里满刮高稠度素白水泥浆，然后逐张拿起，按平尺板上口沿线由下往上对齐接缝粘贴于墙上。粘贴时应仔细拍实，使表面平整。待水泥砂浆初凝后，用软毛刷刷水湿润，约半小时后揭纸，并检查缝的平直大小，校正拨直。粘贴 48 h 后，除取出米厘条后留下的大缝用 1：1 水泥砂浆嵌缝外，其他小缝均用素水泥浆嵌平，待嵌缝材料硬化后，用稀盐酸溶液刷洗，并随即用清水冲洗干净。

二、饰面板施工

（一）施工准备工作

1. 材料准备及验收

饰面板材拆包后，应按设计要求挑选规格、品种、颜色一致，无裂纹、无缺边、掉角及局部污染变色的块料，分别堆放。按设计尺寸要求在平地上进行试拼，校正尺寸，使宽度符合要求，缝子平直均匀，并调整颜色、花纹，力求色调一致，上下左右纹理通顺，不得有花纹横、竖突变现象。试拼后分部位逐块按安装顺序予以编号，以便安装时对号入座。对外观有损坏的板材，应该改小使用或安装在不显眼处。

2. 基层处理

安装前应检查基层的实际偏差，墙面还应检查其垂直，平整情况，偏差较大者应剔凿、修补基体表面应平整粗糙，光滑的基体表面应进行凿毛处理，凿毛深度应为 0.5～1.5 cm，间距不大于 3 cm。基体表面残留的砂浆、尘土和油漆等，应用了钢丝刷净并用水冲洗。

3. 材质要求

（1）天然大理石饰面板

用于高级装饰，如门头、柱面、墙面等。要求板面不得有隐伤、风化等缺陷，光洁度高，石质细密，无腐蚀斑点，色泽美丽，棱角齐全，底面整齐。要轻拿轻放，保持好四角，切勿单角码放和码高，要覆盖好存放。

（2）花岗石饰面板

用于台阶、地面、勒脚和柱面等。要求棱角方正，颜色一致，不得有裂纹、砂眼、石核子等隐伤现象；当板面颜色略有差异时，应注意颜色的和谐过渡，并按过渡顺序将饰面板排列放置。

（3）人造饰面板

常用的人造石饰面板有预制水磨石饰面板和预制人造大理石饰面板，以及装饰混凝土板。用于室内外墙面、柱面等。要求表面平整，几何尺寸准确，面层石粒均匀、洁净，颜色一致。

（二）饰面安装

一般情况下，小规格板材采用镶贴法，大规格板材（边长大于 400mm、厚度不小于 12mm）或镶贴高度超过 1 m 时，采用了安装法。

1. 小规格板材的施工

主要工序为：基层处理→抹底子灰→定位弹线→粘贴饰面砖。

即基层处理后先用 1∶3 水泥砂浆打底抹厚约 12mm，找规矩刮平并划毛，待底子灰凝固后，弹出分格线，按粘贴顺序，将已湿润的块材背面抹上 2～3mm 厚素水泥浆（加入适量的 107 胶水）进行粘贴，之后用木锤轻敲，并随时用靠尺找平找直及调整接缝宽度，再擦浆。

2. 大规格板材的施工

目前国外采用的方法大致有 3 种：湿法工艺、干法工艺、G.P.C 工艺。

（1）湿法工艺

其作法与我国传统的湿作工艺相似，可用于混凝土墙，亦可用于砖墙。常用于多层建筑或高层建筑的首层。

（2）干法工艺

直接在石材上打孔，然后用不锈钢连接器与埋在钢筋混凝土墙体内的膨胀螺栓相连，石材与墙体间形成 80～90mm 宽的空气层。一般多用于 30 m 以下的钢筋混凝土结构，不适用于砖墙和加气混凝土。

（3）G.P.C 工艺

是干法工艺的发展，系以钢筋混凝土作衬板，花岗石作饰面板（两者用不锈钢连接环连接，浇筑成整体）的复合板，通过连接器具挂到钢筋混凝土结构或钢结构上的作法。衬板上与结构连接的部位厚度加大。这种柔性节点可用于超高层建筑，以满足抗震要求。

我国在学习借鉴国外先进技术的基础上，除了采用传统的湿法工艺外，还发展采用了湿法改进工艺和类似 G.P.C 工艺的干法工艺，以解决传统湿法工艺存在的连接件锈蚀、空鼓、裂缝、脱落等问题和高层建筑的抗震问题。现仅仅就传统的湿法施工介绍如下。

①安装前的准备工作

板材安装前，应事先检查基层（如墙面、柱面）平整情况，应该事先进行平整处理。安装饰面板的墙面、柱面抄平后，分块弹出水平线和垂直线进行预排和编号，确保接缝均匀。在基层事先绑扎好钢筋网，与结构预埋件绑扎牢固。其做法为在基层结构内预埋铁环，与钢筋网绑扎；或用冲击电钻在基层打直径 6.5～8.5mm，深 60mm 的孔，插入 6～8mm 的短钢筋，外露 50mm 以上并弯成钩代替预埋铁环。将饰面板块用钻头打出直径 5mm 圆孔穿上铜丝或镀锌铅丝。

②安装

饰面板安装时用铜丝或镀锌铅丝把板块与结构表面的钢筋骨架绑扎固定，较大板应采取临时固定措施，防止移动。且随时用托线板靠直靠平，保证板和板交接处四角平整。

板块与基层间的缝隙（即灌浆厚度）一般为 20～50mm。用 1∶2.5 水泥砂浆分层灌注，每层灌注高度为 200～300mm，待初凝后再继续灌浆，直到距上口 50～100mm 停止。要处理好与其他饰面工种的关系，如门窗、贴脸、抹灰等厚度都应考虑留出饰面板材的灌浆厚度。

室内安装镜面或光面的饰面板，接缝处应用与饰面相同颜色的石膏浆或水泥浆填抹。室外安装的镜面和光面的饰面板接缝，干接时用干性油腻子填抹。安装固定后的饰面板，需将饰面清理干净，如饰面层光泽受到影响，可重新打蜡出光。要采取临时措施保护棱角。

三、金属饰面板安装

（一）金属板材

常用的金属饰面板有不锈钢板、铝合金板、铜板及薄钢板等。

不锈钢材料耐腐蚀、耐气候、防火、耐磨性均良好，具有较高的强度，抗拉能力强，并且具有质软、韧性强、便于加工的特点，是建筑物室内、室外墙体和柱面常用的装饰材料。

铝合金耐腐蚀、耐气候、防火，具有可进行轧花，涂不同色彩，压制成不同波纹、花纹和平板冲孔的加工特性，适用于中、高级室内装修。

铜板具有不锈钢板的特点，其装饰效果金碧辉煌，多用于高级装修的柱、门厅入口、大堂等建筑局部。

（二）不锈钢板、铜板施工工艺

不锈钢、铜板比较薄，不能直接固定于柱、墙面上，为了保证安装后表面平整、光洁无钉孔，需用木方、胶合板做好胎模，组合固定于墙、柱面上。柱面不锈钢板、铜板饰面安装如图 7-8 所示，墙面不锈钢板、铜板安装如图 7-9 所示。

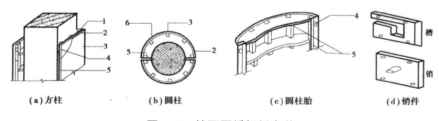

图 7-8　柱面不锈钢板安装

1- 木骨架；2- 胶合板；3- 不锈钢板；4- 销件；5- 中密度板；6- 木质竖筋

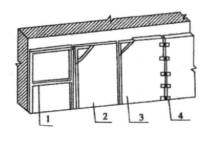 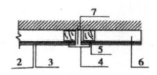

（a）不锈钢板、铜板饰面　　　　　　　（b）板缝构造

图 7-9　不锈钢墙面施工示意图

1- 骨架；2- 胶合板；3- 饰面金属板；4- 临时固定木条；5- 竖筋；6- 横筋；7- 玻璃胶

第八章 建筑节能与绿色施工技术

第一节 建筑节能

一、建筑节能概述

建筑节能是指在建筑材料生产、建筑施工及建筑使用过程当中，合理有效地利用能源，以便在满足同等需要或达到相同目的的条件下，尽可能降低能耗，以达到提高建筑舒适性和节约能源目标。从 1973 年世界发生能源危机以来，建筑节能含义的发展可分为三个阶段：第一阶段为"在建筑中节约能源"（energy saving in buildings），即尽量减少能源的使用量；第二阶段为"在建筑中保持能源"（energy conservation in buildings），即尽量减少能源在建筑物中的损失；第三阶段为"在建筑中提高能源利用率"（energy efficiency improving in buildings）。我国现阶段所称的建筑节能、其含义已上升到上述的第三阶段，就在建筑中合理地使用能源及有效地利用能源，不断提高能源的利用效率。

二、建筑节能的作用与意义

（一）建筑节能是贯彻可持续发展战略、实现国家节能规划目标的重要措施

我国是一个发展中国家，人口众多，人均能源资源相对匮乏。当前，我国建筑用能浪费极其严重，建筑能耗增长的速度远远超过能源生产增长的速度，大规模的旧房节能改造将耗费更多的人力、物力。

能源是制约经济可持续发展的重要因素，近年来我国 GDP 在不断地增长，但能源的增长幅度只有 3% ~ 4%。21 世纪前 20 年是我国经济社会发展的战略机遇期，在此期间经济增长和城镇化进程的加速对能源供应形成了很大的压力，能源发展滞后于经济发展。所以，必须依靠节能技术的大范围使用来保障了国民经济持续、快速、健康发展，推行建筑节能势在必行、迫在眉睫。

（二）建筑节能可成为新的经济增长点

建筑节能需要投入一定量的资金，投入少而产出多。实践证明，只要因地制宜选择合适的节能技术，使建筑每平方米造价提高幅度在建筑成本的 5% ~ 7% 内，即可达到 50% 的节能目标。建筑节能的投资回报期一般为 5 年左右，与建筑物的使用寿命周期 50 ~ 100 年相比，其经济效益是非常明显的。节能建筑在一次投资后，可以在短期内回收，且可以在其寿命周期内长期受益。新建建筑和既有建筑的节能改造，把形成具有投资效益和环境效益双赢的新的经济增长点。

（三）建筑节能可减少温室效应，改善大气环境

我国煤炭和水力资源比较丰富，石油依赖进口。煤在燃烧过程中会产生大量二氧化碳、二氧化硫、氮化物等污染物。二氧化碳会造成地球大气外层的"温室效应"，二氧化硫、氮化物等污染物是造成呼吸道疾病的根源之一，严重危害人类的生存环境。在我国以煤为主的能源结构下，建筑节能可减少能源消耗，减少向大气排放的污染物，减少温室效应，改善大气环境。因此，从这一角度讲，建筑节能即保护环境，浪费能源即污染环境。

（四）建筑节能可缓解能源紧张的局面，改善室内热环境

随着人民生活水平的不断提高，人们对建筑热环境的舒适性要求也越来越高。适宜的室内热环境已成为人们的生活需要，是确保其身体健康和提高劳动生产率的重要措施之一，是现代生活的基本标志。我国能源供应十分紧张的局面，让利用节能技术来改善室内热环境已成为必然之路。

三、建筑节能的目标和任务

（一）建筑节能的目标

全面贯彻党的十九大会议精神，深入学习贯彻习近平总书记系列重要讲话精神，

牢固树立创新、协调、绿色、开放、共享发展理念，紧紧抓住国家推进新型城镇化、生态文明建设、能源生产和消费革命的重要战略机遇期，以增强人民群众获得感为工作出发点，以提高建筑节能标准促进绿色建筑全面发展为工作主线，落实"适用、经济、绿色、美观"的建筑方针，完善法规、政策、标准、技术、市场、产业支撑体系，全面提升建筑能源利用效率，优化建筑用能结构，改善建筑居住环境品质，为了住房城乡建设领域绿色发展提供支撑。

1. 总体目标

建筑节能与绿色建筑发展的总体目标是：建筑节能标准加快提升，城镇新建建筑中绿色建筑推广比例大幅提高，既有建筑节能改造有序推进，可以再生能源建筑应用规模逐步扩大，农村建筑节能实现新突破，使我国建筑总体能耗强度持续下降，建筑能源消费结构逐步改善，建筑领域绿色发展水平明显提高。

2. 具体目标

我国建筑节能的具体目标主要有以下几点：一是提高新建建筑能效水平。部分地区及建筑门窗等关键部位建筑节能标准达到或接近国际现阶段先进水平。城镇新建建筑中绿色建筑面积比重超过50%，绿色建材应用比重超过40%。建设完成一批低能耗、超低能耗示范建筑。二是扩大既有建筑节能改造规模。完成既有居住建筑节能改造，公共建筑节能改造。三是建立健全大型公共建筑节能监管体系。通过能耗统计、能源审计及能耗动态监测等手段，实现公共建筑能耗的可计量、可以监测。确定各类型公共建筑的能耗基线，识别重点用能建筑和高能耗建筑，促使高能能公共建筑按节能方式运行。

（二）建筑节能的任务

1. 加快提高建筑节能标准及执行质量

（1）加快提高建筑节能标准

修订城镇新建建筑相关节能设计标准。推动严寒及寒冷地区城镇新建居住建筑加快实施更高水平节能强制性标准，提高建筑门窗等关键部位节能的性能要求，引导京津冀、长三角、珠三角等重点区域城市率先实施高于国家标准要求的地方标准，在不同气候区树立引领标杆。积极开展超低能耗建筑、近零能耗建筑建设示范，提炼规划、设计、施工、运行维护等环节共性关键技术，引领节能标准提升进程，在具备条件园区、街区推动超低能耗建筑集中连片建设。

（2）严格控制建筑节能标准执行质量

进一步发挥工程建设中建筑节能管理体系的作用，完善新建建筑在规划、设计、施工、竣工验收等环节的节能监管，强化工程各方主体建筑节能质量责任，确保节能标准执行到位。探索建立以企业为主体、金融保险机构参与的建筑节能工程施工质量保险制度。强化建筑特别是大型公共建筑建设过程的能耗指标控制。对超高超限公共建筑项目，实行节能专项论证制度。加强建筑节能材料、部品、产品的质量管理。

2. 稳步提升既有建筑节能水平

（1）持续推进既有居住建筑节能改造

严寒及寒冷地区省市应结合相应地区清洁取暖要求，继续推进既有居住建筑节能改造、供热管网智能调控改造。完善适合夏热冬冷和夏热冬暖地区既有居住建筑节能改造的技术路线，并积极开展试点。积极探索以老旧小区建筑节能改造为重点，多层建筑加装电梯等适老化设施改造、环境综合整治等同步实施的综合改造模式。研究推广城市社区规划，制定老旧小区节能应居综合改造技术导则。

（3）不断强化公共建筑节能管理

深入推进公共建筑能耗统计、能源审计工作，建立健全能耗信息公示机制。加强公共建筑能耗动态监测平台建设管理，逐步加大城市级平台建设力度。强化监测数据的分析与应用，发挥数据对用能限额标准制定、电力需求侧管理等方面的支撑作用。引导各地制定公共建筑用能限额标准，并且实施基于限额的重点用能建筑管理及用能价格差别化政策。

（3）形成规范的既有建筑改造机制

创新改造投、融资机制，研究探索建筑加层、扩展面积、委托物业服务及公共设施租赁等吸引社会资本投入改造的利益分配机制。实施既有居住建筑节能改造，完成采暖地区有改造价值的城镇居住建筑的节能改造。开展公共建筑节能重点城市建设，推广合同能源管理、政府和社会资本合作模式（PPP）等市场化改造模式，实现运行管理专业化、节能改造市场化、能效提升最大化，带动全国完成公共建筑节能改造。

3. 全面推动绿色建筑发展量质齐升

（1）实施建筑全领域绿色倍增行动

进一步加大城镇新建建筑中绿色建筑标准强制执行力度，逐步地实现东部地区省级行政区域城镇新建建筑全面执行绿色建筑标准，中部地区省会城市及重点城市、西部地区省会城市新建建筑强制执行绿色建筑标准。继续推动政府投资保障性住房、公益性建筑及大型公共建筑等重点建筑全面执行绿色建筑标准。积极推进绿色建筑评价标识。推动有条件的城市新区、功能园区开展绿色生态城区（街区、住区）建设示范，实现绿色建筑集中连片推广。

（2）实施绿色建筑全过程质量提升行动

逐步将民用建筑执行绿色建筑标准纳入工程建设管理程序。加强和改进城市控制性详细规划编制工作，完善绿色建筑发展要求，引导了各开发地块落实绿色控制指标，建筑工程按绿色建筑标准进行规划设计。完善和提高绿色建筑标准，完善绿色建筑施工图审查技术要点，制定绿色建筑施工质量股收规范。有条件地区适当提高政府投资公益性建筑、大型公共建筑、绿色生态城区及重点功能区内新建建筑中高性能绿色建筑建设比例。加强绿色建筑运营管理，确保各项绿色建筑技术措施发挥实际效果－激发绿色建筑的需求。加强绿色建筑评价标识项目质量事中、事后监管。

（3）实施建筑全产业链绿色供给行动

倡导绿色建筑精细化设计，提高绿色建筑设计水平，促进绿色建筑新技术、新产品应用。完善绿色建材评价体系建设，有步骤、有计划地推进绿色建材评价标识工作。

建立绿色建材产品质量追溯系统，动态发布绿色建材产品目录，营造良好市场环境。开展绿色建材产业化示范，在政府投资建设的项目中优先使用绿色建材。大力发展装配式建筑，加快建设装配式建筑生产基地，培育设计、生产、施工一体化龙头企业；完善装配式建筑相关政策、标准及技术体系。积极发展钢结构、现代木结构等建筑结构体系。积极引导绿色施工。推广绿色物业管理模式。以建筑垃圾处理和再利用为重点，加强再生建材生产技术、工艺和装备的研发及推广应用，提高了建筑垃圾资源化利用比例。

第二节　绿色施工

一、建筑绿色施工概念

我国住房和城乡建设部颁发的《绿色施工导则》中指出了绿色施工的基本概念，即：工程建设中，在保证质量、安全等基本要求的前提下，通过科学管理与技术进步，最大限度地节约资源和减少对环境的负面影响，并且实现"四节一环保"（节能、节地、节水、节材和环境保护）的施工活动。

建筑绿色施工的目的和意义在于，实现节约资源、保护环境和施工人员健康；推进建筑领域节能减排，建设资源节约型、环境友好型社会，实现可持续发展的目的。

二、绿色施工内涵

绿色施工的内涵体现在绿色施工管理和绿色施工措施（"四节一环保"措施）两大方面。

（一）绿色施工管理

绿色施工管理主要包括组织管理、规划管理、实施管理、评价管理及人员安全与健康管理5个方面。

1. 组织管理

（1）建筑工程施工项目应建立绿色施工管理体系和管理制度，实施目标管理。

绿色施工管理体系的建立，是由建设单位、监理单位、施工单位及政府相关主管部门等相关单位形成的管理网络体系，以共同保证绿色施工目标的实现。其中，施工单位是建筑工程绿色施工的责任主体，全面负责绿色施工的实施。绿色施工目标是施工项目进度目标、成本目标、质量目标等整体目标中的一部分。

（2）建筑工程项目的参建各方，即建设单位、监理单位及施工单位等应各自承担相应的绿色施工责任。

①建设单位的绿色施工责任

向施工单位提供建设工程绿色施工的相关资料，保证资料的真实性和完整性；在编制工程概算和招标文件时，建设单位应明确建设工程绿色施工的要求，并提供包括场地、环境、工期、资金等方面的保障；建设单位应会同工程参建各方接受工程建设主管部门对建设工程实施绿色施工的监督、检查工作；建设单位应该组织协调工程参建各方的绿色施工管理工作。

②监理单位的绿色施工责任

对建设工程的绿色施工承担监理责任；审查施工组织设计中的绿色施工技术措施或专项绿色施工方案；在绿色施工方案实施过程中做好监督检查工作，见证绿色施工过程。

③施工单位的绿色施工责任

施工单位是建筑工程绿色施工的责任主体，全面负责绿色施工的实施；实行施工总承包管理的建设工程，总承包单位对绿色施工过程负总责，专业承包单位应服从总承包单位的管理，并对所承包工程的绿色施工负责；施工项目部应建立以项目经理为第一责任人的绿色施工管理体系，负责绿色施工的组织实施及目标实现，制定绿色施工管理责任制度，组织绿色施工教育培训。定期地开展自检、考核和评比工作，并指定绿色施工管理人员和监督人员。

2. 规划管理

（1）编制绿色施工方案

绿色施工方案应在施工组织设计中独立成章，并按有关规定进行审批。绿色施工方案编制之前，应做好绿色施工方案策划工作：事先明确项目所要达到的绿色施工具体目标，并在设计文件中以具体的数值表示，例如材料的节约量、资源的节约量、施工现场噪声降低的分贝数等；根据总体施工方案的设计，标示出施工各阶段的绿色施工控制要点；列出能够反映绿色施工思想的现场专项管理手段。

（2）绿色施工方案应包括：

①环境保护措施

制订环境管理计划及应急救援预案，采取有效措施，降低环境负荷，保护地下设施和文物等资源。

②节材措施

在保证工程安全与质量的前提下，制订节材措施。例如进行施工方案的节材优化，建筑垃圾减量化，尽量利用可循环材料等。

③节水措施

根据工程所在地的水资源状况，制订节水措施。

④节能措施

进行施工节能策划，确定目标，制订节能措施。

⑤节地与施工用地保护措施

制订临时用地指标、施工总平面布置规划以及临时用地节地措施等。

3. 实施管理

绿色施工应对整个施工过程实施目标管理，进行动态管理，加强对施工策划、施工准备、材料采购、现场施工、工程验收等各阶段的管理和监督。应结合工程项目的特点，有针对性地对绿色施工作相应的宣传，通过宣传营造绿色施工的氛围。

定期对职工进行绿色施工知识培训，增强职工绿色施工意识。对现场作业人员的教育培训、考核、工程技术交底都应包含绿色施工内容，增强作业人员绿色施工意识。施工现场管理是实施绿色施工管理的重要环节。建筑工程项目对环境的污染以及对自然资源能源的耗费主要发生在施工现场，所以施工现场管理是能否实现绿色施工目标的关键。

合理规划施工用地。施工组织设计中，科学地进行施工平面设计，首先保证场内占地合理使用，当场内空间不充分，应会同建设单位向规划部门和公安交通部门申请，经批准后才能使用场外临时用地。施工现场的办公区和生活区应设置明显的节水、节能、节约材料等具体内容的警示标识。

施工现场的生产、生活、办公和主要耗能施工设备应有节能的控制措施和管理办法。对主要耗能施工设备应定期进行耗能计量检查和核算。施工现场应建立可回收再利用物资清单，制定并实施可回收废料的管理办法，提高废料利用率。

施工现场应建立机械保养、限额领料、废弃物再生利用等管理与检查制度。施工单位及项目部应建立施工技术、设备、材料、工艺的推广、限制以及淘汰公布的制度和管理方法。施工项目部应定期对施工现场绿色施工实施情况进行检查，做好检查记录，并根据绿色施工情况实施改进措施。施工项目部应按照国家法律、法规的有关要求，做好职工的劳动保护工作。

4. 评价管理

对建筑工程项目绿色施工评价作出了规定：要求用建筑工程单位工程施工过程为对象进行评价。先进行施工批次评价，再进行施工阶段评价，然后再进行单位工程的评价。绿色施工评价的原则是，先由施工单位自评，再由建设单位、监理单位或政府主管部门等其他评价机构验收评价。

被评价为"绿色施工项目"的建筑工程应符合以下基本规定：建立绿色施工管理体系和管理制度，实施目标管理；根据绿色施工要求进行图纸会审和深化设计；施工组织设计和施工方案应有专门的绿色施工章节，绿色施工目标明确，内容涵盖"四节一环保"要求；工程技术交底应包含绿色施工内容；采用符合绿色施工要求的新材料、新技术、新工艺、新机具进行施工；建立绿色施工培训制度，并且有实施记录；根据检查情况，制订持续改进措施；采集和保存过程管理资料、见证资料和自检评价记录等绿色施工资料；在评价过程中，应采集反映绿色施工水平的典型图片或影像资料。

绿色施工评价的内容和方法，体现在"绿色施工评价框架体系"中。该评价体系是由评价阶段、评价要素、评价指标和评价等级构成。其可简要地归纳为：三个阶段、五个要素、三类指标及三个等级。

（1）三个阶段

为便于建筑工程项目施工阶段绿色施工评价的定量考核，将单位工程按形象进度划分为地基与基础工程、结构工程、装饰装修与机电安装工程三个施工阶段进行绿色施工评价。

（2）五个要素

依据《绿色施工导则》"四节一环保"五个要素进行绿色施工评价。

（3）三类指标

绿色施工评价要素均包含控制项、一般项、优选项三类评价指标。控制项，是指绿色施工过程中必须达到的基本要求。一般项，是指绿色施工过程中根据实施情况进行评价的得分项。优选项，是指绿色施工过程中实施难度较大、要求较高的加分项。

（4）三个等级

绿色施工评价结论分为不合格、合格及优良三个等级。

5. 人员安全与健康管理

制订施工防尘、防毒、防辐射等职业危害的措施，保障施工人员的长期职业健康。合理布置施工场地，保护生活及办公区不受施工活动的有害影响。施工现场建立卫生急救、保健防疫制度，在安全事故和疾病疫情出现时提供及时救助。提供卫生、健康的工作与生活环境，加强对施工人员的住宿、膳食、饮用水等生活与环境卫生等管理，明显改善施工人员的生活条件。

（二）绿色施工措施

绿色施工措施是指实现绿色施工目标的管理措施和技术措施，包含绿色施工准备措施、绿色施工环境保护措施、绿色施工资源节约措施、绿色施工职业健康和卫生防疫措施等。

1. 绿色施工准备措施

建筑工程施工项目应建立绿色施工管理体系和管理制度，实施目标管理。施工单位是建筑工程绿色施工的责任主体，全面负责绿色施工的实施。为实现建筑工程绿色施工目标，施工单位在开工前，应建立一个从项目经理部到各分承包方、各专业化公司和作业班组共同组成的组织体系。管理者是项目经理、总工程师、现场经理和质量安全经理，分包、专业责任工程师负责实施、监控及检查。

工程项目部根据预先设定的绿色施工总目标，进行目标分解、实施和考核活动。要求措施、进度和人员落实，实行过程控制，确保了绿色施工目标实现。绿色施工管理的方法是目标管理，并实施动态控制。

施工单位应按照建设单位提供的施工周边建设规划和设计资料，施工前做好绿色施工的统筹规划和策划工作，应充分考虑绿色施工的总体要求，为绿色施工提供基础条件，并合理组织一体化施工。根据建筑工程设计与施工的内在联系，将土建、装修、机电设备安装及市政设施等专业紧密结合，使建筑工程设计与各专业施工形成一个有机的整体。

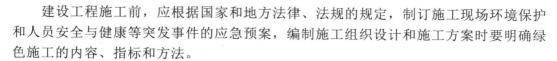

建设工程施工前，应根据国家和地方法律、法规的规定，制订施工现场环境保护和人员安全与健康等突发事件的应急预案，编制施工组织设计和施工方案时要明确绿色施工的内容、指标和方法。

2. 绿色施工环境保护措施

（1）扬尘和大气污染控制措施

施工现场应搭设封闭式垃圾站。细散颗粒材料、易飞扬材料或垃圾的储存、运输应采用封闭容器及有覆盖措施的车辆。施工现场出口必须设冲洗池（洗车台）。对于施工现场易产生扬尘的设备、操作过程、施工对象等，应制订控制扬尘的具体措施，土石方作业区内扬尘目测高度应小于 1～5 m，结构施工、安装、装饰装修阶段目测扬尘高度应小于 0.5 m，并不扩散到工作区域外。

拆除、爆破施工前应做好扬尘控制措施。施工现场使用的热水锅炉等必须使用清洁燃料。不得在施工现场熔融沥青或焚烧油毡、油漆以及其他产生有毒、有害烟尘和恶臭气体的物质。施工车辆及机械设备尾气排放应符合国家规定的排放标准。

（2）噪声控制措施

施工过程应优先使用低噪声、低振动的施工机具，并且采取隔音与隔振措施。施工车辆进入现场，严禁鸣笛。

（3）光污染控制措施

应避免或减少施工过程中的光污染，夜间室外照明灯加设灯罩，透光方向集中在施工区范围。电焊作业应采取遮挡措施，避免电焊弧光外泄。

（4）水污染控制措施

非传统水源和现场循环再利用水在使用过程中，应对水质进行检测。砂浆、混凝土搅拌用水应达到《混凝土拌合用水标准》（JGJ 63-2006）的有关要求，并制订卫生保障措施，避免对人体健康、工程质量以及周围环境产生不良影响。

施工现场存放的油料和化学溶剂等物品应设有专门的库房，地面应做防渗漏处理。废弃的油料和化学溶剂应集中处理，不得随意倾倒。施工机械设备检修及使用中产生的油污，应集中汇入接油盘中并定期清理。

食堂、盥洗室、淋浴间的下水管线应设置过滤网，并且应与市政污水管线连接，保证排水畅通。食堂应设隔油池，并应及时清理，施工现场宜采用移动式厕所，委托环卫单位定期清理。

（5）建筑垃圾处理措施

施工现场应设置封闭式垃圾站（或容器），施工垃圾、生活垃圾应分类存放，并按规定及时清运消纳。对有毒有害废弃物的分类率应达到 100%；对有可能造成二次污染的废弃物必须单独储存、设置安全防范措施和醒目标识。应制订建筑垃圾减排计划，建筑垃圾的回收再利用率应达到 30% 以上。

3. 绿色施工资源节约措施

（1）节地及施工用地保护措施

应根据工程规模及施工需求等因素合理布置施工临时设施。施工临时设施布置应紧凑，应减少废弃地及死角。施工临时设施不宜占用绿地、耕地以及规划红线以外场地。

对于因施工而破坏的植被、造成的裸土，必须及时采取有效措施，以避免土壤侵蚀、流失。施工结束后，被破坏的原有植被场地必须恢复或进行合理绿化，施工现场应避让、保护场区及周边的古树名木。

（2）节能及能源利用措施

应合理安排施工顺序及施工区域，减少作业区设备机具数量。应选择功率与负荷相匹配的施工机械设备，避免大功率机械设备低负荷长时间运行。制订科学合理的施工能耗指标，明确节能措施，提高施工能源利用率。

建立施工机械设备管理制度，展开用电、用油计量，及时做好机械设备维修保养工作。

合理设计和布置临时用电电路，应选用节能电线和节能灯具，采用声控、光控等自动控制装置。照度设计不应超过最低照度的20%。施工现场应确定生活用电与生产用电的定额指标，并分别计量管理。

规定合理的温、湿度标准和使用时间，提高空调和采暖装置的运行效率。根据当地气候和自然资源条件，在有条件的施工场地，应该充分考虑利用太阳能、地热、风能等可再生资源。

（3）节水及水资源利用措施

现场应结合用水点位置进行输水管线线路选择和阀门预留位置的设计，管径合理、管路简捷，采取有效措施减少管网和用水器具的漏损。施工现场办公区、生活区的生活用水采用节水系统和节水器具，提高节水器具配置比率。

施工现场宜建立雨水、中水或其他可利用水资源的收集利用系统，使水资源得到循环利用。施工中非传统水源和循环水的再利用率大于30%。施工现场分别对生活用水与工程用水确定用水定额指标，并分别计量管理。

施工现场喷洒路面、绿化浇灌不宜使用市政自来水。施工现场应充分利用雨水资源，保持水土循环，有条件的宜收集屋顶、地面雨水、地下水再利用。施工现场应设置雨水、废水回收设施，废水应经过二次沉淀处理后再循环利用。施工中应采用先进的节水施工工艺。现场搅拌用水、养护用水应该采取有效的节水措施，严禁无措施浇水养护混凝土。

（4）节材及材料利用措施

应根据施工进度、材料周转使用时间、库存情况等，制订材料的采购和使用计划，并合理安排材料的采购。现场材料应堆放有序，布置合理，储存环境适宜，措施得当，保管制度健全，责任明确。应充分利用当地材料资源。施工现场300 km以内的材料用量宜占材料总用量的70%以上，或者达到材料总价值的50%以上。

4. 绿色施工职业健康与卫生防疫措施

（1）绿色施工职业健康措施

施工现场应在易产生职业病危害的作业岗位和设备、场所设置警示标识或警示说明。定期对从事有毒、有害作业人员进行职业健康培训和体检，指导操作人员正确使用职业病防护设备和个人劳动防护用品。

施工单位应为施工人员配备安全帽、安全带及和所从事工种相匹配的安全鞋、工作服等个人劳动防护用品。特种作业人员必须持证上岗，按规定着装，并佩戴相应的个人劳动防护用品；对施工过程中接触有毒、有害物质或具有刺激性气味可被人体吸入的粉尘、纤维，以及进行强噪声、强光作业的施工人员，应佩戴相应的防护器具（如护目镜、面罩、耳塞等）。

施工现场应采用低噪声设备，推广使用自动化、密闭化施工工艺，降低机械噪声。作业时，操作人员应戴耳塞进行听力保护。深井、地下隧道、管道施工、地下室防腐、防水作业等不能保证良好自然通风的作业区，应配备强制通风设施。操作人员在有毒、有害气体作业场所应戴防毒面具或防护口罩。

在粉尘作业场所，应采取喷淋等设施降低粉尘浓度，操作人员应佩戴防尘口罩；焊接作业时，操作人员应佩戴防护面罩、护目镜及手套等个人防护用品。高温作业时，施工现场应配备防暑降温用品，合理安排作息时间。

（2）绿色施工卫生防疫措施

施工现场员工膳食、饮水、休息场所应符合卫生标准。宿舍、食堂、浴室、厕所应有通风、照明设施，日常维护应有专人负责。食堂应有相关部门发放的有效卫生许可证，各类器具规范清洁。炊事员应持有效健康证。厕所、卫生设施、排水沟及阴暗潮湿地带应定期消毒。生活区应设置密闭式容器，垃圾分类存放，定期灭蝇，及时清运。施工现场应设立医务室，配备保健药箱、常用药品及绷带、止血带、颈托、担架等急救器材。施工人员发生传染病、食物中毒、急性职业中毒时，应及时地向发生地的卫生防疫部门和建设主管部门报告，并且按照卫生防疫部门的有关规定进行处置。

第九章 装配式建筑施工技术

第一节 装配式建筑生产与运输

一、建筑产业化概念

建筑产业化是指以绿色发展为理念，用现代科学技术进步为支撑，以工业化生产方式为手段，以工程项目管理创新为核心，以世界先进水平为目标，广泛运用信息技术、节能环保技术，将建筑产品生产过程连接为完整的一体化产业链系统。它的基本概念是建筑产品的构件全部在工厂生产。工厂生产的建筑构件根据建筑设计图纸的要求，在指定的地方进行构件组装形成建筑产品，也就是装配式建筑。

近年来，随着世界各国建筑工程的不断发展，建筑产业化已成为建筑的发展方向，预制构件在装配式混凝土房屋建筑的应用也越来越普及，欧美发达国家在发展装配式住宅方面都制定了非常完善的标准。

（一）建筑产品产业化

建筑物作为建筑产品是房地产开发商的追求目标，但是要产业化生产，建筑产品必须要分类，作为地产一般有住宅和商业经营用房（包括办公、商业、旅游、复合地产等）。任何一类建筑产品要产业化，必须要标准化，建筑产品产业化要有一定的规模，没有规模工厂就没有效益，没有效益的工厂是无法生存的。因此建筑产业化的前

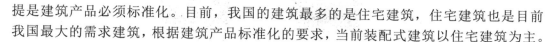

提是建筑产品必须标准化。目前，我国的建筑最多的是住宅建筑，住宅建筑也是目前我国最大的需求建筑，根据建筑产品标准化的要求，当前装配式建筑以住宅建筑为主。

（二）建筑构件产业化

建筑产品产业化的形成，其建筑构件必须产业化。因为建筑构件在工厂生产后运到工地选行组装形成建筑产品。因此，建筑产品产业化实际上是建筑构件产业化。建筑构件产业化的根本是建立构件生产的工厂，工厂生产必须有一定的规模，每年有一定的生产能力，达到一定的生产量，工厂才能正常运转。为保证工厂的正常运转，建筑构件在生产过程中必须要标准化。因为工厂生产量的保证必须是现代化生产，必须是生产流水线作业才能保证一定的生产量。在建筑产品标准化的前提下，建筑构件的标准化必须要建筑模数的标准化。因此，为保证建筑构件的标准化，国家出台了装配式建筑构件设计模数化的规定。建筑构件设计要模数化、集成化该计，以达到建筑构件生产化的要求。因此，建筑构件产业化就是建筑构件的标准化、集成化流水线生产。

二、生产材料的应用

装配式建筑的构件在生产工厂制作，在现场拼装，施工方便且快捷，节约材料，环保节能，自重轻，工期短，有良好的社会效益，符合国家环保、节能技术政策。建筑构件实现工业化生产后，不仅可以减少很多现场施工的浪费，同时也使得更多的环保、绿色、可持续发展的建筑材料得到应用。在我国的房屋建筑材料中，墙体材料占45% ～ 75%，而在装配式建筑的发展中，墙体材料的变化就显得极为明显。墙体材料发展趋势是由小块向大块，大块向板材发展。板材装配采用干作业，相对砖和砌块来讲，施工效率可以成倍提高。坚持技术含量高、产品新型、质量好、节能环保、低碳绿色和舒适的原则；坚持产品性能优异、功能多元且复合功能强的原则；坚持制品化、部品部件产业化与组合组装的发展原则；坚持美观、适用、安全及无污染的发展原则。

（一）主要的板材类型

1. 水泥制品板材

水泥是我国应用最为广泛的胶凝材料，各种类型水泥制成的墙板从 20 世纪 90 年代末开始这入市场，例如大家熟悉的玻璃纤维增强水泥多孔轻质隔墙条板、节能环保的灰渣混凝土建筑隔墙板、节能保温的硅酸钙复合夹心墙板等。但由于板材接缝技术及收缩开裂问题未能得到很好的解决，加之低劣产品充斥市场，对墙板行业造成了恶劣影响，使得建筑开发应用及设计部门对建筑隔墙板产品产生了较差的印象。

由于水泥制成的建筑墙体板材存在大板易开裂、容重大等问题，同时水泥生产耗能高，对环境不友好，所以发展新型环保的、可持续发展的墙体材料也成为建筑行业的一大重点。

2. 石膏制品板材

石膏作为一种传统的胶凝材料，很受人们的青睐。它是以建筑石膏为主要原料制成的一种材料，属绿色环保新型建筑材料，具有质轻、保温隔热、无辐射、无毒无味、防火、隔音、施工方便、绿色环保等诸多优点。石膏板是当前着重发展的新型轻质板材之一，已广泛用于住宅、办公楼、商店、旅馆和工业厂房等各种建筑物的内隔墙、墙体覆面板（代替墙面抹灰层）、天花板、吸音板、地面基层板及各种装饰板等。除了最为经济与常见的象牙白色板芯、灰色纸面，其他的品种还有：

（1）防火石膏板

基于传统纸面石膏板的基础上，创新开发的一种新产品，不仅具有了纸面石膏板的隔音、隔热、保温、轻质、高强、收缩率小等特点，而且在石膏板板芯中增加一些添加剂（玻璃纤维），使得这种板材在发生着火时，在一定长的时间内保持结构完整（在建筑结构里），从而起到阻隔火焰蔓延的作用。

（2）花纹装饰石膏板

以建筑石膏为主要原料，掺加少量纤维材料等制成的有多种图案、花饰的板材，如石膏印花板、穿孔吊顶板、石膏浮雕吊顶板、纸面石膏饰面装饰板等。它是一种新型的室内装饰材料，适用于中高档装饰，具有轻质、防火、防潮、易加工、安装简单等特点。特别是新型树脂仿型饰面防水石膏板，板面覆以树脂，饰面仿型花纹，其色调图案逼真，新颖大方，板材强度高、耐污染、易清洗，可以用于装饰墙面，做护墙板及踢脚板等，是代替天然石材和水磨石的理想材料。

（3）纸面石膏装饰吸声板

以建筑石膏为主要原料，加入纤维及适量添加剂做板芯，以特制的纸板为护面，经过加工制成的。纸面石膏装饰吸声板分有孔和无孔两类，并有各种花色图案。它具有良好的装饰效果。由于两面都有特制的纸板护面，因而强度高、挠度较小，具有轻质、防火、隔声、隔热等特点，抗震性能良好，可以调节室内温度，施工简便，加工性能好。纸面石膏装饰吸声板适用于室内吊顶及墙面装饰。

3. 金属波形板

金属波形板是以铝材、铝合金或薄钢板轧制而成（也称金属瓦楞板）。如用薄钢板轧成瓦楞状，涂以搪瓷釉，经高温烧制成搪瓷瓦楞板。金属波形板重量轻，强度高，耐腐蚀，光反射好，安装方便，适用于屋面、墙面。

4. EPS 隔热夹芯板

该板是以 0.5～0.75 mm 厚的彩色涂层钢板为表面板，自熄聚苯乙烯为芯材，用热固化胶在连续成型机内加热加压复合而成的超轻型建筑板材，是集承重、保温、防水、装修于一体的新型围护结构材料。可制成平面形或曲面形板材，适用于大跨度屋面结构，如体育馆、展览厅、冷库等，以及其他多种屋面形式。

5. 硬质聚氨酯夹芯板

该板由镀锌彩色压型钢板面层与硬质聚氨酯泡沫塑料芯材复合而成。压型钢板厚度为 0.5，0.75，1.0 mm。彩色涂层为聚酯型、改性聚酯型、氟氯乙烯塑料型，这些涂层均具有极强的耐候性。该板材具有质轻、高强、保温、隔音效果好，色彩丰富，施工方便等特点，是集承重、保温、防水、装饰于一体的屋面板材，可以用于大型工

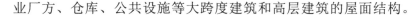

业厂方、仓库、公共设施等大跨度建筑和高层建筑的屋面结构。

（二）新型环保绿色材料的应用

为了绿色建筑的需要，应用环保绿色建筑材料将是建筑材料的革命，轻钢结构的装配式建筑的墙板采用绿色的植物纤维模压板，例如万科地产集团采用的麦和纤维模压板，是绿色环保并且可持续利用。目前，我国已有大量的绿色环保板材生产线，为装配式绿色建筑提供有力的保障。

三、建筑构件生产

不同类型、不同材料的建筑预制构件，它的生产工艺是不同的。本书主要以应用较为广泛的钢筋混凝土预制构件为例，介绍建筑构件的生产过程。钢筋混凝土预制构件的制作过程包括：模板的制作与安装，钢筋的制作与安装，混凝土的制备、运输，构件的浇筑振捣和养护，脱模与堆放等。

（一）建筑构件生产模式

1. 建筑构件生产的优势

能够实现成批工业化生产，节约材料，降低施工成本。有成熟的施工工艺，有利于保证构件质量，特别是进行标准定型构件的生产，预制构件厂（场）施工条件稳定，施工程序规范，比现浇构件更易于保证质量。可提前为工程施工做准备，施工时将达到强度的预制构件进行安装，可以加快工程进度，降低工人劳动强度。

2. 构件制作工艺

根据生产过程中组织构件成型和养护的不同特点，预制构件制作工艺可分为台座法、机组流水法和传送带流水法 3 种。目前预制外墙、预制楼梯、预制阳台等仍以台座法生产为主，部分标准化生产的预制内隔墙条板已经实现了机组流水法或传送带法。

（1）台座法

台座是表面光滑平整的混凝土地坪、胎模或混凝土槽，也可以是钢结构。构件的成型、养护、脱模等生产过程都在台座上进行。

（2）机组流水法

机组流水法是在车间内，根据生产工艺的要求将整个车间划分成几个工段，每个工段皆配备相应的工人和机具设备，构件的成型、养护、脱模等生产过程分别在有关的工段循序完成

（3）传送带流水法

传送带流水法是指模板在一条呈封闭环形的传送带上移动，各生产过程都是在沿传送带循序分布的各个工作区中进行。

3. 预制构件的成型

常用的振捣方法有振动法、挤压法、离心法等，以振动法为主。

（1）振动法

用台座法制作构件，使用插入式振动器和表面振动器振捣。插入式振动器振捣时宜呈梅花状插入，间距不宜超过 300 mm。若预制构件要求清水混凝土表面，则插入式振动棒不能紧贴模具表面，否则将留下棒痕。表面振动器振捣的方法分为静态振捣法和动态振捣法。前者用附着式振动器固定在模具上振捣，后者是在压板上加设振动器振捣，适宜不超过 200 mm 的平板混凝土构件。

（2）挤压法

挤压法常用于连续生产空心板，尤其是预制轻质之内隔墙时常用。

（3）离心法

离心法是将装有混凝土的模板放在离心机上，使模板以一定转速绕自身的纵轴旋转，模板内的混凝土由于离心力作用而远离纵轴，均匀分布于模板内壁，并将混凝土中的部分水分挤出，使混凝土密实。离心法常用于大口径混凝土预制排水管生产中。

4. 原材料对混凝土预制构件的影响及控制

原材料主要包括水泥、石膏、细集料、粗集料等。只有优质的原材料，才能制作出符合技术要求的优质混凝土构件。

（1）水泥

配制混凝土用水泥通常采用硅酸盐水泥、普通水泥、矿渣水泥、火山灰水泥、粉煤灰水泥五大品种。通常普通硅酸盐水泥的混凝土拌和料比矿渣水泥和火山灰水泥的工作性好，矿渣水泥拌和料流动性大，但粘聚性差，易泌水离析；火山灰水泥流动性小，但粘聚性最好。用矿渣或火山灰水泥预制混凝土小型构件，易造成外表初始水分不均匀，拆摸后颜色不匀，掺入的矿渣或火山灰在混凝土表面易形成不均匀花带、黑纹，影响构件外观质量。因此，预制混凝土构件时，尽量地选用普通硅酸盐水泥。

选用水泥的强度等级应与要求配制的构件的混凝土强度适应。水泥强度等级选择过高，则混凝土中水泥用量过低，影响混凝土的和易性和耐久性，造成构件粗糙、无光泽；如水泥强度等级过低，则混凝土中水泥用量过大，非但不经济，而且会降低混凝土构件的技术品质，使混凝土收缩率增大，构件裂纹严重。

（2）集料

细集料应采用级配良好的、质地坚硬、颗粒洁净、粒径小于 5 mm，含泥量小于 3% 的沙。进场后的沙应进行检查验收，不合格的沙严禁入场。检查频率为 1 次 /100 m3。粗集料要求石质坚硬、抗滑、耐磨、清洁和级配符合规范的要求。石质强度要不小于 3 级，针片状质量百分数 ≤ 15%，硫化物及硫酸盐质量百分数 < 1%，泥土的质量百分数 < 2%。碎石最大粒径不得超过结构最小边尺寸的 1/4，进场后应进行检查验收，检查频率为 1 次 /200 m³。

（3）施工工艺对混凝土预制构件的影响及控制

①振捣

用插入式振捣时，移动间距不应超过振捣棒作用半径的 15 倍，与侧模应保持最少 5 cm 距离；采用平板振动器时，移位间距应以使振动器平板能覆盖已振实部分 10

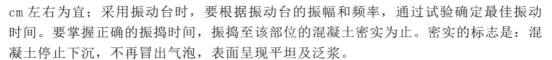

cm 左右为宜；采用振动台时，要根据振动台的振幅和频率，通过试验确定最佳振动时间。要掌握正确的振捣时间，振捣至该部位的混凝土密实为止。密实的标志是：混凝土停止下沉，不再冒出气泡，表面呈现平坦及泛浆。

②拆模

预制构件待混凝土达到一定的强度、保持棱角不被破坏时，方可进行拆模。拆模时要小心，避免外力过大损坏构件。拆模后构件若有少许不光滑，边角不齐，可及时进行适当修整。

③养护

拆模后要按规定进行养护，使其达到设计强度。避免因养护不到位造成浇筑后的混凝土表面出现干缩、裂纹，影响预制件外观。当气温低于 5℃时，应采取覆盖保温措施，不得向混凝土表面洒水。

5. 预制构件养护

预制构件的养护方法有自然养护、蒸汽养护、热拌混凝土热模养护、太阳能养护、远红外线养护等，目前以自然养护和蒸汽养护为主。

（1）自然养护

自然养护成本低，简单易行，但养护时间长，模板周转率低，占用场地大，我国南方地区的台座法生产多用自然养护。

（2）蒸汽养护

蒸汽养护是将构件放置在有饱和蒸汽或蒸汽与空气混合物的养护室（或窑）内，在较高温度和湿度的环境中进行养护，以加速混凝土的硬化，使之在较短的时间内达到规定的强度标准值。蒸汽养护效果与蒸汽养护制度有关，它包括养护前静置时间、升温和降温速度、养护温度、恒温养护时间、相对湿度等。蒸汽养护的过程可分为静停、升温、恒温、降温等四个阶段，蒸汽养护时，混凝土表面最高温度不宜高于 65℃，升温幅度不宜高于 20℃/h，否则混凝土表面易产生细微裂纹。

蒸汽养护可缩短养护时间，模板周转率相应提高，占用场地大大减少。混凝土预制构件的生产从一定程度上可以说是建筑的工厂化，虽然说相比以前技术方法有了一定进步，但并不是质量也随之提高了，这还有赖于构件生产过程中的管理。

（二）建筑构件生产线的建立

根据装配式建筑要求及土地现状进行厂区规划及投资费用估算，提供预制混凝土构件产品生产的全部工艺内容，并根据产能需求及生产工艺特点提供生产系统规划。提供装配式建筑工厂的全套工艺技术服务（包含厂区规划、生产线工艺规划、厂内物流系统、厂外物流系统、垂直起吊系统、安全防护系统、生产工艺系统、人员配置、给排水系统及蒸汽养护系统等）。

1. 工厂规划设计

根据装配式建筑的需求及土地现状进行厂区规划及投资费用估算：①根据产能、物流、产品类型、运输半径等需求对甲方选择地块提供合理化建议。②根据甲方提供的地块进行整体规划。③现有厂房进行改造规划，配合现有厂房进行厂区规划布局。④主体生产车间进行规划，包括面积及跨度等。⑤厂区构件堆场进行规划，包括面积配套设备及设施等。⑥辅助功能设施的布局进行规划，包括：锅炉房、泵房、箱式变电站等。⑦办公楼、宿舍楼、食堂等建筑进行初步规划。⑧厂区物流道路、行人通道及其他车辆通道等进行规划。⑨提供厂区规划的平面图及效果图。⑩提供工厂建设周期计划方案。　建厂投资分析及估算，含土建投资与设备投资等。

2. 工厂工艺设计

提供预制混凝土构件产品生产的全部工艺内容：①提供 PC 构件生产的整套生产工艺流程图设计说明。②外墙板生产工艺（包括正、反打工艺）。③内墙板生产工艺。④叠合楼板生产工艺。⑤空调板、女儿墙生产工艺。⑥楼梯、阳台、PCF 板等异型构件生产工艺。⑦其他 PC 构件的生产工艺。⑧构件养护工艺设计。

3. 生产系统规划

根据产能需求及生产工艺特点提供生产系统规划：①依据产品种类及生产工艺，规划 PC 构件生产线布局方式，包括混合式生产线、外墙板生产线、内墙板生产线、叠合板生产线、固定模台生产线。②混凝土拌和及运输方式的布局规划。③钢筋加工系统布局规划及周转方式的确定。④工厂及厂区内垂直起吊系统的规划。⑤生产过程物料周转方式的规划。⑥生产车间内的辅助功能区域布局与规划。⑦生产车间内安全通道及人行通道等规划。⑧构件存储以及运输方式规划。

4. 生产线的建立

根据生产工艺特点规划生产线布局及相关配置，按照生产线布局配置的特点确定相关的辅助设备及设施，辅助进行其他设备的采购招标，根据产能规划以及投资规模提供构件成本分析、建厂投资测算等数据分析。

（1）生产线布局规划

根据生产工艺特点规划生产线布局及相关配置：①混合式生产线布局及配置规划。②外墙板生产线布局及配置规划。③内墙板生产线布局及配置规划。④叠合板生产线布局及配置规划。⑤异型构件生产线布局配置规划。

（2）辅助设备选型规划

根据生产线布局配置的特点确定相关的辅助设备及设施：①起重设备的选型及配置规划。②搅拌站设备选型及配置规划。③钢筋加工设备选型及配置规划。④锅炉、空压机设备，选型及配置规划。⑤供电、供水设施的规划。⑥机修设施的选型规划。⑦实验室设施的选型规划。⑧工装系统的配置规划。⑨安全防护系统的配置规划。

（3）生产系统技术要求

根据自动化生产线的布局和配置，深入规划各单机设备的功能及控制要求：①提供生产车间的基本规划布局方案。②提供生产系统给排水点的位置及相关技术要求。③提供生产系统污水沉淀池的规划方案及污水排放等规划。④提供生产系统电力供应规划的相关数据及相关的点位方案。⑤提供生产系统蒸汽供应及用汽点的规划方案。⑥提供生产系统运输道路的规划方案。⑦其他工厂设计过程的技术支持。

（4）经济测算

根据产能规划及投资规模提供构件成本分析、建厂投资测算等数据分析：①提供预制构件产品成本分析。②盈亏平衡分析。③利润测算。

装配式建筑的构件生产线的建立，要根据装配式建筑的类型和标准来确定建筑预制构件段生产，在构件标准模数的确定下进行论证，从而建立科学的、可以行的装配式建筑的构件生产线。

四、构件的存放及运输

装配式建筑的构件生产以后，构件的存放和运输就非常重要。预制混凝土构件如果在存储、运输、吊装等环节发生损坏将很难补修，既耽误工期又造成经济损失。因此，大型预制混凝土构件的存储方式和存放场地与物流组织非常重要。

（一）构件主要存储方式

目前，国内的装配式建筑预制混凝土构件的主要储存方式有车间内专用储存架或平层叠放，室外专用储存架、平层叠放或散放等方式。如果储存方式或专用的储存架不合理，将对构件产生不良影响（例如，储存时损坏了构件的定位孔或连接钢筋，构件将不能正常使用）。因此，必须要找好储存的场地，确定合理的储存方式。

（二）构件的运输

1. 构件运输准备工作

构件运输的准备工作主要包括：制订运输方案、设计并制作运输架、验算构件强度、清查构件及察看运输路线。

（1）制订运输方案

此环节需要根据运输构件实际情况、装卸车现场及运输道路的情况、施二单位或当地的起重机械和运输车辆的供应条件以及经济效益等因素综合考虑，最终选定运输方法、选择起重机械（装卸构件用）、运输车辆和运输路线。运输线路的制订应按照客户指定的地点及货物的规格和重量制订特定的路线，确保运输条件与实际情况相符。

（2）设计并制作运输架

根据构件的重量和外形尺寸进行设计制作，并且尽量考虑运输架的通用性。

（3）验算构件承载力

对钢筋混凝土屋架和钢筋混凝土柱子等构件，根据运输方案所确定启条件，验算构件在最不利截面处的抗裂度，避免在运输中出现裂缝。如有出现裂缝的可能，应该进行加固处理。

（4）清查构件

清查构件的型号、质量和数量，有无加盖合格印章和出厂合格证书等。

（5）察看运输路线

在运输前再次对路线进行勘查，对于沿途可能经过的桥梁、桥洞、电缆、车道的承载能力，通行高度、宽度、弯度和坡度，沿途上空有无障碍物等实地考察并记载，制订出最佳顺畅的路线。这需要实地现场的考察，如果凭经验和询问很有可能发生意料之外的事情，有时甚至需要交通部门的配合，因此这点不容忽视！在制订方案时，每处需要注意的地方需要注明。如不能满足车辆顺利通行，应及时采取措施。此外，应注意沿途是否横穿铁道，例如有应查清火车通过道口的时间，以免发生交通事故。

2. 构件主要运输方式

装配式建筑构件的运输方式是指构件在运输过程中的摆放方式，不同类型的构件在运输过程中的摆放方式是不同的。应根据构件的类型、大小和材料性质建立科学合理的运输方案。

（1）立式运输方式

在低盘平板车上安装专用运输架，墙板对称靠放或者插放在运输架上。对于内、外墙板和PCF板等竖向构件多采用立式运输方案。

（2）平层叠放运输方式

将预制构件平放在运输车上，一件一件往上叠放在一起进行运输。叠合板、阳台板、楼梯、装饰板等水平构件多采用平层叠放方式运输。叠合楼板，标准6层/叠，不影响质量安全可到8层，堆码时按产品的尺寸大小堆叠；预应力板：堆码8～10层/叠；叠合梁，2～3层/叠（最上层的高度不能超过挡边一层），考虑是否有加强筋向梁下端弯曲。

除此之外，对于一些小型构件和异型构件，可多采用散装方式进行运输。

3. 控制合理运输半径

（1）合理运距测算

合理运距的测算主要是以运输费用占构件销售单价比例为计算参数。通过运输成本和预制构件合理销售价格分析，可以较准确地测算出运输成本占比与运输距离的关系，根据国内平均或者世界上发达国家占比情况反推合理运距。

（2）合理运输半径测算

从预制构件生产企业布局的角度，合理运输距离由于还与运输路线相关，而运输路线往往不是直线，运输距离还不能直观地反映布局情况，故提出了合理运输半径的概念。

从预制构件厂到预制构件使用工地的距离并不是直线距离，况且运输构件的车辆为大型运输车辆，因交通限行、超宽超高等原因经常需要绕行，所以实际运输线路更长。

根据预制构件运输经验，实际运输距离平均值比直线距离长20%左右，因此将构件合理运输半径确定为合理运输距离的80%较为合理。因此，用运费占销售额8%估算合理运输半径约为100 km。合理运输半径为100 km意味着，以项目建设地点为中心，以100 km为半径的区域内的生产企业，其运输距离基本可控制在120 km以内，从经济性和节能环保的角度，处于合理范围。

总的来说，国内的预制构件运输与物流的实际情况还有很多需要提升的地方。目前，虽然有个别企业在积极研发预制构件的运输设备，但总体来看还处于发展初期，标准化程度低，存储和运输方式是较为落后。同时，受道路、运输政策及市场环境的限制和影响，运输效率不高，构件专用运输车还比较缺乏且价格较高。

第二节　装配式建筑的施工与施工组织管理

一、装配式建筑施工

装配式建筑施工是将建筑物预制构件加工完毕后，运输至施工现场，结合了构件安装知识，进行装配。与传统现浇建筑相比，装配式建筑施工具有以下的优越性和局限性。

装配式建筑施工的优越性：①构件可在工厂内进行产业化生产，施工现场可直接安装，方便快捷，可缩短施工工期。②构件在工厂采用机械化生产，产品质量更易得到有效控制。③周转料具投入量减少，料具租赁费用降低。④减少施工现场湿作业量，有利于环保。⑤因施工现场作业量减少，可以在一定程度上降低材料浪费。⑥构件机械化程度高，可较大减少现场施工人员配备。

装配式建筑施工的局限性：①因目前国内相关设计、验收规范等滞后施工技术的发展需要，装配式建筑在建筑物总高度及层高上均有较大的限制。②建筑物内预埋件、螺栓等使用量有较大增加。③构件工厂化生产因模具限制及运输（水平、垂直）限制，构件尺寸不能过大。④对现场垂直运输机械要求较高，需使用较大型的吊装机械。⑤构件采用工厂预制，预制厂距离施工现场不能过远。

（一）集装箱式结构施工

集装箱式装配式建筑也称盒式建筑，是指用工厂化生产的集装箱状构件组合而成的全装配式建筑。所有的集装箱式构件均应在工厂预制，且每个集装箱式构件应该既是一个结构单元又是一个空间单元。结构单元意味着每一个集装箱式构件都有自身的结构，可以不依赖于外部而独立支撑；空间单元意味着根据不同的功能要求，集装箱式构件内部被划分成不同的空间并根据要求装配上不同的设施。这种集装箱式构件内一切设备、管线、装修、固定家具均已做好，外立面装修也可以完成，将这些集装箱式构件运至施工现场，就像"搭建积木"一样拼装在一起，或与其他预制构件及现制构件相结合建成房屋。形象地说，在集装箱式结构建筑中一个"集装箱"类似于传统建筑中的砌块，在工厂预制以后，运抵现场进行垒砌施工，只不过这种"集装箱"不再仅是一种建筑材料，而是一种空间构件。这种构件是由顶板、底板和四面墙板组成，是六面体形（也有的做成五面和四面体的），外形与集装箱相似。这种集装箱式构件，只需要在工厂成批生产一些六面、五面或四面的型体，用一个房间大小为空间标准，在现场将其交错迭砌组合起来，再统一连接水、暖、电等管线，就可建成单层、多层或高层房屋建筑。

集装箱式装配式建筑的建造主要包括工厂预制、构件运输和现场装配3部分。

1. 集装箱式结构的优缺点

（1）优点

①施工速度快

以一栋 3 000 m2 的住宅楼为例，从基础开挖到交付使用，通常不超过 4 个月，最快的仅为 2 ～ 3 个月，而其主体结构在 1 个星期就可以摞起来。不仅加快了施工速度，也大大缩短了建设周期和资金周转时间，节约了常规建设成本。

②装配化程度高

装配程度可达 85% 以上，修建的大部分工作，包括水、暖、电、卫等设施安装和房屋装修都移到工厂完成，施工现场只余下构件吊装、节点处理，接通管线就能使用。

③自重较轻

箱型构件是一种空间薄壁结构，与传统砖混建筑相比，可减轻结构自重 30% 以上。

④工程质量容易控制

由于房屋构件是在预制构件厂内采用工业化生产的方式制作，材料品质稳定，操作工人的素质对成品质量的影响较小。因此，从构件出厂到安装施工的质量易于全程控制，更不易出现意外的结构质量事故。

⑤建筑造价低

建筑造价与砖混结构住宅的建筑造价相当或略低，普通多层砖混结构住宅建筑造价约 800 元 /m^2，但多层集装箱式结构住宅一般不超过 800 元 /m^2。

⑥使用面积大

集装箱式结构房屋完全不同于人们常见的"活动板房"，其规格、模数及建筑面积可与普通砖混住宅的房间相同，但在其相同建筑面积的条件之下，初级集装箱式结构实际使用面积可以增加 5% 以上。

⑦建筑节能效果明显

集装箱式钢筋混凝土房屋构件的外墙和建筑物山墙，皆可采用导热系数很低的聚苯乙烯泡沫板做保温隔热处理。若推广使用 10 万 m^2 的集装箱式结构建筑物代替砖混结构，可节约烧制黏土砖的土地 125 亩（1 亩≈ 666.67 m^2），标准煤 43 752 t。节约了能源和土地，减少了大气污染，有助于实现中国政府节能减排的目标。

⑧绿色文明施工

施工现场产生的建筑垃圾、粉尘、噪声等环境危害大大下降，有利于现场绿色建筑施工环保要求的具体实施，大幅减少施工引起的扰民等环境危害。施工现场占地减少、用料少、湿作业少，明显减少施工车辆和机械的噪声等不利于现场文明的因素，对施工现场周围的环境干扰极小。

⑨主体结构施工安装不受气候限制

整体房屋项目建造过程中 80% 的施工阶段，可以无须考虑气候条件的影响。

⑩方便拆迁

有建筑物拆迁需要时，无论是永久性的还是临时性的集装箱式结构建筑，都可以化整为零，拆迁搬家易地重建，以适应城市规划建设的需要。被拆迁集装箱式构件基本完好的可二次或重复利用，可以大大降低拆迁成本、二次建造施工成本和大幅度降低因此而带来的建筑垃圾粉尘、噪声等系列污染或者毁田等环境问题。

（2）缺点

预制工厂投资大；运输、安装需要大型设备。

2. 集装箱式结构施工

（1）集装箱式构件类型

集装箱式构件根据受力方式不同，分为无骨架体系和骨架体系。

①无骨架体系（见图9-1）

一般由钢筋混凝土制作，当前最常用采用整体浇筑成型的方法，使其形成薄壳结构，适合低层、多层和≤18层的高层建筑。钢筋混凝土集装箱式构件的制造工艺现多采用钟罩式（顶板带四面墙）、卧杯式（顶板、底板带三面墙），也有从房间宽度中间对开侧转成型为两个钟罩然后拼成构件的。个别的采用杯式（底板及四面墙）成型法，或先预制成几块板或环，然后拼装成为构件的。钟罩式的底板、卧杯式的外墙、杯式中的顶板都是预制平板，用螺栓或者焊件和构件连接（见图9-2）。

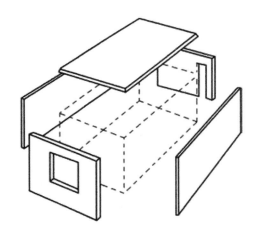

图 9-1　无骨架体系

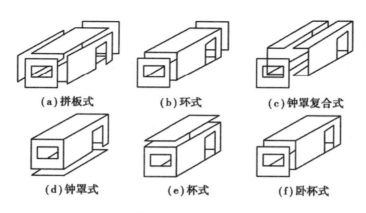

图 9-2　无骨架体系构件生产工艺示意图

②骨架体系（见图 9-3）

通常用钢、铝、木材、钢筋混凝土作为骨架，用轻型板材围合形成集装箱式构件，这种构件质量很轻，仅 $100 \sim 140$ kg/m^2。

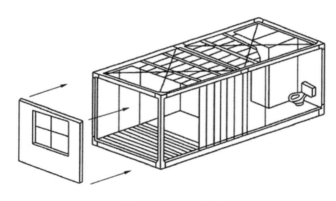

图 9-3　骨架体系

（2）集装箱式构件生产

集装箱式构件在预制工厂生产，经过结构构件连接，防止水层、保温隔热层铺装，管道安装，门窗安装，地砖铺贴，装饰面板铺贴等工序，一个个集装箱式构件就生产出来了。预制生产时需注意：①所用材料需符合各项有关规定。②构件尺寸需符合设计要求，偏差不能超过允许范围。若偏差过大，将严重影响现场构件拼装。③构件整体强度和刚度不仅要满足使用阶段要求，还要满足吊装运输要求，防止了构件在运输吊装过程中出现严重变形和损坏。④各个部件需安装牢固，防止在运输和吊装过程中出现变形和掉落。

生产好的集装箱式构件经检验合格后按品种、规格分区分类存放，并且设置标牌。

（3）集装箱式构件运输

集装箱式构件的运输应符合下列规定：①应根据构件尺寸及重量要求选择运输车

辆，装卸及运输过程应考虑车体平衡。②运输过程应采取防止构件移动或倾覆的可靠固定措施。③构件边角部及构件与捆绑、支撑接触之处宜采用柔性垫衬加以保护。④运输道路应平整并应满足承载力要求。

（4）集装箱式结构装配

集装箱式装配式建筑的装配大体有以下几种方式：

①上下集装箱式构件重叠装配［见图9-4（a）］。

②集装箱式构件相互交错叠置［见图9-4（b）］。

③集装箱式构件与预制板材进行装配［见图9-4（c）］；

④集装箱式构件与框架结构进行装配［见图9-4（d）］。

⑤集装箱式构件与筒体结构进行装配［见图9-4（e）］。

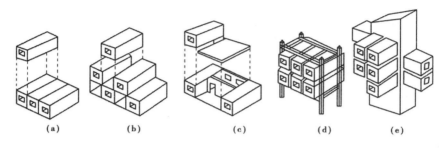

（a）　　　　（b）　　　　（c）　　　　（d）　　　　（e）

图 9-4　集装箱式装配式建筑的装配方式

应根据建筑物的功能、层数、结构体系等因素合理选择装配方案。对于单层或者层数较少的建筑，通常采用上下集装箱式构件重叠装配或集装箱式构件相互交错叠置，对于层数较多的建筑，通常采用集装箱式构件与预制板材进行装配、集装箱式构件与框架结构进行装配或集装箱式构件与筒体结构进行装配。

装配前应完成建筑物基础部分的施工，预埋件应安装就位，装配时应注意：①临时支撑和拉结应具有足够的承载力和刚度。②吊装起重设备的吊具及吊索规格应经验算确定。③构件起吊前应对吊具和吊索进行检查确认合格后方可使用。④应按构件装配施工工艺和作业要求配备操作工具及辅助材料。

（二）PC 结构施工

PC（Precast Concrete）结构是预制装配式混凝土结构的简称，是以混凝土预制构件为主要构件，经装配、连接以及部分现浇而成的混凝土结构。PC 构件种类主要有：预制柱、预制梁、预制叠合楼板、预制内墙板、预制外墙板、预制楼梯及预制空调板。

1.PC 结构的优点

PC 结构与传统现浇混凝土结构比具有以下优点：

（1）品质均一

由于工厂严格管理和长期生产，可以得到品质均一且稳定的构件产品。

（2）量化生产

根据构件的标准化规格化，使生产工业化成为可能，实现批量生产。

（3）缩短工期

住宅类建筑，主要构件均可以在工厂生产到现场装配，比传统工期缩短 1/3。

（4）施工精度

设备、配管、窗框、外装等均可与构件一体生产，可得到很高的施工精度。

（5）降低成本

因建筑工业化的量产，施工简易化减少劳动力，两方面都能降低建设费用。

（6）安全保障

根据大量试验论证，在抗震、耐火、耐风、耐久性各个方面性能优越。

（7）解决技工不足

随着多元经济发展，人口红利渐失，建筑工人短缺问题严重，PC 结构正好可解决这些问题。

2. PC 结构施工方法分类

从建筑物结构形式及施工方法上 PC 结构施工方法大致可分为 4 种：①剪力墙结构预制装配式混凝土工法，简称 WPC 工法。②框架结构预制装配式混凝土工法，简称 RPC 工法。③框架剪力墙结构预制装配式混凝土工法，简称 WRPC 工法。④预制装配式铁骨混凝土工法，简称 SRPC 工法。

（1）WPC 工法

WPC 工法即剪力墙结构预制混凝土工法（见图 9-5）。用预制钢筋混凝土墙板来代替结构中的柱、梁，能承担各类荷载引起的内力，并能有效控制结构的水平力，局部狭小处现场充填一定强度的混凝土。它是用钢筋混凝土墙板来承受竖向和水平力的结构，因此需要每一层完全结束后才能进行下一层的工序，现场吊车会出现怠工状态，适用于 2 栋以上的建筑才能有效利用施工设备。

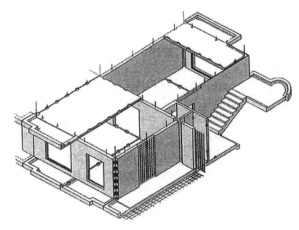

图 9-5 WPC 工法示意图

（2）RPC 工法

RPC 工法即框架结构预制装配式混凝土工法（见图9-6），是指预制梁和柱在施工现场以刚接或者铰接相连接而成构成承重体系的结构工法。由预制梁和柱组成框架共同抵抗使用过程中出现的水平荷载和竖向荷载，墙体不承重，仅起到围护及分隔作用。此种工法要求技术及成本都比较高，故多与现场浇筑相结合。比如梁、楼板均做成叠合式，预留钢筋，现场浇筑成整体，并提高刚性，多用于高层集合住宅或写字楼，可实现外周无脚手架，大大缩短工期。

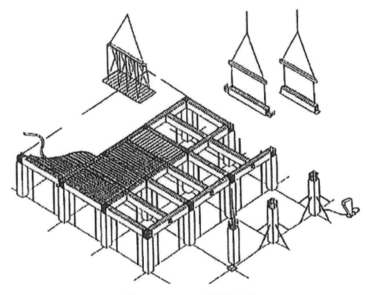

图 9-6　RPC 工法不意图

（3）WRPC 工法

WRPC 工法即框架剪力墙结构预制装配式混凝土工法（见图9-7），是框架结构和剪力墙结构两种体系的结合，吸取各自的长处，既能为建筑平面布置提供较大的使用空间，也具有良好的抗侧力性能。适用于平面或竖向布置繁杂、水平荷载大的高层建筑。

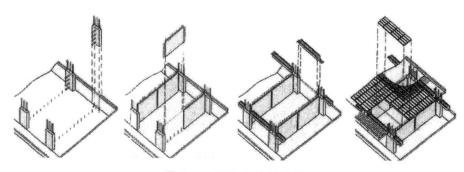

图 9-7　WRPC 工法示意图

（4）SRPC 工法

SRPC 工法即预制装配式钢骨混凝土工法（见图 9-8），是将钢骨混凝土结构的构件预制化，与 RPC 工法的区别是，通过高强螺栓将构件现场连接。通常是每 3 层作为一节来装配，骨架架设好之后才能进行楼板及墙壁的安装，此工法适用于高层且每层户数较多的住宅。

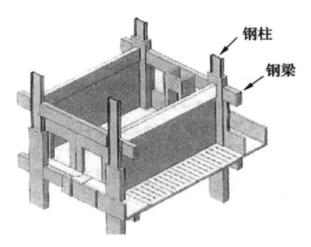

图 9-8　SRPC 工法示意图

3. PC 结构施工要点

PC 结构装配式建筑一般仍采用现浇钢筋混凝土基础，用来保证预制构件接合部位的插筋、预埋件等准确定位。PC 构件装配的首要环节是现场吊装，在进行吊装时首先应确保起重机械选择的正确性，避免因机械选择不当导致的无法吊装到位甚至倾覆等严重问题。PC 构件吊装过程中，应结合具体预埋构件的实际情况选择起吊点，保证吊装过程中 PC 构件的水平度与平稳性。在吊装过程中应充分规划施工空间区域，轻起轻放，避免因用力不均造成的歪斜或磕碰问题。在吊装的过程当中，应不断进行精度调整，在定位初期应使用相应的测量仪器进行控制。当前主要的 PC 构件吊装定位仪器为三向式调节设备，能够确保吊装定位的准确性。

作为 PC 构件装配过程中的关键部分，连接点施工是极易出现质量问题的环节，同时也是预制装配式高层住宅建筑施工的重点。现阶段，此部分连接施工主要分为干式连接和湿式连接两种形式。其中，干式连接仅仅通过 PC 构件的拼接与紧固，借助连接固件完成结构成型，节省了施工现场节点处混凝土浇筑施工步骤，与此相对应，湿式连接指的是在吊装定位与拼接紧固完成后，施工人员在节点位置进行混凝土浇筑，通过混凝土材料的成型聚合完成建筑结构体系成型。在实际施工环节中，上述两种方式应有针对性地选择应用。

标准层施工时，每层 PC 构件按预制柱→预制梁→预制叠合楼板→预制楼梯→预制阳台→预制外墙板的顺序进行吊装和构件装配，装配完毕后需按设计要求进行预制叠合楼板面层混凝土浇筑和节点混凝土浇筑。

由于在工厂预制 PC 构件时已经将门、窗、空调板、保温材料、外墙面砖等功能性和装饰性的组件安装在 PC 构件上了，所以与传统现浇钢筋混凝土建筑相比，PC 结构装配式建筑装配完毕后只需要少许工序便能完成整个建筑的施工，节省施工时间，同时也降低了建筑施工成本。

值得注意的是，采用预制 PC 构件装配时，为了保证节点的可靠性，以及建筑的整体性能，在节点处和叠合楼板面层通常会采用现浇混凝土的方式。这种部分采用现浇混凝土以增强结构整体性能的方式，除了用于节点和叠合楼板外，还能用于剪力墙叠合墙板的施工。以下实例中的上海青浦新城某商品房项目采用的就是这种方法。

（三）钢结构施工

1. 钢结构建筑的应用

装配式钢结构建筑又分为全钢（型钢）结构及轻钢结构，这里所说的钢结构指的是全钢（型钢）结构。结构主要由型钢和钢板等制成的钢梁、钢柱、钢桁架等构件组成，各构件或部件之间通常采用焊缝、螺栓或铆钉连接。

钢结构的应用有着悠久的历史，大家所熟知的法国巴黎埃菲尔铁塔和美国纽约帝国大厦，主体结构都是全钢结构。

我国钢结构建筑发展大体可分为 3 个阶段：一是初盛时期（20 世纪 50 ~ 60 年代初）；二是低潮时期（60 年代中后期~ 70 年代）；三是发展时期（80 年代至今）。50 年代以苏联 156 个援建项目为契机，取得了卓越的建设成就。60 年代国家提出在建筑业节约钢材的政策，执行过程中又出现了一些误区，限制了钢结构建筑的合理使用与发展。80 年代沿海地区引进轻钢建筑，国内各种钢结构的厂房、奥运会的一大批钢结构体育馆的建设，以及多栋高层钢结构建筑的建成是中国钢结构发展的第一次高潮。进入 21 世纪以后，我国国民经济显著增长，国力明显增强，钢产量成为世界大国，在建筑中提出了要"积极、合理地用钢"，从此甩掉了"限制用钢"的束缚，钢结构建筑在经济发达地区逐渐增多。特别是北京奥运会前后，在奥运会的推动下，出现了钢结构建筑热潮，强劲的市场需求，推动钢结构建筑迅猛发展，建成了一大批钢结构场馆、机场、车站和高层建筑。其中，有的钢结构建筑在制作安装技术方面具有世界一流水平，如奥运会国家体育场等建筑。奥运会后，钢结构建筑得到普及和持续发展，钢结构广泛应用到建筑、铁路、桥梁和住宅等方面，各种规模的钢结构企业数以万计，世界先进的钢结构加工设备基本齐全，如多头多维钻床、钢管多维相贯线切割机、波纹板自动焊接机床等。且现在数百家钢结构制作特级及一级企业的加工制作水平具有世界先进水平。

2. 钢结构的优缺点

与传统混凝土结构相比，钢结构具有以下优缺点：

（1）优点

①材料强度高，自身重量轻

钢材强度较高，弹性模量也高。与混凝土和木材相比，其密度与屈服强度的比值相对较低，因而在同样受力条件下钢结构的构件截面小，自重轻，便于运输及安装，适于跨度大，高度高，承载重的结构。

②施工速度快

工期比传统混凝土结构体系至少缩短 1/3，一栋 1 000 m² 的住宅建筑只需 20 天，5 个工人方可完工。

③抗震性、抗冲击性好

钢结构建筑可充分发挥钢材延性好、塑性变形能力强的特点，具有优良的抗震抗风性能，大大提高了住宅的安全可靠性。尤其在遭遇地震、台风灾害的情况下，钢结构能够避免建筑物的倒塌性破坏。

④工业化程度高

钢结构适宜工厂大批量生产，工业化程度高，并且能将节能、防水、隔热、门窗等先进成品集合于一体，成套应用，将设计、生产、施工一体化，提高建设产业的水平。

⑤室内空间大

钢结构建筑比传统建筑能更好地满足建筑上大开间灵活分隔的要求，并且可通过减少柱的截面面积和使用轻质墙板，提高面积使用率，户内有效使用面积提高约 6%。

⑥环保效果好

钢结构施工时大大减少了沙、石、灰的用量，所用的材料主要是绿色、100% 回收或降解的材料，在建筑物拆除时，大部分材料可再用或降解，不会造成过多的建筑垃圾。

⑦文明施工

钢结构施工现场以装配式施工为主，建造过程大幅减少废水排放及粉尘污染，同时降低现场噪声。

（2）缺点

①耐腐蚀性差

钢结构必须注意防腐蚀，因此，处于较强腐蚀性介质内的建筑物不宜采用钢结构。钢结构在涂油漆前应彻底除锈，油漆质量和涂层厚度均应符合相关规范要求。在设计中应避免使结构受潮、漏雨，构造上应尽量避免存在有检查、维修的死角。新建造的钢结构一般间隔一定时间都要重新刷涂料，维护费用较高。

②耐火性差

温度超过 250℃时，钢材材质发生较大变化，不仅强度逐步降低，还会发生蓝脆和徐变现象；温度达 600℃时，钢材进入塑性状态不能继续承载。在有特殊防火需求的建筑中，钢结构必须采用耐火材料加以保护来提高耐火等级。

③施工技术要求高

由于我国现代建筑都是以混凝土结构为主，从事建筑施工的管理人员和技术人员

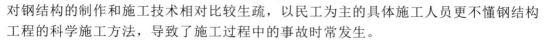

对钢结构的制作和施工技术相对比较生疏，以民工为主的具体施工人员更不懂钢结构工程的科学施工方法，导致了施工过程中的事故时常发生。

④钢材较贵

采用钢结构后结构造价会略有增加，这往往会影响业主的选择。其实上部结构造价占工程总投资的比例很小，总投资增加幅度约为10%。而以高层建筑为例，总投资增加幅度不到2%。显然，结构造价单一因素不应作为决定采用何种材料的依据。如果综合考虑各种因素，尤其是工期优势，则钢结构将日益受到重视。

3. 钢结构施工

装配前应按结构平面形式分区段绘制吊装图，吊装分区先后次序为：先安装整体框架梁柱结构后楼板结构，平面从中央向四周扩展，先柱后梁、先主梁后次梁吊装，使每日完成的工作量可形成一个空间构架，以保证其刚度，提高抗风稳定性和安全性。

对于多高层建筑，在垂直方向上钢结构构件每节（以三层一节为例）装配顺序为：钢柱安装→下层框架梁→中层框架梁→上层框架梁→测量校正→螺栓初拧、测量校正、高强螺栓终拧→铺上层楼板→铺下、中层楼板→下、中、上层钢梯、平台安装。钢结构一节装配完成后，土建单位立即将此节每一楼层的楼板吊运到位，并把最上面一层的楼板铺好，从而使上部的钢结构吊装和下部的楼板铺设和土建施工过程有效隔离。

钢结构构件装配，主要包括钢柱、钢梁、楼梯的吊装连接、测量校正、压型钢板的铺设等工序，但是在钢结构装配的同时需要穿插土建、机电甚至外墙安装等部分的施工项目，所以在钢结构构件装配时必须要与土建等其他施工位进行密切配合，做到统筹兼顾，从而高效及高质地完成施工任务。

（四）轻钢结构施工

1. 轻钢结构建筑的应用

轻钢结构建筑一般采用冷弯薄壁型钢或轻钢龙骨作为骨架形成框架结构，并布置柱间支撑保证其稳定性。楼层采用主次梁体系及组合楼盖，不上人屋面则采用檩条和压型钢板。内墙为轻质隔断墙，外墙则采用轻质保温板。因为冷弯薄壁型钢和轻钢龙骨截面面积小且较薄，因此承载力较小，一般用来装配多层建筑或别墅建筑。

轻钢结构低层住宅的建造技术是在北美木结构建造技术的基础上演变而来的，经过百年以上的发展，已经形成了物理性能优异、空间和形体灵活、易于建造、形式多样的成熟建造体系。在世界上被誉为人居环境最好的北美大陆，有95%以上的低层民用建筑，包括住宅、商场、学校、办公楼等均使用木结构或轻钢结构建造。近年来，随着木材价格的节节攀升，北美轻钢结构体系的市场发展正以超过30%的增长率快速增长，逐步为市场所广泛接受。

中国钢铁工业的产量已居于世界前列，但钢材在建筑业的使用比例还远低于发达国家的冰平。随着我国钢产量的快速增长及新型建材的发展和应用，轻钢结构低层住宅体系正逐步发展起来并引起了广泛的关注，同时轻钢结构低层民用住宅建筑技术也符合国家对建筑业的产业导向。

2. 轻钢结构的优缺点

（1）优点

采用轻质薄壁型材，自重轻、强度高、结构性能好，抗震性能佳；且轻质高强材料占用面积小，建筑总重量较轻，可以降低基础处理的费用，降低建造成本。构件之间采用螺栓连接，安装简便，搬运重量小，仅需小型起重设备，现场施工快捷，一栋 200 m2 房屋的施工周期在 1 个月之内。

轻钢结构的生产工厂化和机械化程度高，商品化程度高。建房所需的主材都是在工厂生产的，原材料用机械设备加工而成，效率高，成本低，质量也有很好保障。这些设备多半引进国外先进技术，很多大企业的新型房屋产品具有国际品质。

住宅建筑风格灵活，外观多姿多彩，大开间人性化设计，满足不同用户的个性化要求。现场基本没有湿作业，不会产生粉尘、污水等污染。轻钢结构具有可移动性，如果遇到拆迁，轻钢房屋可以拆分为很多部件，运输到新地点后重新安装即可。因为这些部件都是通过螺丝和连接件连接到一起的，安装、拆卸非常简单。

轻钢结构 80% 的材料可以回收再利用。从主材来看，钢材不会随着时间的流逝生虫或者变为朽木，若干年拆除后可以回收再利用，非常环保，也非常经济。轻钢结构适应性非常强，无论是在寒冷的东北，还是炎热的海南，都非常适用，只不过建筑的构造有所不同而已。

（2）缺点

技术人员缺乏，轻钢结构是近几年在国内刚发展起来的新型结构，相应的技术规范、规指的编制工作相对滞后，多数设计人员钢结构知识陈旧，缺乏相关培训，对轻钢结构设计理论和计算方法不熟悉。严重依赖产业配套，比如预制墙板、屋面板、墙体内填保温材料、防火材料。国内现在流行的混凝土、砌体结构形式，墙体基本为现场湿法砌筑，但轻钢结构需要干法预制墙板。

需要内装修材料、装置、方法的配套，比如把热水器、空调、画框安装到预制墙板上的方法和现在安装在砌体墙上的方法还是有很大差别的，再比如压型钢板楼面的防水做法、隔音他法等。需要定期检修维护，因为钢材的耐久性还是不如混凝土。跟传统混凝土建筑比，造价略贵。

3. 轻钢结构施工

盖房子首先要设计户型图纸，轻钢房屋也不例外。厂家将做好的 CAD 建筑设计图导入轻钢骨架生成软件中，软件自动将图纸生成轻钢骨架结构模型，解析成结构图。在结构图中每一根轻钢骨架的尺寸、形状、开洞位置和大小都有详细的说明。然后在工厂预制轻钢龙骨，并分块组合。

轻钢构件在工厂预制的同时，施工现场可进行平整场地、基础施工、防水处理、管道铺设等工序。轻钢结构装配式建筑自重较轻，特别是轻钢别墅的自重很轻，不到砖混结构房屋重量的 1/4，因此和砖混结构房屋的地基有所不同，可以不用挖很深做基础。

待现浇混凝土基础达到一定强度后方可进行主体结构装配，装配顺序一般为：一

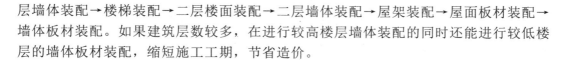

层墙体装配→楼梯装配→二层楼面装配→二层墙体装配→屋架装配→屋面板材装配→墙体板材装配。如果建筑层数较多，在进行较高楼层墙体装配的同时还能进行较低楼层的墙体板材装配，缩短施工工期，节省造价。

二、装配式建筑施工组织管理

施工组织管理是根据工程的施工特点及施工设计图纸，按照工程项目的客观规律及项目所在地的具体施工条件和工期要求，综合考虑施工活动中人材机、资金和施工方法等要素，对工程的施工工艺、施工进度和相应的资源消耗等做出合理的安排，为施工生产活动的连续性、协调性和经济性提供最优方案，以最少的资源消耗取得最大的经济效益。它包括施工准备工作，全面布置施工活动、控制施工进度、进行劳动力和机械调配等内容。施工组织管理者需要熟悉装配式工程建设的特点、规律和工作强度，掌握施工生产要素及其优化配置与动态控制的原理和方法，还要应用组织理论选择组织管理模式，实施管理目标的控制。

装配式建筑的施工特点是现场施工以构件装配为主，实现在保证质量的前提下快速施工，缩短工期，节省成本，节能环保。工程进度、质量、安全、建造成本等是工程组织管理的控制目标，它们之间是相互联系、相互作用的，是不可以分割的整体，缺一不可。

（一）集装箱式与PC结构施工组织管理

集装箱式与PC结构装配式建筑施工主要包括构件预制、构件运输和构件装配3部分，在施工进度安排上，构件预制和构件装配准备工作（如场地平整、基础施工等工序）可以同时进行，构件运输应和构件装配相协调。

集装箱式与PC结构施工各阶段组织管理要点有：

1. 集装箱式与PC结构构件预制阶段

集装箱式与PC结构构件需严格按照设计要求预制，原材料应经检验合格后方可使用。生产车间高度应充分考虑生产预制构件高度、模具高度及起吊设备升限、构件重量等因素，应避免预制构件生产过程中发生设备超载、构件超高不能正常吊运等问题。

技术人员和管理人员应熟悉施工图纸，了解各构件的钢筋、模板的尺寸等，并配合施工人员制订合理的构件预制方案，来求在施工中达到优质、高效及经济的目的。

2. 装配准备阶段

装配施工前应编制装配方案，装配方案应包括下列内容：①集装箱式与PC构件堆放和场内驳运道路施工平面布置；②吊装机械选型与平面布置；③集装箱式与PC构件总体安装流程；④集装箱式与PC构件安装施工测量；⑤分项工程施工方法；⑥产品保护措施；⑦保证安全、质量技术措施；⑧绿色施工措施。

现场的墙、梁、板等的堆放支架需要进行安全计算分析，确保堆放期间的稳定性和安全性。为了避免进场构件的二次搬运影响施工进度，需要加强构件堆放的管理力度，完善构件的编号规则，对构件进行跟踪管理；对于进场的构件，应该及时按照预先制定的编号规则进行编号，堆放区域应根据施工进度计划进行合理划分，使得构件的堆放与相关吊装计划相符合。

为确保大型机械设备在施工过程中安全运行，施工单位应首先要确保施工现场使用的机械设备是完好的。大型机械设备进场后，施工单位应对机械设备操作人员进行施工任务和安全技术措施的书面交底工作。施工现场机械设备多，塔吊工作、临时脚手架、构件安装过程等存在极大人员安全风险，制订有效的安全、文明施工管理及措施具有重要意义。

3. 装配阶段

集装箱式与PC结构装配式建筑施工核心难点在于现场的构件装配。现场施工存在很多的不确定性，且装配式构件种类繁杂而多，要想顺利地完成既定的质量、安全及工期目标，就必须对施工现场进行有效的组织管理。

集装箱式与PC结构构件在临时吊装完毕之后，节点混凝土浇筑之前，所处的受力状态很危险。为了确保整个施工过程的安全，减小构件的非正常受力变形，在节点混凝土浇筑之前需要设置临时支架，但是如果支架不牢固，将对工人操作造成极大安全风险，同时对工程建设造成严重后果。因此，装配式构件的下部临时支撑应该严格按照方案进行布置，构件吊装到位后应及时旋紧支撑架，支撑架上部作为支撑点型钢需要与支撑架可靠的连接。支撑架的拆除需要在上部叠合部分中现浇混凝土强度达到设计要求后实施。支撑架在搭设过程中，必须严格按照规范操作，严禁野蛮操作、违规操作。

集装箱式与PC结构构件在施工过程中需采用大量起重机械，由于起吊高度和重量都比较大，且部分构件形状复杂，因此对吊装施工提出了很高的要求。吊装位置选择的不合理可能影响工程的建设和工人的操作安全。综合以往经验，可采取以下技术措施：①为了确保吊装的安全，吊点位置的确定和吊具的安全性应经过设计和验算，吊点必须具备足够的强度和刚度，吊索等吊具也必须满足相关的起吊强度要求；②吊车司机经验必须丰富，现场必须有至少一名起吊指挥人员进行吊装指挥，所有人员必须全部持证上岗；③吊装影响范围必须与其他区域临时隔离，不是作业人员禁止进入吊装作业区，吊装作业人员必须按规定佩戴安全防护用具。

对于预制率较高的集装箱式与PC结构装配式建筑，现场构件类型多，构件是否能够良好地定位安装将影响结构的外观与受力性能，构件装配完成后应及时对构件的标高、平面位置以及垂直度偏差等进行校正。集装箱式与PC结构外墙板的拼缝是装配式建筑一个重要的防水薄弱点，如果无法保证此处的施工质量，将会发生外墙渗漏的问题，在施工过程中应该加强防水施工质量的管控力度，确保防水施工的质量满足设计文件的相关要求。

（二）钢结构与轻钢结构施工组织管理

钢结构与轻钢结构装配式建筑的施工过程是一个错综复杂的系统工程，应充分认识到施工的困难性、复杂性，对施工前、施工过程中、施工质量、施工工期等进行严格管理。在进行施工前管理时，要对整个工程施工有一定的了解，掌握施工技能，并

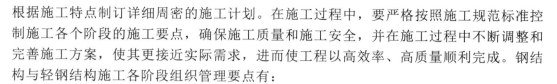

根据施工特点制订详细周密的施工计划。在施工过程中，要严格按照施工规范标准控制施工各个阶段的施工要点，确保施工质量和施工安全，并在施工过程中不断调整和完善施工方案，使其更接近实际需求，进而使工程以高效率、高质量顺利完成。钢结构与轻钢结构施工各阶段组织管理要点有：

1. 预制阶段

钢结构与轻钢结构构件需严格按照设计要求预制，要检查所使用的材料尺寸和质量，以及钢材在焊接后和矫正后的质量，并对构件的除锈处理质量进行检查等。同时，还应该对螺栓摩擦面、螺栓孔洞质量等进行检查。在施工之前，通过试验检查钢结构制造工艺是否符合规范要求，对于钢结构的焊接工艺，在试验时可以根据具体的施工内容合理调整焊接形式；对于不同的钢柱，要结合具体的施工内容制订具有可行性的施工方案。

2. 装配准备阶段

（1）施工场地准备

在施工之前，应该对于施工场地进行平整，确保场地通畅，从而方便施工人员施工，使工程顺利、有序地进行。

（2）施工技术准备

施工技术是确保工程质量的前提。在施工之前，施工管理人员首先应该对相关的技术验收规范、操作流程等有一定的了解，熟练掌握操作流程，并分析工艺流程中的一些要点，掌握工艺技术要领，以便运用时能够得心应手；其次，审阅并熟悉设计图纸以及工程的相关文件，在对该计意图掌握后通过实践调研制订施工组织设计方案；再次，对施工现场的材料、构件等进行取样，检验使用材料的构件的质量，确保其质量符合质量标准；最后，对现场的焊条、钢板等进行全面检查，来为后续施工做好准备，确保工程施工有序进行。

为了提高施工人员的施工技能，施工单位在施工之前应该加大培训施工人员，让施工人员了解施工的质量、技术和安全等问题，从而确保工程的质量和安全；在施工之前，应该对施工与地进行平整，确保场地通畅，进而方便施工人员施工，使工程顺利、有序进行。

（3）吊装准备

应该结合钢结构与轻钢结构的质量、建筑物布局以及施工场地的空间等选择相应型号增吊，并对其进行合理布置，从而确保塔吊的安全性、可靠性、稳定性等。

在进行钢结构与轻钢结构施工时，一般工期相对较短且工作量相当大，因此在前期工作中很容易出现构件运输到施工现场的顺序发生错乱，造成施工现场局面混乱。对于这些情况，在运输各种构件时要严格检查，并且制订详细的计划，按照计划有顺序地运进构件。同时在构件上表明序号，以方便吊装，或者将先要吊装的构件放在上面。同时在起吊之前，要确保构件的质量。

3. 装配施工阶段

在钢结构和轻钢结构施工过程中，最重要的工序是吊装装配，吊装装配质量的好坏直接影响着工程的整体质量。在对构件进行吊装装配时，主要有柱、梁、斜撑、屋架等吊装装配。柱和梁吊装装配完成后，需要对构件的标高、平面位置以及垂直度偏差等进行校正。对钢结构和轻钢结构装配质量进行控制时，主要是以标高、垂直度以及轴线作为重要指标，工程管理人员通对判断这些指标来判定钢结构的安装质量。

此外，在整个施工过程中，管理人员还需注意控制施工质及施工工期，并确保施工的安全性文明性。

4. 施工质量和施工工期控制

钢结构和轻钢结构施工工期相对较短，在施工管理过程中应该严格控制施工工期。在钢结构和轻钢结构的施工过程中如果采用新进的设备和施工技术，并且按照科学的管理方法和管理组织对施工过程进行管理，那么在一定程度上就会缩短钢结构和轻钢结施工工期并且保证在短期内的施工质量。对于施工质量的控制，施工单位可以通过培训施工人员，提高施工人员的专业技能，使施工人员掌握先进的施工技能，然后在施工过程中根据施工的具体要求和施工特点选择相应的施工技术。同时，施工人员还应该采用先进的施工设备进行施工，提高钢结构和轻钢结施工技术含量和施工进度，从而缩短施工工期。对于钢结构和轻钢结施工质量和施工工期的控制，只有施工单位、监理单位以及建设单位等方面合理、有效地配合，共同完成工程施工管理，并通过建立科学、有效的管理方案和管理系统，进而确保施工管理的有效性。

5. 施工的安全性、文明任

在钢结构和轻钢结构施工过程中，安全是人们最为关注的问题。钢结构和轻钢结构施工是在高空进行作业，如果塔吊绳索或者构件质量没有进行详细检查就起吊，就会很容易发生坠落；或者构件中的小零件不牢固也会很容易发生坠落，从而引发安全事故，造成人员伤亡。因此，在施工现场甚至要有专门的管理人员，负责施工现场的安全，同时制定相应的安全制度；对于违规操作者，应给予一定的惩罚，从而确保钢结构施工的安全性和文明性。

第三节　装配式建筑工程监理与施工质量检测

一、工程监理

建设工程监理是指具有相应资质的工程监理单位受建设单位（或业主）的委托，依据国家有关建设工程的法律、法规，经政府主管部门批准的建设工程建设文件、建设工程委托监理合同及其他建设工程合同，对建设工程实施的专业化监督管理。我国现阶段工程监理主要是针对工程的施工阶段进行监理。

工程监理是一种有偿的工程咨询服务，在国际上把这类服务归为工程咨询（工程顾问）服务，我国的建设工程监理属于国际上业主方项目管理的范畴。

（一）监理工作的特点

1. 服务性

工程监理机构受业主的委托进行工程建设的监理活动，它提供的不是工程任务的承包，而是服务，工程监理机构将尽一切努力进行项目的目标控制，但它不可能保证项目的目标一定实现，它也不可能承担因为不是它的缘故而导致项目目标的失控。

2. 科学性

工程监理机构拥有从事工程监理工作的专业人士——监理工程师，他将应用所掌握的工程监理科学的思想、组织、方法和手段从事工程监理活动。

3. 独立性

工程监理机构指的是不依附性，它在组织上和经济上不能依附于监理工作的对象（如承包商、材料和设备的供货商等），否则它就不可能自主地履行其义务。

4. 公平性

工程监理机构受业主的委托进行工程建设的监理活动，当业主方和承包商发生利益冲突或矛盾时，工程监理机构应以事实为依据，以法律和有关合同为准绳，在维护业主的合法权益时，不损害承包商的合法权益，这体现了建设工程监理的公平性。

（二）监理的工作内容

工程监理在工程施工阶段的主要工作内容可归结为"三控、三管、一协调"：①三控制：质量控制、进度控制、费用控制。②三管理：合同管理、安全管理、信息管理。③一协调：组织各方面的协调工作。

（三）集装箱式与 PC 结构工程监理

1. 准备阶段监理控制要点

（1）审核与构件生产的相关的各施工专项方案

主要有塔吊安装方案，构件现场堆放和吊装专项方案，垂直运输方案，脚手架方案。确定与构件相关的吊点、埋件、预留孔、套筒、接驳器等的位置、尺寸、型号，协调相关单位根据相关方案措施进行图纸深化，并与预制厂进行交底。

（2）选定构件加工构件厂

协助甲方在构件预制厂的合格供应商内选择加工厂，从营业执照、许可证、生产规模、业务手册（业绩）、试验室等级进行审核，最终选定构件预制加工的供应商。

（3）审核构件加工厂的集装箱式与 PC 结构构件生产加工方案和进度方案

方案内要体现质量控制措施、验收措施、合格标准；加工、供应计划是否满足现场施工要求。

（4）模具的制作

模具使用的钢材应符合质量合格的钢材，模具应该具有足够的强度、刚度和稳定性。模具组装正确，应牢固、严密、不漏浆，并符合构件的精度要求。模具堆放场地应平整、坚实，不应有积水，模具应清理干净，模具表面除饰面材料铺贴面范围外，应均匀涂刷脱模剂。

（5）面砖反打施工

面砖进厂进行验收，在模具内铺面砖前，应对面砖进行筛选，确保面砖尺寸误差在受控范围内，无色差、无裂缝掉角等质量缺陷。入模面砖表面平整，缝隙应该横平竖直，缝隙宽度均匀符合设计要求，缝隙应进行密封处理。

（6）钢筋布置

进行钢筋的外观验收，取样复试。钢筋骨架尺寸应准确，钢筋品种、规格、强度、数量、位置应符合设计和验收规范文件要求，钢筋骨架入模后不得移动，并确保保护层厚度。

（7）预埋件安装

埋件、套筒、接驳器、预留孔等材料应合格，品种、规格、型号等符合设计和方案要求，预埋位置正确，定位牢固。

（8）门窗框安装

窗框进厂后进行外观验收，品种、规格、尺寸、性能和开启方向、型材壁厚、连接方式等符合设计和规范要求，并提供门窗的质保资料。窗框安装在限位框上，门窗框应采取包裹遮盖等保护措施，窗框安装应位置正确，方向正确，横平竖直，对安装质量进行验收。

（9）构件混凝土浇捣

厂家自检合格后，报驻厂监理验收，应对钢筋、保护层、预留孔道、埋件、接驳器、套筒等逐件进行验收，经验收合格后才准浇混凝土。混凝土原材料及外加剂应有合格证、备案证明，并在厂内试验室进行复试。混凝土配合比、坍落度符合规范要求，并做抗压强度试块。混凝土应振捣密实，不应碰到钢筋骨架、面砖、埋件等，随时观察模具、门窗框、埋件预留孔等，出现变形移位及时采取措施。蒸压养护的遮盖符合蒸压养护要求、静停（2 h）、升温（15℃/h）、恒温（3 h，温度不超过55℃）、降温（10℃/h）、结束的控制时间及温度控制应符合要求。

（10）模具拆除和修补

当强度大于设计强度的75%（根据同条件拆模试块抗压强度确定），方可拆模。拆模后对PC构件进行验收，对存在的缺陷进行整改和修补，对质量缺陷修补应有专项修补方案。

（11）构件出厂前

构件厂应建立产品数据库，对构件产品进行统一编码，建立了产品档案，对产品的生产、检验、出厂、储运、物流和验收作全过程跟踪，在产品醒目位置做明显标识。加工厂应有构件运输方案，采用运输的平板汽车、集装箱式与PC结构的专用运输架、构件强度达到运输要求，有符合要求的成品保护措施。构件装车前，监理对构件再次验收，符合要求后准许出厂，并且在构件上签章（监理验收合格章）。

2. 施工阶段监理控制要点

督促施工单位应建立健全质量管理体系、施工质量控制和检验制度。审核施工单位编制的集装箱式与 PC 结构装配式建筑施工专项方案。方案包括构件施工阶段预制构件堆放和驳运道路的施工总平面图；吊装机械选型和平面布置；预制构件总体或装流程；预制构件安装施工测量；分项工程施工方法；产品保护措施；保证安全和质量技术措施。

预制构件的进场检验和验收：预制生产单位应提供构件质量证明文件；预制构件应有标识：生产企业名称、工地名称、制作日期、品种、规格、重量、方向等出厂标识；构件的外观质量和尺寸偏差；预埋件、预留孔、吊点、预埋套孔等再次核查，进入现场的构件逐一进行质量检查，不合格的构件不得使用。存在缺陷的构件应进行修整处理，修整技术处理方案应经监理确认。

预制构件的现场存放应符合下列规定：①预制构件进场后，应按品种、规格、吊装顺序分别设置堆垛，存放堆垛宜设置在吊装机械工作范围内；②预制墙板宜采用堆放架插放或靠放，堆放架应具有足够的承载力和刚度；预制墙板外饰面不宜作为支撑面，对构件薄弱部位应采取保护措施；③预制叠合板、柱、梁宜采用叠放方式。预制叠合板叠放层不宜大于 6 层，预制柱、梁叠放层数不宜大于 2 层；底层及层间应设置支垫，支垫应平整且应上下对齐，支垫地基应坚实；构件不得直接放置于地面上；④预制异形构件堆放应根据施工现场实际情况按施工方案执行；

预制构件堆放超过上述层数时，应对支垫、地基承载力进行验算。构件吊装安装前，应按照集装箱式与 PC 结构装配式建筑施工的特点和要求，对塔吊作业人员和施工操作人员进行吊装前的安全技术交底；并进行模拟操作，确保信号准确，不产生误解。

集装箱式与 PC 结构装配式建筑施工前，应对施工现场可能发生危害、灾害和突发事件制订应急预案，并应进行安全技术交底，起重吊装特种作业人员应具有特种作业操作资格证书，严禁无证上岗。

安装顺序以及连接方式、临时支撑和拉结，应保证施工过程结构构件具有足够的承载方和刚度，并应保证结构整体稳固性。预制构件安装过程中，各项施工方案应落实到位，工序控制符合规范和设计要求。集装箱式与 PC 结构装配式建筑应选择具有有代表性的单元进行试安装，试安装过程和方法应经监理（建设）单位认可。

预制构件的装配准备：吊装设备的完好性，力矩限位器、重量限制器、变幅限制器、行走限制器、吊具、吊索等进行检查，应符合相关规定。

预制构件测量定位：每层楼面轴线垂直控制点不宜少于 4 个，楼层上的控制线应由底层向上传递引测；每个楼层应设置 1 个高程引测控制点；预制构件安装位置线应由控制线引出，每件预制构件应设置两条安装位置线。预制墙板安装前，应在墙板上的内侧弹出竖向与水平安装线，竖向与水平安装线应和楼层安装位置线相符合。采用饰面砖装饰时，相邻板与板之间的饰面砖缝应对齐。监理对弹线进行复核。

预制构件的吊装：预制构件起吊时，吊点合力宜与构件重心重合，可采用可调式横吊梁均衡起吊就位；吊装设备应在安全操作状态下进行吊装；预制构件应按施工方案的要求吊装，起吊时绳索与构件水平面的夹角不宜小于 60°，且不应小于 45°；预制构件吊装应采用慢起、快升、缓放的操作方式。预制墙板就位宜采用由上而下插入式安装形式；预制构件吊装过程不宜偏斜和摇摆，严禁吊装构件长时间悬挂在空中；预制构件吊装时，构件上应设置缆风绳控制构件转动，保证构件就位平稳；预制构件吊装应及时设置临时固定措施，临时固定措施应按施工方案设置，并且在安放稳固后松开吊具。

（四）钢结构与轻钢结构工程监理

1. 准备阶段监理控制要点

（1）施工单位资质审查

由于钢结构工程专业性较强，对专业设备、加工场地、工人素质以及企业自身的施工技术标准、质量保证体系、质量控制及检验制度要求较高，一般多为总包下分包工程，在这种情况下施工企业资质和管理水平相当重要，资质审查是重要环节。

（2）焊工素质的审查

焊工必须经考试合格并取得合格证书，持证焊工必须在其考试合格项目及其认可范围施焊。

（3）图纸会审及技术准备

按监理规划中图纸会审程序，在工程开工前熟悉图纸，召集并主持设计、业主、监理和施工单位专业技术人员进行图纸会审，依据设计文件及其相关资料和规范，把施工图中错漏、不合理、不符合规范和国家建设文件规定之处解决在施工前。协调业主、设计和施工单位针对图纸问题，确定具体的处理措施或者设计优化。督促施工单位整理会审纪要，最后各个方签字盖章后，分发各单位。

（4）施工组织设计（方案）审查

督促施工单位按施工合同编制专项施工组织设计（方案），经其上级单位批准后，再报监理。经审查后的施工组织设计（方案），如施工中需要变更施工方案（方法）时，必须将变更原因、内容报监理和建设单位审查同意后方可变动。

（5）工程材料质量控制

钢结构与轻钢结构装配式建筑工程原材料及成品的控制是保证工程质量的关键，也是控制要点之一。所有原材料及成品的品质规格、性能等应符合国家产品标准和设计要求，应全数检查产品质量合格证明文件及检验报告等为主控项目。监理工程师应核查工程中使用的钢材、焊接材料、螺栓、栓钉等材料的外观质量及其质量证明材料。

（6）构件储存、运输和验收的质量控制要点

督促加工方将钢构件按照构件编号和安装顺序堆放，构件堆放时，应在构件之间加垫木；并检查加工方依据构件进场计划单安排运输，装车时应绑扎好，来避免构件变形，确保运输安全而进行控制。

2. 施工阶段监理控制要点

认真熟悉施工图纸设计说明，明确设计要求，主持图纸会审和设计交底工作。钢结构安装单位、施工人员及监检人员必须具有相应的资质，且应符合国家有关规定。

钢结构构件及钢结构附件等进入现场后，按到货批次进行检验。钢结构与轻钢结

构装配式建筑装配前，检测基础标高、装配几何尺寸，各个部分间隙达到图纸要求；按照施工图纸及规范严格验收，合格后方可进行下一步工作。

构件起吊前，应审查安装起吊施工方案；构件起吊时应防止结构变形。安装时，必须控制屋面、平台等的施工荷载。

高强螺栓的施工采用扭矩法施工，高强螺栓的初拧及终拧均采用电动扭力扳手进行；扭矩值必须达到设计要求及规范的规定；不得出现漏拧、过拧等现象。

焊接质量的验收等级：钢架及主柱的拼接焊缝、坡口焊缝按一级焊缝检验，其他焊缝均按二级焊缝标准检验。

钢梁柱受力后，不得随意在其上焊连接件，焊接连接件必须在构件受力及高强螺栓终拧前完成。钢框架结构装配完成后，进行压型钢板的装配工作，檩条的安装必须注意横平竖直，压型钢板在以上工作完成后进行安装；压型钢板及檩条必须严格按照图纸进行安装工作。

安装偏差的检测，应在结构形成空间刚度单元亦连接固定后进行。涂装工程施工时，监控工程师首先对钢构件表面喷砂除锈质量进行检查，包括表面粗糙度是否达到涂装要求；对面漆（防火涂料）的涂装，监理工程师应检查中间漆已完全固化，每 100 t 或不足 100 t 的薄型防火涂料应该检测一次粘接强度。

二、施工质量检测

（一）集装箱式与 PC 结构施工质量检测

我国现行国家标准《混凝土结构工程施工质量验收规范》（GB 50204-2015）中规定了装配式结构分项工程验收和混凝土结构子分部工程验收的内容，装配式结构分项工程的验收包括一般规定、预制构件以及包含装配式结构特有的钢筋连接和构件连接等内容的预制构件安装与连接 3 部分。装配式结构分项工程可按楼层、结构缝或施工段划分检验批，对于装配式结构现场施工中涉及的钢筋绑扎、混凝土浇筑等内容，应分别纳入钢筋、混凝土、预应力等分项工程进行验收。

另外，对于装配式结构现场施工中涉及的装修、防水、节能以及机电设备等内容，应分别按装修、防水、节能及机电设备等分部或分项工程的验收要求执行。装配式结构还要在混凝土结构子分部工程验收层面进行结构实体检验和工程资料验收。

集装箱式与 PC 结构装配式建筑施工质量检测要点如下：

1. 验收标准

集装箱式与 PC 结构装配式建筑质量验收应符合现行国家标准，集装箱式与 PC 结构装配式建筑的连接施工应逐项进行技术复核和隐蔽工程验收，并且应填写检查记录。

2. 主控项目

（1）预制构件临时安装支撑应符合施工方案及相关技术标准要求。

检查数量：全数检查。

检验方法：观察、检查施工记录。

（2）预制构件外墙挂板连接混凝土结构的螺栓、紧固标准件以及螺母、垫圈等配件，其品种、规格、性能等应符合现行国家标准和设计要求。

检查数量：全数检查。

检验方法：检查产品的质量合格证明文件。

（3）预制构件钢筋连接用套筒，其品种、规格、性能等应符合现行国家标准和设计要求。

检查数量：全数检查。

检验方法：检查产品的质量合格证明文件。

（4）预制构件钢筋连接用灌浆料，其品种、规格、性能等应符合现行国家标准和设计要求。以 5 t 为一检验批，不足 5 t 的以同一进场批次为一检验批。

检查数量：每个检验批均应进行全数检查。

检验方法：检查产品的质量合格证明文件及复试报告。

（5）施工前应在现场制作同条件接头试件，套筒灌浆连接接头应检查有效的型式检验报告，同时按照 500 个为一个验收批次进行检验和验收，不足 500 个也应作为一个验收批次，每个验收批次均应选取 3 个接头做抗拉强度试验。如有 1 个试件的抗拉强度不符合要求，应再取 6 个试件进行复检。复检中如仍然有 1 个试件的抗拉强度不符合要求，则该验收批评为不合格。

检查数量：每个检验批均应进行全数检查。

检验方法：检查施工记录、每班试件强度试验报告和隐蔽验收记录。

（6）预制构件外墙板连接板缝的防水止水条，其品种、规格及性能等应符合现行国家产品标准和设计要求。

检查数量：全数检查。

检验方法：检查产品的质量合格证明文件、检验报告和隐蔽验收记录。

（7）承受内力的后浇混凝土接头和拼缝，当其混凝土强度未达到设计要求时，不得吊装上一层结构构件；当设计无具体要求时，应在混凝土强度不小于 10 N/mm2 或具有足够的支承时方可吊装上一层结构构件。已安装完毕的装配整体式结构，应在混凝土强度达到设计要求后，方可承受全部设计荷载。

检查数量：全数检查。

检验方法：检查施工记录及龄期强度试验报告。

3. 一般项目

（1）预制构件码放和驳运时的支承位置及方法应符合标准图或设计的要求。

检查数量：全数检查。

检验方法：观察检查。

（2）连接螺栓应按包装箱配套供货，包装箱上应标明批号、规格、数量及生产日期。螺栓、螺母、垫圈外表面应涂刷防锈漆或喷涂等处理。外观表面应光洁、完整。栓体不得出现锈蚀、裂缝或其他局部缺陷，螺纹不应损伤。

检查数量：按包装箱抽查 5%，且不应少于 3 箱。

检验方法：开箱逐个目测检查。

（3）套筒外观不得有裂缝、过烧及氧化皮。

检查数量：每种规格抽查 5%，并且不应少于 10 只。

检验方法：观察检查。

（4）预制构件安装尺寸允许偏差应符合规定。

检查数量：全数检查。

检验方法：观察，钢尺检查。

（二）钢结构与轻钢结构施工质量检测

钢结构与轻钢结构装配式建筑施工质量检测主要包括对材料、连接和结构性能进行检测。检测内容的提出应该根据检测单位的相关设计要求、检测法规、规范和标准，如果一些检测项目没有做出明文规定，要根据实际需求，通过建设单位和检测单位共同商议来确定。

钢结构与轻钢结构装配式建筑施工质量检测要点如下：

1. 建筑材料检测

钢结构与轻钢结构的材料主要分为：构件材料、防护材料及连接材料。

（1）对钢结构与轻钢结构构件材料进行检测

钢结构与轻钢结构构件材料主要就是指结构承重用的材料。根据相应的质量验收规范规定，对于原材料的检测，应该有质量方面的证明书，与设计的要求相符合。如果对钢材的质量有疑问，要根据国家的相关标准对钢材进行抽样检查。对结构材料进行检测的主要内容包括：钢材的工艺性能和使用性能，在使用性能中还主要包括耐久性能和力学性能。钢材在力学性能的指标上应该与国家相关的标准和规定相符合，根据一系列的实验结果来获得，其中主要包括理化性能的检测、冲击和韧性试验、硬度试验、疲劳试验、冷弯性能实验、材料拉伸试验等。

（2）对钢结构与轻钢结构装配式建筑防护用的材料进行检测

对于普通的钢材来说，一般是不防火、不耐腐蚀的，根据其外部的使用环境方面的要求，在钢材的表面进行防火、防腐的涂装，这样就可以将热源和侵蚀隔绝。主要用到的是防火和防腐、防锈的涂料。主要的检测内容包括对涂层的表面质量、耐腐蚀性、成膜的表面的光泽性能，涂料的物理性能（主要包括耐盐水性、干燥时间、黏度等）和涂料的化学成分进行测定。

（3）对钢结构与轻钢结构装配式建筑连接用的材料进行检测

对钢结构与轻钢结构构件进行连接的时候主要运用的是连接件连接或者焊接，其中连接件主要包括锚栓、普通的螺栓和高强度螺栓等。在运用连接件的连接上，主要的检测标准就是连接件的性能、规格、品种符合相关的标准设计规定的要求。

对于焊接用的材料来说，主要包活焊剂、焊丝和焊条，所有的检测标准都应该与国标规定相符合。在焊剂上的检测主要包括焊剂的抗潮性、含水量、颗粒度，对熔敷金属 V 形缺口冲击吸收功、熔敷金属的拉伸性能、机械中的夹杂物，焊接试板的射线探伤，还有焊缝扩散中的氢含量以及磷和硫的含量等等；焊丝的检测内容主要包括焊缝的射线探伤、熔敷金属的力学性能以及冲击的试验、焊丝的表面质量、焊丝对接的光滑程度、焊丝的松弛直径和翘距、焊丝的镀层、焊丝的挺度、焊丝的直径和偏差、焊丝的力学性能和射线探伤和化学成分，等等；对焊条的检测主要包括焊条的药皮以及药皮的含水量、焊缝射线探伤、焊缝熔敷金属的力学性能、熔敷金属的化学成分、焊条的尺寸，等等。

2. 钢结构与轻钢结构装配式建筑的连接检测

（1）焊接连接检测

在焊接的时候一定要注意焊接的标识，按照规格进行施工。焊接是在钢结构连接中使用非常广泛的一种连接方法，对焊接的质量产生影响的最重要的一个因素就是焊缝缺陷，经常出现的缺陷主要包括未熔合、咬边、夹渣、未焊透、气孔、弧坑、烧穿、焊瘤、裂纹等。在建筑钢结构的焊缝上的检测一般是这样要求的：焊缝的检测主要包括对外观的检查以及无损检查。焊缝表面的质量可用放大镜或肉眼去观察，对焊缝的外观进行观察的主要内容包括焊缝表面缺陷、尺寸和表面的形状等方面的检查。对于焊缝的内部缺陷应该用无损的检测技术，要在外观的检查完成之后进行，一般主要采用的方法就是射线探伤、渗透探伤、磁粉探伤以及超声波探伤等。

根据相关的标准规定，对于钢结构焊缝质量的检测主要分为3个等级，主要包括对外观检验和内部缺陷检验，在质量等级上可能存在着不同，但是如果在设计的时候没有特别指出的话，就应该把外观和内部的要求看作是一致的，在焊缝质量等级的选用上应该根据不同的应力状态、工作环境、焊缝的形式、荷载的特性和结构重要性来选择不同质量的等级。根据相关文件规定，对于三级的焊缝来说，只要求对焊缝进行外观的检验，还要符合规程要求；对于一级或者二级的焊缝来说，不光要进行外观检查，还要进行一定数量超声波检验，并且和相应要求符合。

（2）紧固件连接检测

对紧固件的检测主要以一个连接副作为单位，连接副主要包括垫圈、螺母和螺栓。检测的主要内容主要包括螺纹和螺栓的尺寸以及表面的质量，高强螺栓的连接抗滑移的系数，其中抗滑移的系数以及连接副承载的能力需要通过试验来进行检测和确定。

（3）钢结构与轻钢结构装配式建筑结构性能检测

结构性能检测主要包括正常使用的变形要求检测和结构构件的承载能力检测。主要包括6个方面的主要内容：结构的抗火性能检测、结构的防锈防腐检测、构造检测、结构构件变形检测、构件的损伤和缺陷检测、结构及构件在几何尺寸上的检测。

第十章 建筑智能化施工技术

第一节 综合布线系统

一、综合布线系统的组成

建筑物的综合布线系统（PDS），又称作结构化布线系统（SCS），是 1985 年美国电话电报公司（AT&t）贝尔实验室首先推出的，一种模块化的，高度灵活性的智能建筑布线网络。它主要作为建筑物的公用通信配套设施，用于建筑物和建筑群内语音、数据、图像信号的传输。它彻底打破了数据传输及语音传输的界限，使这两种不同的信号在一条线路中传输，从而为综合业务数据网络（ISDN）的实施提供了传输保证。综合布线的优越性就在于它具有兼容性、开放性、灵活性、模块化、扩充性及经济性的特点。

综合布线系统为开放式网络拓扑结构，由 6 个子系统组成。即工作区子系统、配线子系统、干线子系统、建筑群子系统、设备间子系统及管理子系统。它是 6 个独立的子系统。其基本构成及其总体结构如图 10-1、图 10-2 所示。

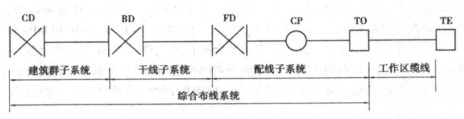

图 10-1　综合布线系统基本构成

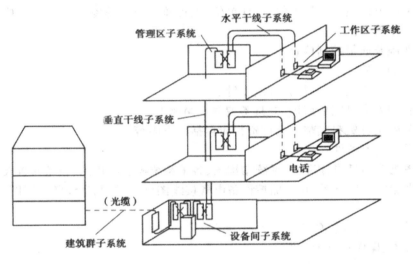

图 10-2　综合布线系统总体结构图

（一）工作区子系统

一个独立的需要设置终端设备的区域宜划分为一个工作区（如办公室）。工作区子系统由配线子系统的信息插座模块（TO）延伸到终端设备处的连接缆线及适配器组成。工作区内的每一个信息插座均宜支持电话机、数据端、电视机以及监视器等终端设备的连接和安装。

（二）水平（配线）子系统

水平子系统是由每一个工作区的信息插座模块、信息插座模块至电信间配线设备（FD）的配线电缆和光缆、电信间的配线设备及设备缆线及跳线等组成。它的功能是将干线子系统线路延伸到用户工作区，是计算机网络信息传输的重要组成部分，采用了星形拓扑结构，每个信息点均需连接到管理子系统，由 UTP 线缆构成。其最大长度不应超过 90 m0 楼层配线设备由各种接线块（如模拟接线模块、数据接线模块、光纤接线模块等）、网络设备（如复分接设备、光／电转换设备、集线器等）以及各类跳线模块和跳线等组成。这些设备集装在配线架或配线柜中，配线架可在楼层配线小间中挂墙安装，配线柜则可落地安装。

（三）干线（垂直）子系统

干线子系统通常是由设备间（如计算机房、程控交换机房）至电信间的干线电缆和光缆，安装在设备间的建筑物配线设备（BD）及设备缆线和跳线等组成。其功能主要是把各分层配线架与主配线架相连。用主干电缆提供楼层之间通信的通道，使整个布线系统组成一个有机的整体。

垂直干线子系统结构采用分层星型拓扑结构，每个楼层配线间均需采用垂直主干线缆连接到大楼主设备间。垂直主干采用25对大对数线缆时，每条25对大对数线缆对于某个楼层而言是不可再分的单位，垂直主干线缆和水平系统线缆之间的连接需要通过楼层管理间的跳线来实现。

（四）设备间子系统

设备间是在每幢建筑物的适当地点进行网络管理和信息交换的场地。设备间主要安装建筑物配线设备。电话交换机、计算机主机设备及入口设施也可与配线设备安装在一起。总之设备间子系统是一个集中化设备区，连接系统公共设备，如PBX、局域网（LAN），主机、建筑自动化和保安系统，及通过垂直干线子系统连接至管理子系统。

设备间子系统是大楼中数据、语言垂直主干线缆端接的场所，也是建筑群来的线缆进入建筑物端接的场所；更是各种数据语言主机设备及保护设施的安装场所。一般设备间子系统宜设在建筑物中部或在建筑物的一、二层，位置不应远离电梯，而且为以后的扩展留有余地，不宜设在顶层或地下室，建议建筑群来的线缆进入建筑物时应有相应的过流、过压保护设施。

（五）管理子系统

管理应对工作区、电信间、设备间、进线间的配线设备、缆线、信息插座模块等设施按一定的模式进行标识和记录。

在综合布线系统中对管理子系统的理解和定义上各个标准和厂商都有所差异，单从布线的角度来看，称为楼层配线间或电信间是合理的，也形象化；但从综合布线系统最终应用 —— 数据、语音网络的角度去理解，称为管理子系统更合理。它是综合布线系统区别于传统布线系统的一个重要方面，更是综合布线系统灵活性、可管理性的集中体现。因此，在综合布线系统中称为管理子系统。

管理子系统设备在楼层配线房间，是水平系统电缆端接的场所，也是主干系统电缆端接的场所；由大楼主配线架、楼层分配线架、跳线、转换插座等组成。用户可以在管理子系统中更改、增加、交接、扩展线缆，用以改变路由，应采用合适的线缆路由和调整件组成管理子系统。

管理子系统提供了与其他子系统连接的手段，使整个布线系统与其连接的设备和器件构成一个有机的整体。调整管理子系统的交接则可安排或重新安排线路路由，因而传输线路能够延伸到建筑物内部各个工作区，它是综合布线系统灵活性的集中体现。

管理子系统3种应用：水平／干线连接；主干线系统互相连接；入楼设备的连接。线路的色标标志管理可在管理子系统中实现。

（六）建筑群子系统

建筑群子系统由连接多个建筑物之间的主干电缆和光缆、建筑群配线设备（CD）及设备缆线和跳线组成。

当学校、部队、政府机关、住宅小区的建筑物之间有语音、数据、图像等相连的需要时，由两个及以上建筑物的数据、电话、视频系统电缆就组成建筑群子系统。它包括大楼设备间子系统配线设备、室外线缆等。

除以上6个子系统外，《综合布线系统工程设计规范》提出：综合布线系统工程宜按7个部分设计，即增加进线间部分。进线间就是在每幢建筑物的适当地点进行网络管理和信息交换的场地。设备间主要安装建筑物配线设备。电话交换机、计算机主机设备及入口设施也可和配线设备安装在一起。

二、综合布线系统的部件

综合布线系统是由各个相对独立的部件组成，了解每个部件的功能是合理配置系统的基础。综合布线系统的部件通常由传输媒介、连接件及信息插座组成。

（一）传输媒介

综合布线系统常用的传输媒介有双绞线和光缆。

1. 双绞线（双绞电缆）

双绞线是由两根绝缘导线按一定节距互相扭绞而成。按其有无外包覆屏蔽层又分为非屏蔽双绞线（UTP）和屏蔽双绞线（STP），如图10-3（a）（b）所示。其中最常用的是非屏蔽双绞线。

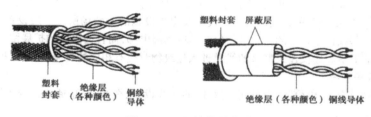

图10-3 双绞线结构图

双绞电缆是由多对双绞线外包缠护套组成的（常用的双绞电缆是由4对双绞线电缆），其护套称为电缆护套。电缆护套可以保护双绞线免遭机械损伤和其他有害物体的损坏，提高电缆的物理性能和电气性能，屏蔽双绞电缆与非屏蔽电缆一样，只不过在护套层内增加了金属层。

双绞线按其电气特性的不同有下面8类：

一类线：主要用于传输语音（一类标准主要用于1980年代初之前的电话线缆），不同于数据传输。

二类线：传输频率为1 MHz，用在语音传输和最高传输速率4 Mbit/s的数据传输，常见于使用 4 Mbit/s 规范令牌传递协议的旧的令牌网。

三类线：指目前在 ANSI 和 EIA/TIA568 标准中指定的电缆，该电缆的传输频率 16 MHz，用于语音传输及最高传输速率为 10 Mbit/s 的数据传输主要用在 10BASE-T。

四类线：该类电缆的传输频率为 20 MHz，用于语音传输和最高传输速率 16 Mbit/s 的数据传输，主要用于基于令牌的局域网和 10BASE-T/100BASE-T。

五类线：该类电缆增加绕线密度，外套一种高质量的绝缘材料，传输频率为 100 MHz，用于语音传输和最高传输速率为 10 Mbit/s 的数据传输，主要用于 100BASE-T 和 10BASE-T 网络。这是最常用的以太网电缆。

超五类线：超五类线具有衰减小，串扰少，并且具有更高的衰减与串扰的比值（ACR）和信噪比（Structural Return Loss）、更小的时延误差，性能得到很大提高。超五类线主要用于 4 兆位以太网（1 000 Mbit/s）。

六类线：该类电缆的传输频率为 1 ～ 250 MHz，六类布线系统在 200 MHz 时综合衰减串扰比（PS-ACR）应该有较大的余量，它提供 2 倍于超五类的带宽。六类布线的传输性能远远高于超五类标准，最适用于传输速率高于 1 Gbit/s 的应用。六类与超五类的一个重要的不同点在于：改善了在串扰以及回波损耗方面的性能，对于新一代全双工的高速网络应用而言，优良的回波损耗性能是极重要的。六类标准中取消了基本链路模型，布线标准采用星形的拓扑结构，要求的布线距离为：永久链路的长度不能超过 90 m，信道长度不可超过 100 m。

七类线是一种 8 芯屏蔽线，每对都有一个屏蔽层（一般为金属箔屏蔽），然后 8 根芯外还有一个屏蔽层（一般为金属编织丝网屏蔽），称独立屏蔽双绞线 STP。它适用于高速网络的应用，提供高度保密的传输，支持未来的新型应用，有助于统一当前网络应用的布线平台，使得从电子邮件到多媒体视频的各种信息，都可以在同一套高速系统中传输。

2. 光纤线缆

光缆即光纤线缆，其结构如图 10-4 所示。光纤是光导纤维的简称，它是用高纯度玻璃材料及管壁极薄的软纤维制成的新型传导材料。光纤一般分为多模光纤和单模光纤两种。单模光纤和多模光纤可以从纤芯的尺寸大小来简单的判别。纤芯的直径只有传递光波波长几十倍的光纤是单模，特点是芯径小包皮厚；当纤芯的直径比光波波长大几百倍时，就是多模光纤，特点是芯径大包皮薄。多模光纤是光纤里传输的光模式多，管径愈粗其传输模式愈多。由于传输光模式多，故光传输损耗比单模光纤大，一般约为 3 dB/km（对于 $\lambda = 0.8 \mu m$），应作较短距离传输。单模光纤传输的是单一模式，具有频带宽、容量大、损耗低（传输距离远）的优点，对 $\lambda = 1.3 \mu m$，其损耗小于 0.5 dB/km，故宜作长距离传输。但单模光纤因芯线较细（内外径为 3 ～ 10 $\mu m/125 \mu m$），故其连接工艺要求高，价格也贵，而多模光纤因芯线较粗，连接较容易，价格也便宜。

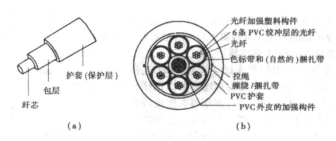

图 10-4　常用光缆结构

（a）光纤的结构；（b）多束 LGBC 光缆结构

目前，各公司生产的光纤的包层直径均为 125　μm。其中，62.5/125μm 光纤被推荐应用于所有的建筑综合布线系统，即其纤芯直径为 62.5　μm，光纤包层直径为125μm。在建筑物内的综合布线系统大多采用 62.5/125　μm 多模光纤。它具有光耦合效率较高、光纤芯对准要求不太严格、对微弯曲和大弯曲损耗不太灵敏等特点，为EIA/TIA568 标准所认可，并符合 FD-DI 标准，有关光纤的传输特性如表 10-1 所示。

表 10-1　光纤的传输特性（25±5℃）

波长 / μm	最大衰减 / (dB•km^{-1})	最低信息传输能力 / (MHz•km)	光纤类型	带宽 / (MHz•km^{-1})
0.85	3.75	160	多模	160
1.3	1.5	500	单模	500

（二）信息插座

综合布线可采用不同类型的信息插座和插头的接插软线。这些信息插座和带有插头的接插软线相互兼容。信息插座类型有多种多样，有 3 类信息插座模块，支持 16Mbit/s 信息传输，适合语音应用；5 类信息插座模块，支持 155 Mbit/s 信息传输，适合语音、数据、视频应用；还有超 5 类信息插座模块、千兆位信息插座模块、光纤插座模块等。但目前综合布线普遍使用的是 8 针模块化信息插座（RJ45）。8 针模块化信息插座是为所有的综合布线推荐的标准信息插座。它的 8 针结构是单一信息插座配置提供了支持数据、语音、图像或者三者的组合所需的灵活性。

（三）光纤连接件 —— ST 连接器

综合布线系统中常用的单光纤连接器是 ST 连接器。它分陶瓷和塑料两种。陶瓷头连接器可以保证每个连接点的损耗只有 0.4　dB 左右，而塑料头连接点的损耗则在0.5　dB 以上。因此，塑料头型号的连接器主要用于连接次数不多，而且允许损耗较大的应用场合。常用 ST 型标准连接器由连接器体、套筒、缆支持、扩展器帽以及保护帽组成，如图 10-5 所示。

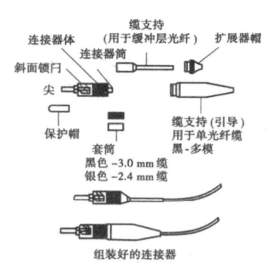

图 10-5　ST 型标准连接器组成

（四）配线架

　　综合的布线系统一般在每层楼都设有一个楼层配线架，配线架上放置各种模块用连接主干电缆和配线电缆。配线架分楼层配线架（FD），大楼配线架（BD），群楼配线架（CD）。它们通过电缆连接各子系统，也是实现综合布线灵活性的关键，图 10-6 是电缆配线架，图 10-7 为光缆配线架。

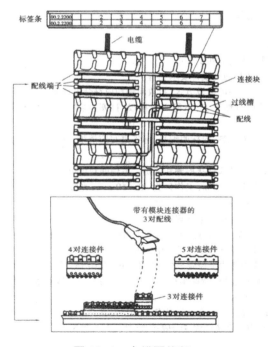

图 10-6　电缆配线架

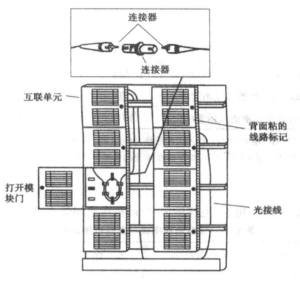

图 10-7　光缆配线架

三、缆线的敷设

（一）缆线敷设

缆线敷设一般应满足下列要求：①缆线的型式、规格应和设计要求相符。②缆线在各种环境中的敷设方式、布放间距均应符合设计要求。③缆线的布放应自然平直，不得产生扭绞、打圈、接头等现象，不应受到外力的挤压和损伤。④缆线两端应贴有标签，应标明编号，标签书写应清晰、端正和正确。标签应选用不易损坏的材料。⑤缆线应有余量以适应终接检测和变更。电信间对绞电缆预留长度宜 0.5～2 m，设备间对绞电缆预留长度宜为 3～5 m，工作区为 30～60mm；光缆布放宜盘留，预留长度宜为 3～5 m，有特殊要求的应按设计要求预留长度。

缆线的弯曲半径应符合下列规定：①非屏蔽 4 对对绞电缆的弯曲半径应至少为电缆外径的 4 倍；②屏蔽 4 对对绞电缆的弯曲半径应至少为电缆外径的 8 倍；③主干对绞电缆的弯曲半径应至少为电缆外径的 10 倍；④2 芯或 4 芯水平光缆的弯曲半径应该大于 25mm；其他芯数的水平光缆、主干光缆与室外光缆的弯曲半径应至少为光缆外径的 10 倍。

（二）预埋线槽和暗管敷设缆线

预埋线槽和暗管敷设缆线应符合下列规定：①敷设线槽和暗管的两端宜用标志表示出编号等内容。②预埋线槽宜采用金属线槽，预埋或密封线槽的截面利用率应为 30%～50%。③敷设暗管宜采用钢管或阻燃聚氯乙烯硬质管。布放大对数主干电缆以及 4 芯以上光缆时，直线管道的管径利用率应为 50%～60%，弯管道应为

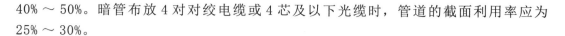

40%～50%。暗管布放 4 对对绞电缆或 4 芯及以下光缆时，管道的截面利用率应为25%～30%。

（三）设置缆线桥架和线槽敷设缆线

设置缆线桥架和线槽敷设缆线应符合下列规定：①密封线槽内缆线布放应顺直，尽量不交叉，在缆线进出线槽部位、转弯处应绑扎固定。②缆线桥架内缆线垂直敷设时，在缆线的上端和每间隔 1.5 m 处应固定在桥架的支架上；水平敷设时，在缆线的首、尾、转弯及每间隔 5～10m 处进行固定。③在水平、垂直桥架中敷设缆线时，应对缆线进行绑扎。对绞电缆、光缆及其他信号电缆应根据缆线的类别、数量、缆径、缆线芯数分束绑扎。绑扎间距不宜大于 1.5 m，间距应均匀，不应绑扎过紧或使缆线受到挤压。④楼内光缆在桥架敞开敷设时应在绑扎固定段加装垫套。

（四）采用吊顶支撑柱

作为线槽在顶棚内敷设缆线时，每根支撑柱所辖范围内的缆线可以不设置密封线槽进行布放，但应分束绑扎，缆线应阻燃，选用缆线应该符合设计要求。

（五）建筑群子系统

采用架空、管道、直埋、墙壁及暗管敷设电、光缆的施工技术要求应按照本地网通信线路工程验收的相关规定执行。

四、光纤的连接与端接

光纤的连接与电缆的连接是完全不同的。光纤的纤芯是石英玻璃，光信号是封闭在由光纤包层所限制的光波导管里进行传输，所以，光纤的接续，就像自来水管和煤气管道不允许水和煤气由于连接处有缝隙而向外泄露那样，光纤的接续也不可以使光信号从光纤的接续处辐射出来，即在接续时，要特别注意使两根待接续的光纤的纤芯端面处理的平整一致，并使芯轴对准。这里特别要强调的是，如果不把两根光纤的芯轴调整在一条三维的空间的直线上，就难以连接出合格的接头。因为所接续的光纤，其芯径比头发丝还细，只有 8.3～100 μm，接续不好就会产生很大的损耗。导致光纤连接衰耗的原因很多，但主要可以概括成两个方面：一是光纤制造技术上的差异引起的；二是操作技术不当引起的。光纤连接常用的技术有两种：一种是拼接技术，另一种是端接技术。

（一）光纤的拼接技术

将两段断开的光纤永久性地连接起来的拼接技术有两种：一种是熔接技术，另一种是机械拼接技术。

光纤的熔接技术是用光纤熔接机进行高压放电使待接续光纤端头熔融，合成一段完整的光纤。这种方法接续损耗小（一般小于 0.1 dB），而且可靠性高。

光纤的机械拼接是通过一套管将两根光纤的纤芯校准，以确保部位的准确吻合。机械拼接有两项主要技术：一是单股光纤的微面处理技术，二是抛光加箍技术。

（二）光纤的端接技术

光纤端接所使用的连接器应适用不同类型的光纤匹配，并使用色码来区分不同类型的光纤。对光纤连接器的主要要求是插入损耗小，体积小，装拆重复性好，可以靠性高及价格便宜。

在所有的单工终端应用中，综合布线系统都使用ST连接器，单根的光纤的连接方式如图10-8所示。

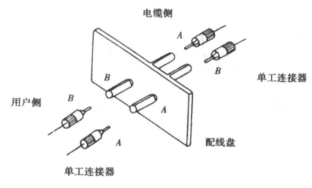

图 10-8　单工连接极性图

接下来介绍ST标准连接器的安装方法。

将外护套滑出，如图10-9（a）（b）所示。

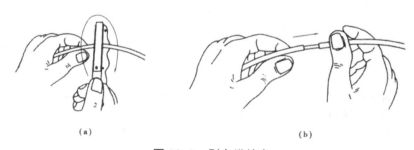

（a）　　　　　　　　　　　　　　　　　　　　（b）

图 10-9　剥电缆护套

（a）环切光缆外护套（b）光缆外护套滑出

剥掉外护套，套上扩展帽及缆支持，如图 10-10 所示。

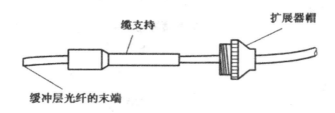

图 10-10　缆支持及帽的安装

预留光纤的长度，如图 10-11 所示。

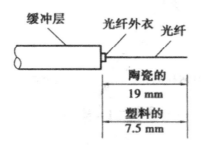

图 10-11　预留光纤长度

把环氧树脂注入连接器，直至一个大小合适的泡出现在连接器陶瓷尖头上平滑部分为止，如图 10-12 所示。

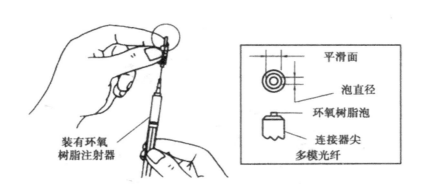

图 10-12　在连接器尖上的环氧树脂泡

通过连接器的背部插入光纤，轻轻旋转连接器，让之位于连接器孔的中央，如图10-13 所示。

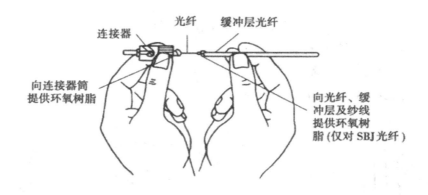

图 10-13　插入光纤

将缓冲器光纤的"支持（引导）"滑动到连接器后部的筒上去，旋转"支持（引导）"以使提供的环氧树脂在筒上均匀分布，如图 10-14 所示。

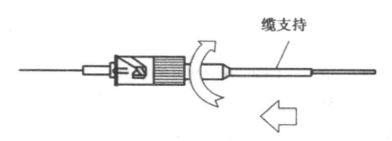

图 10-14　组装缆支持

往扩展器帽的螺纹上注射一滴环氧树脂，将扩展帽滑向缆"支持（引导）"，并且将扩展帽通过螺纹拧到连接器体中去，确保了光纤就位，如图 10-15 所示。

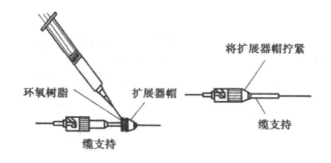

图 10-15　加上扩展器帽

往连接器上加保持器，如图 10-16 所示。

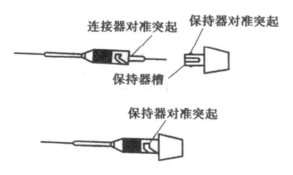

图 10-16 将保持器锁定到连接器上去

在烘烤箱端口中烘烤环氧树脂 10 min，冷却之后将连接器组件打磨平齐，连接组装如图 10-17 所示。

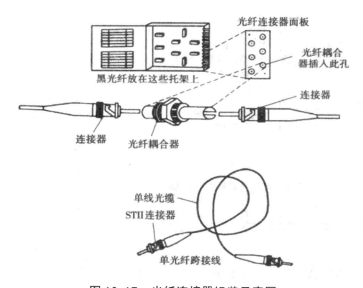

图 10-17 光纤连接器组装示意图

五、对绞电缆的终接

缆线在终接前，必须核对缆线标志内容是否正确，缆线中间不应该有接头，终接处必须牢固、接触良好。对于绞电缆与连接器件连接应该认准线号、线位色标，不得颠倒和错接。

对绞电缆终接应符合下列要求：①终接时，每对对绞线应保持扭绞状态，扭绞松开长度对于 3 类电缆不应大于 75mm；对于 5 类电缆不应大于 13mm；对于 6 类电缆应尽量保持扭绞状态，减小扭绞松开长度。②对绞线与 8 位模块式通用插座相连时，必须按色标和线对顺序进行卡接。插座类型、色标和编号应符合图 10-9 的规定。两种连接方式均可采用，但在同一布线工程中两种连接方式不应该混合使用。③7 类布线系统采用非 RJ45 方式终接时，连接图应符合相关标准规定。④屏蔽对绞电缆的屏蔽层与连接器件终接处屏幕罩应通过紧固器件可靠接触，缆线屏蔽层应与连接器件屏蔽罩 360。圆周接触，接触长度不宜小于 1。mm。屏蔽层不应用于受力的场合。⑤对不同的屏蔽对绞线或屏蔽电缆，屏蔽层应采用不同的端接方法。应对编织层或金属箔与汇流导线进行有效的端接。⑥每个 2 口 86 面板底盒宜终接 2 条对绞电缆或 1 根 2 芯/4 芯光缆，不宜兼做过路盒使用。

六、设备安装

（一）机柜、机架安装的要求

机柜、机架安装完毕后，垂直偏差度应不大于 3mm。机柜、机架安装位置应符合设计要求。机柜、机架上的各种零件不得脱落或碰坏，漆面不应有脱落及划痕，各种标志应完整、清晰。机柜、机架、配线设备箱体、电缆桥架及线槽等设备的安装应牢固，如有抗震要求时，应该按施工图的抗震设计进行加固。

（二）各类配线部件安装的要求

各部件应完整，安装就位，标志齐全。安装螺栓必须拧紧，面板应保持在一个平面上。

（三）信息插座模块的安装要求

安装在活动地板或地面上，应固定在接线盒内，插座面板采用直立和水平等形式；接线盒盖可开启，并应具有防水、防尘、抗压功能。接线盒盖面应与地面齐平。

信息插座模块、多用户信息插座集合点配线模块安装位置和高度应符合设计要求。信息插座模块明装底盒的固定方法根据施工现场条件而定。信息插座底盒同时要安装信息插座模块和电源插座时，间距及采取的防护措施应符合设计要求。

固定螺钉需拧紧，不应产生松动现象。各种插座面板应有标志，以颜色、图形、文字表示所接终端设备业务类型。工作区内终接光缆的光纤连接器件及适配器安装底盒应具有足够的空间，并应符合设计要求。

（四）电缆桥架及线槽的安装要求

桥架及线槽的安装位置应符合施工图规定，左右偏差不应超过 50mm。桥架及线槽水平度每米偏差不应超过 2mm。垂直桥架及线槽应与地面保持垂直，垂直度偏差不应超过 3mm。线槽截断处及两线槽拼接处应平滑、无毛刺。吊架和支架安装应保持垂直，整齐牢固，无歪斜现象。金属桥架及线槽节与节间应接触良好，安装牢固。采用吊顶支撑柱布放缆线时，支撑点宜避开地面沟槽和线槽位置，支撑应牢固。

（五）其他安装要求

安装机柜、机架、配线设备屏蔽层及金属管、线槽使用的接地体应符合设计要求，就近接地，并且应保持良好的电气连接。

第二节　火灾报警系统

一、火灾自动报警系统的组成

火灾自动报警系统用以监视建筑物现场的火情，当存在火患开始冒烟而还未明火之前，或者是已经起火但还未成灾之前发出火情信号，以通知消防控制中心及时处理并自动执行消防前期准备工作。又能根据火情位置及时输出联动控制信号，启动相应的消防设备进行灭火。简言之，即实现火灾早期探测、发出火灾报警信号、并向各类消防设备发出控制信号完成各项消防功能的系统。火灾自动报警系统在智能建筑中通常被作为智能建筑 3 大体系中的 BAS（建筑设备管理系统）的一个非常重要的独立的子系统。整个系统的动作，既能通过建筑物中智能系统的综合网络结构来实现，又可以在完全摆脱其他系统或网络的情况下独立工作。火灾自动报警系统通常由火灾触发器件、火灾报警装置，火灾报警控制器及消防联动控制系统等组成，如图 10-18 所示。

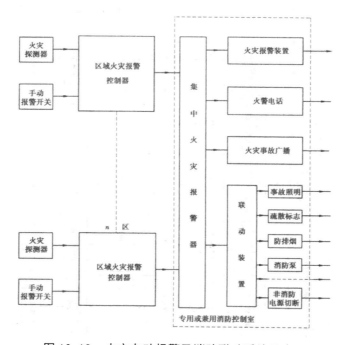

图 10-18　火灾自动报警及消防联动系统示意

图 10-18 示出：火灾探测器和手动报警按钮通过区域报警控制器把火灾信号传入集中报警控制器，集中报警控制器接收多个区域报警控制器送入的火灾报警信号，并可判别火灾报警信号的地点和位置，通过联动控制器实现对各类消防设备的控制，从而实施防排烟、开消防泵、切断非消防电源等灭火措施；并且同时进行火灾事故广播、启动火灾报警装置、打火警电话。

（一）火灾探测器

火灾探测器是能对火灾参量作出有效响应，并转化为电信号，将报警信号送至火灾报警控制器的器件。它是火灾自动报警系统最关键的部件之一。按照其被测的火灾参量，常用探测器有多种类型，如表 10-2 所示。

1. 感烟式探测器

烟雾是火灾的早期现象，利用感烟探测器就可以最早感受火灾信号，并且进行火灾预报警或火灾报警，从而可以把火灾扑灭在初起阶段，防患于未然。感烟探测器就是对悬浮在大气中的燃烧和 / 或者热解产生的固体或液体微粒敏感的火灾探测器。它分为离子感烟式和光电感烟式等。

表 10-2　探测器的种类与性能

火灾探测器种类名称			探测器性能
感烟式探测器	点型	离子感烟式	及时探测火灾初期烟雾，报警功能较好。可探测微小颗粒（油漆味、烤焦味，均能反应并引起探测器动作；当风速大于 10 m/s 时不稳定，甚至引起误动作）
		光电感烟式	对光电敏感。宜用于特定场合。附近有过强红外光源时可导致探测器不稳定；其寿命较前者短

感温式探测器	缆式线型感温电缆		火灾早、中期产生一定温度时报警，且较稳定。凡不可采用感烟探测器，非爆炸性场所，允许一定损失的场所选用	不以明火或温升速率报警，而是以被测物体温度升高到某定值时报警
	定温式	双金属定温		它只以固定限度的温度值发出火警信号，允许环境温度有较大变化而工作比较稳定，但火灾引起的损失较大
		热敏电阻		
		半导体定温		
		易熔合金定温		
	差温式	双金属差温式		适用于早期报警，它以环境温度升高率为动作报警参数，当环境温度达到一定要求时，发出报警信号
		热敏电阻差温式		
		半导体差温式		
	差定温式	膜盒差定温式		具有感温探测器的一切优点，比较稳定，允许一定爆炸场所
		热敏电阻差定温式		
		半导体差定温式		
感光式探测器	紫外线火焰式		监测微小火焰发生，灵敏度高，对火焰反应快，抗干扰能力强	
	红外线火焰式		能在常温下工作。对任何一种含碳物质燃烧时产生的火焰都能反应。对恒定的红外辐射和一般光源（如：灯泡、太阳光和一般的热辐射，X，γ射线）都不起反应	
可燃气体探测器			探测空气中可燃气体含量超过一定数值时报警	
复合型探测器			它是全方位火灾探测器，综合各种长处，使用于各种场合，能实现早期火情的全范围报警	

离子感烟探测器是利用放射性物质放射出的高能量射线使局部空间的空气电离，电离状态下的空气在外加电压作用下形成离子电流。当火灾产生的烟雾及燃烧生成物进入电离空间时，离子电流将发生变化，电流的变化就转换成声光信号或其他信号，从而达到报警的目的。

离子感烟探测器由放射源、内电离室、外电离室及电子电路等组成（见图10-19）。内外电离室相串联，内电离室是不允许烟雾等燃烧物进入的，外电离室是允许烟雾燃烧物进入的。采用内外电离室串联的方法，是为减小环境温度、湿度及气压等自然条件的变化对离子电流的影响，提高了稳定性，防止误动作。

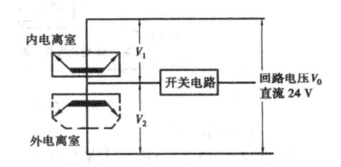

图 10-19　离子感烟探测器的结构示意

光电感烟式探测器有遮光式和散射光式两种。遮光式感烟探测器主要是由一个电光源（灯泡或发光二极管）和一个相对应的光敏元件。它们组装在一个烟雾可进入而光线不能进入的特制暗箱内。电光源发出的光通过透镜聚成光束照到光敏元件上，光敏元件把接收到的光能转换成电信号，以使整个电路维持正常工作状态。当有烟雾进入，存在于光源与光敏元件之间时，到达光敏元件上的光能将显著减弱。这样光敏元件把光能强度减弱的变化转化为突变的电信号，突变信号经过电子放大电路适当的放大之后，就送出火灾报警信号。

散射式感烟探测器的结构特点是，多孔的暗箱须能够阻止外部光线进入箱内，而烟雾粒子却可以自由进入。在这个特制的暗箱内，也有一个电光源和一个光敏元件，它们分别设置在箱内特定的位置上。在正常状态（没烟雾）时，光源发出的光不能到达光敏元件上，故无光敏电流产生，探测器无输出信号。当烟雾存在并进入暗箱后，光源发出的光经烟雾粒子反射及散射而到达光敏元件上，于是产生光敏电流，经过电子放大电路放大后输出报警信号。

2. 感温式探测器

火灾初起阶段，一方面有大量烟雾产生，另一方面必然释放出热量，使周围环境的温度急剧上升。因此，用对热敏感的元件来探测火灾的发生也是一种有效的手段。特别是那些经常存在大量粉尘、烟雾、水蒸气的场所，无法使用感烟探测器，只有用感温探测器才比较合适。

感温探测器就是对温度和／或升温速率和／或温度变化响应的火灾探测器。主要有两类：一类为定温式探测器，即随着环境温度的升高，探测器受热至某一特定温度时，热敏元件就感应产生出电信号。另一类是差温式探测器（差动式），即当环境温升速率超过某一特定值时，便感应产生出电信号，也有将两者结合起来的，称为差定温探测器。

定温式探测器按敏感元件的特点，可分两种：一种为定点型，即敏感元件安装在特定位置上进行探测，如双金属型、热敏电阻型等；另一种为线型（又称分布型），即敏感元件呈线状分布，所监视的区域为一条线，如热敏电缆型。

机械定温式探测器在吸热罩中嵌有一小块低熔点合金或双金属片作为热敏元件，当温度达到规定值后，金属熔化使顶杆弹出而接通接点或者是双金属片受热变形推动接点闭合，发出报警信号。电子定温探测器是由基准电阻和热敏电阻串联组成感应元件，它们相当于感烟式探测器的内外电离室，当探测空间温度上升至规定值时，两电阻交接点电压变化超过报警阈值，发出报警信号。

差温式探测器按其工作原理，分为机械式和电子式两种。机械差温式探测器的工作原理是：金属外壳感温室内气体温度缓慢变化时，所引起的膨胀量从泄气孔慢慢地溢出，其中的波纹片无反应；当感温室内气体受温度的剧烈升高而迅速膨胀时，不能从泄气孔立即排出，感温室内的气体压力升高，从而推动波纹片使接点闭合发出报警信号。电子差温探测器是由热敏电阻和基准热敏电阻组成感应元件，后者的阻值随环境温度缓慢变化，当探测空间温度上升的速度超过某一定值之时，两电阻交接点的电压超阈部分经处理后发出报警信号。

电子式差定温探测器在当前火灾监控系统中用得较普遍，它是由定温、差温两组感应元件组合而成。

3. 感光式探测器

感光探测器也称为光辐射探测器，它能有效地检测火灾信息之一 —— 光，以实现报警。其种类主要有红外感光探测器和紫外感光探测器。它们分别是利用红外线探测元件和紫外线探测元件，接收火焰自身发出的红外线辐射和紫外线辐射，产生电信号报告火警。

4. 可燃气体探测器

严格来讲，可燃气体探测器并不是火灾探测器，它既不探测烟雾、温度，又不可探测火光这些火灾信息。它是在消防（火灾）自动监控系统中帮助提高监测精确性和可靠性的一种探测器。在石油工业、化学工业等的一些生产车间，以及油库、油轮等布满管道、接头和阀门的场所，一旦可燃气体外泄且达到一定浓度，遇明火立即会发生燃烧和爆炸。因而，在存在可燃气体泄漏而又可能导致燃烧和爆炸的场所，应增设可燃气体探测器。当可燃气体浓度达到危险值时，应给出报警信号，以提高系统监控的可靠性。

从监控系统应用考虑，用得较多的是半导体可燃气体探测器。它是由对某些可燃气体十分敏感的半导体气敏元件和相应的电子电路组成，具有较高的灵敏度。它主要用于探测氢、一氧化碳、甲烷、乙醚、乙醇及天然气等可燃气体。

（二）火灾报警控制器

火灾报警控制器具有下述功能：①能接收探测信号，转换成声、光报警信号，指示着火部位和记录报警信息。②可通过火警发送装置启动火灾报警信号或通过自动消防灭火控制装置启动自动灭火设备和消防联动控制设备。③自动地监视系统的正确运行和对特定故障给出声光报警（自检）。

　　火灾报警控制器可分为区域报警控制器和集中报警控制器两种。区域报警控制器接收火灾探测区域的火灾探测器送来的火警信号，可以说是第一级的监控报警装置，其主要组成基本单元有声、光报警单元、记忆单元、输出单元、检查单元以及电源单元。这些单元都是由电子电路组成的基本电路。

　　集中报警控制器用作接收各区域报警控制器发送来的火灾报警信号，还可巡回检测与集中报警控制器相连的各区域报警控制器，有无火警信号、故障信号，并能显示出火灾的区域、部位及故障区域，并发出声、光报警信号。是设置在建筑物消防中心（或消防总控制室）内的总监控设备，它的功能比区域报警控制器更全。具有部位号指示、区域号指示、巡检、自检、火警音响、时钟、充电、故障报警及稳压电源等基本单元。

　　总线制火灾报警控制器，采用了计算机技术、传输数字技术和编码技术，大大提高了系统报警的可靠性，同时也减少了系统布线数量。它可分为二总线制、三总线制和四总线制 3 种。

　　火灾报警控制器种类很多，国内常用分类方法可参见图 10-20。目前工程使用较多的是总线制火灾报警控制器，它与探测器采用总线（少线）方式连接。所有探测器均并联或串联在总线上（一般总线数量为 2 ～ 4 根），具有了安装、调试、使用方便，工程造价较低的特点。

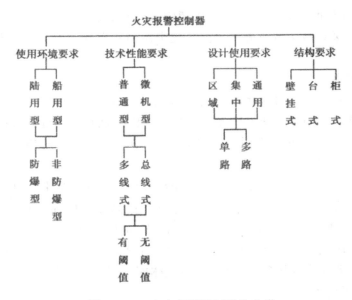

图 10-20　火灾报警控制器的分类

（三）联动控制器

　　联动控制器与火灾报警控制器配合，通过数据通信，接收并处理来自火灾报警控制器的报警点数据，然后对其配套执行器件发出控制信号，实现了对各类消防设备的控制。

联动控制器的基本功能：①能为与其直接相连的部件供电；②能直接或间接启动受其控制的设备；③能直接或间接地接收来自火灾报警控制器或火灾触发器件的相关火灾报警信号，发出声、光报警信号。声报警信号能手动消除，光报警信号在联动控制器设备复位前应予保持。

在接收到火灾报警信号之后，能完成下列功能：①切断火灾发生区域的正常供电电源，接通消防电源。②能启动消火栓灭火系统的消防泵，并显示状态。③能启动自动喷水灭火系统的喷淋泵，并显示状态。④能打开雨淋灭火系统的控制阀，启动雨淋泵并显示状态。⑤能打开气体或化学灭火系统的容器阀，能在容器阀动作之前手动急停，并显示状态。⑥能控制防火卷帘门的半降、全降，并显示其状态。⑦能控制平开防火门，显示其所处的状态。⑧能关闭空调送风系统的送风机、送风口，并且显示状态。⑨能打开防排烟系统的排烟机、正压送风机及排烟口、送风口、关闭排烟机、送风机，并显示状态。⑩能控制常用电梯，使其自动降至首层。　能使受其控制的火灾应急广播投入使用。　能使受其控制的应急照明系统投入工作。　能使受其控制的疏散、诱导指示设备投入工作。　能使与其连接的警报装置进入工作状态。对以上各功能，应能以手动或自动两种方式进行操作。

当联动控制器设备内部、外部发生下述故障时，应能在 100 s 内发出与火灾报警信号有明显区别的声光故障信号：①与火灾报警控制器或火灾触发器件之间的连接线断路（断路报火警除外）。②与接口部件间的连线断路、短路。③主电源欠压。④给备用电源充电的充电器与备用电源之间的连接线断路、短路。⑤在备用电源单独供电时，其电压不足以保证设备正常工作时。

对于以上各类故障，应能指示出类型，声故障信号应能手动消除（如消除后再来故障不能启动，应有消声指示），光故障信号在故障排除之前应能保持。故障期间，非故障回路的正常工作不受影响。

联动控制器设备应能对本机及其面板上的所有指示灯、显示器进行功能检查。联动控制器设备处于手动操作状态时，如要进行操作，必须用密码或钥匙才能进入操作状态。具有隔离功能的联动控制器设备，应设有隔离状态指示，并能查寻和显示被隔离的部位。

联动控制设备应具有电源转换功能。当主电源断电时，能自动转换到备用电源；当主电源恢复时，能自动转回到主电源。主、备电源应有工作状态指示。主电源容量应能保证联动控制器设备在最大负载条件下，连续工作了 4 h 以上。

（四）短路隔离器

短路隔离器是用于二总线火灾报警控制器的输入总线回路中，安置在每一个分支回路（20～30 只探测器）的前端，当回路中某处发生短路故障时，短路隔离器可让部分回路与总线隔离，保证总线回路其他部分能正常工作。

（五）底座与编码底座

底座是火灾报警系统中专门用来与离子感烟探测器、感温探测器配套使用的。在二总线制火灾报警系统中为了给探测器确定地址，通常由地址编码器完成，有的地址编码器设在探测器内，有的设在底座上，有地址编码器的底座称编码底座。通常一个编码底座配装一只探测器，设置一个地址编码。特殊情况之下，一个编码底座上也可以带 1 ～ 4 个并联子底座。

（六）输入模块

输入模块是二总线制火灾报警系统中开关量探测器或触点型装置与输入总线连接的专用器件。其主要作用和编码底座类似。与火灾报警控制器之间完成地址编码及状态信息的通信。根据不同的用途，输入模块根据不同的报警信号分为以下 4 种：①配接消火栓按钮、手动报警按钮、监视阀开 / 关状态的触点型装置的输入模块。②配缆式线型定温电缆的输入模块。③配水流指示器的输入模块④配光束对射探测器的输入模块。

有的消火栓按钮、手动报警按钮自己带有地址编码器，可直接挂在输入总线上，而不需要输入模块。输入模块需要报警控制器对它供电。

（七）输出模块

输出模块是总线制可编程联动控制器的执行器件，与输出总线相连。提供两对无源动合、动断转换触点和一对无源动合触点，来控制外控消防设备（如警铃、警笛、声光报警器、各类控制阀门、卷帘门、关闭室内空调、切断非消防电源、火灾事故广播喇叭切换等）的工作状态。外控消防设备（除警铃、警笛、声光报警器、火灾事故广播喇叭等以外）应提供一对无源动合触点，接至联动控制器的返回信号线，当外控消防设备动作后，动合触点闭合，设备状态通过信号返回端口送回控制主机，主机上状态指示灯点亮。

（八）外控电源

外控电源是联动控制器的配套产品，它专为被控消防设备（如警铃、警笛、声光报警器、各类电磁阀及 DC24V 中间继电器等）供电的专用电源。外控电源的使用可避免被控设备的动作对火灾报警控制系统主机工作的干扰，同时也减轻了主机电源不必要的额外负担。

（九）手动报警按钮

手动报警按钮是由现场人工确认火灾之后，手动输入报警信号的装置。有的手动报警按钮内装配有手报输入模块，其作用是与火灾报警控制器之间完成地址及状态信息（手报按钮开关的状态）编码与译码的二总线通信。另外，根据功能需要，有的手动报警按钮带有电话插孔（可与消防二线电话线配套使用）。

消火栓按钮与手动报警按钮一样，由现场人工确认火灾后，手动输入报警信号的装置。消火栓按钮安装在消火栓箱内，通常和消火栓一起使用。按下消火栓按钮一则把火灾信号送到报警控制主机，同时可以直接启动消防泵。

（十）声光报警器

声光报警器一般安装在现场，火警时可发出声、光报警信号。其工作电压由外控电源提供，由联动控制器的配套执行器件（继电器盒、远程控制器或输出控制模块）中的控制继电器来控制。

（十一）警笛、警铃

警笛、警铃与声光报警器一样安装在现场，火警时可以发出声报警信号（变调音）。同样由联动控制器输出控制信号驱动现场的配套执行器件完成对警笛、警铃的控制。

（十二）消防广播

消防广播又称火灾事故广播。

其特点如下：①通过现场编程，火灾时，消防广播能由联动控制器通过其执行件（继电器盒、远程控制器或控制模块）实施着火层及其上、下层3层联动控制。②消防广播扩音机与所连接的火灾事故广播扬声器之间，应满足阻抗匹配（定阻抗输出）、电压匹配（定压输出）和功率匹配。③消防广播的输出功率应大于保护面积最大的、相邻3层扬声器的额定功率总和，一般以其1.5倍为宜。④当火灾事故广播与广播音响系统合用广播扬声器时，发生火灾时由联动控制器通过其执行件实现强制切换至火灾事故广播状态。

（十三）消防电话

消防专用电话应为独立的消防通信网络系统。消防控制室应设置消防专用电话总机，总机选用共电式人工电话总机或调度电话总机，建筑物中关键及重要场所应设置电话分机，分机应为免拨号式的，摘下受话器即可呼叫通话的电话分机。

消防电话可为多线制或总线制系统。①多线制电话一般与带电话插孔的手动报警按钮配套使用，使用时只需将手提式电话分机的插头插入电话插孔内即可向总机（消防控制室）通话。②分机可向总机报警通话，总机也可呼叫分机通话。③总线制电话，电话分机与电话总机的联络通过二总线实现，每个电话分机由地址模块辅以相应地址号。总机根据分机地址号与防护区的分机通信。

二、联动控制系统

当火灾报警控制器接收到火灾探测器发出的火警电信号后，发出声、光报警信号，并向联动控制器发出联动通信信号。联动控制器即对其配套执行器件发出控制信号，实现对消防设备的控制，其控制的对象主要是灭火系统和防火系统。

（一）室内消火栓系统

在建筑物各防火分区（或楼层）内均设置消火栓箱，内装有消火栓按钮，在其无源触点上连接输入模块，构成由输入模块设定地址的报警点，经输入总线进入火灾报警控制系统，达到自动启动消防泵的目的。

消火栓按钮与手动报警按钮不同，除了发出报警信号还有启动消防泵的功能。消火栓按钮安装在消火栓箱内，当打开消火栓箱门使用消火栓时，才能使用消火栓按钮报警。并自动启动消防泵以补充水源，供灭火时去使用，如图10-21所示。

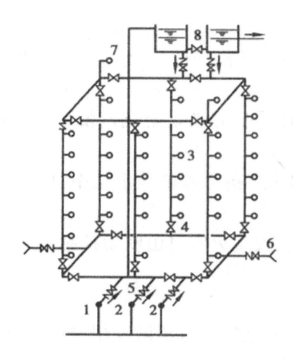

图 10-21　室内消火栓系统图

1- 生活泵；2- 消防泵；3- 消火栓；4- 阀门；5- 单向阀；6- 水泵接合器；7- 屋顶消火栓；8- 高位水箱

当发生火灾时，打开消火栓箱门，按下消火栓按钮报警，火灾报警控制器接收到此报警信号后，一方面发出声光报警指示，显示并记录报警地址和时间，另一方面同时将报警点数据传送给联动控制器经其内部逻辑关系判断，发出了控制执行信号，让相应的配套器件中的控制继电器动作自动启动消防泵。

（二）水喷淋灭火系统

自动喷水灭火系统类型较多，主要有湿式喷水灭火系统（水喷淋系统）、干式喷水灭火系统、预作用喷水灭火系统、雨淋灭火系统及水幕系统等。其中，水喷淋灭火系统是应用最广泛自动喷水灭火系统，如图10-22所示。

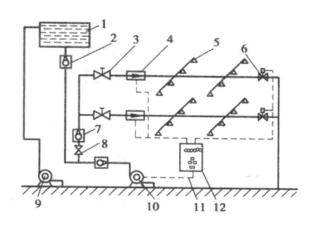

图 10-22　水喷淋灭火系统示意图

1-屋顶水箱；2-逆止阀；3-截止阀；4-水流指示器；5-水喷淋头；6-放水试验电磁阀；7-湿
式报警阀；8-闸阀；9-生活水泵；10-喷淋水泵；11-控制电路；12-报警箱

　　水喷淋灭火系统由闭式感温喷头、管道系统、水流指示器、湿式报警阀及压力开关及喷淋水泵等组成，与火灾报警系统配合，构成自动水喷淋灭火系统。在水流指示器和压力开关上连接输入模块，即构成报警点（地址由输入模块设定），经输入总线进入火灾报警控制系统，从而达到自动启动喷淋泵的目的。湿式喷水灭火系统的特点是在报警阀前后管道内均充满有一定压力的水。当发生火灾之后，闭式感温喷头处达到额定温度值时，感温元件自动释放（易熔合金）或爆裂（玻璃泡），压力水从喷水头喷出，管内水的流动，使水流指示器动作而报警。由于自动喷水而引起湿式报警阀动作，总管内的水流向支管，当总管内水压下降到一定值时，使压力开关动作而报警。火灾报警控制器接收到水流指示器和压力开关的报警信号后，一方面发出声光报警提示值班人员，并记录报警地址和时间；另一方面同时将报警点数据传递给联动控制器，经其内部设定的逻辑控制关系判断，发出控制执行信号，使相应的配套器件中的控制继电器动作，控制启动喷淋泵，用来保证压力水从喷头持续均匀地喷泻出来，达到了灭火的目的。

　　（三）排烟系统控制

　　高层建筑均设置机械排烟系统，当火灾发生时利用机械排烟风机抽吸着火层或着火区域内的烟气，并将其排至室外。当排烟量大于烟气生成量时，着火层或着火区域内就形成一定的负压，可有效地防止烟气向外蔓延扩散，故又称为负压机械排烟。

　　一般情况下，烟气在建筑物内的自由流动路线是着火房间→走廊→竖向梯、井等向上伸展。排烟方式有自然排烟法、密闭防烟法和机械排烟法。机械排烟分为局部排烟和集中排烟两种不同系统。局部排烟是在每个房间和需要排烟的走道内设置小型排烟风机，适用于不能设置竖向烟道的场所；集中排烟是把建筑物分为若干系统，每个系统设置一台大容量的排烟风机。系统内任何部位着火时所生成的烟气，通过排烟阀口进入排烟管道，由排烟风机排至室外。排烟风机、排烟阀口应与火灾报警控制系统联动。

当火灾发生时，着火层感烟火灾探测器发出火警信号，火灾报警控制器接收到此信号后，一方面发出声光报警信号，并显示及记录报警地址和时间；另一方面同时将报警点数据传递给联动控制器，经其内部控制逻辑关系判断后，发出联动信号，通过配套执行器件自动开启所在区域的排烟风机，同时自动开启着火层及其上、下层的排烟阀口。

同消防水泵的控制类似，对于排烟风机同样应有启动、停止控制功能和反馈其工作状态（运行、停机）的功能。

（四）正压送风系统控制

正压送风防烟方式主要用在高层建筑中作为疏散通道的楼梯间及其前室和救援通道的消防电梯井及其前室。其工作机理是：对要求烟气不要侵入的地区采用加压送风的方式，以阻挡火灾烟气通过门洞或门缝流向加压的非着火区或无烟区，特别是疏散通道和救援通道，这将有利于建筑物内人员的安全疏散逃生和消防人员的灭火救援。正压送风机可设在建筑物的顶部或底部，或顶部和底部各设一台。正压送风口在楼梯间或消防电梯井通常每隔 2～3 层设一个，而在其前室各设置一个。正压送风口的结构形式分常开和常闭式两种。正压送风机应和火灾报警控制系统和常闭式正压送风口联动。

当火灾发生时，着火层感烟火灾探测器发出火警信号，火灾报警控制器接收到此信号后，一方面发出声光报警信号，并显示及记录报警地址和时间；另一方面同时将报警点数据传递给联动控制器，经其内部控制逻辑关系判断之后，发出联动控制信号，通过配套执行件自动开启正压送风机，并同时自动控制开启着火层及其上、下层的正压送风口。其中联动控制器对正压送风机的控制原理及接线方式与排烟风机类似。

（五）防火阀、排烟阀、正压送风口的控制

防火阀要与中央空调、新风机联动，排烟阀与排烟风机联动，正压送风口与正压送风机联动，而且均要求实现着火层及其上、下层联动。同一层内几种装置并存时，均要求同时动作（或相互间隔时间尽可能短）。一般来说，配备此类防火设备的系统均采用联动控制器及其输出模块进行控制，并且应在消防控制室显示其状态信号（动作信号）。模块必须连接在阀口的无源动合触点上。

（六）中央空调机、新风机及其控制

高层建筑中通常设置有中央空调机或新风机，平时用以调节室温或提供新鲜空气，火灾发生时应及时关闭中央空调机或新风机。在空调、通风管道系统中，各楼层有关部位均设置有防火阀，平时均处于开启状态，不影响空调和通风系统的正常工作。当火灾发生时，为了防止火势沿管道蔓延，必须及时关闭防火阀。中央空调机或新风机应与火灾报警控制系统和防火阀联动。

整个报警及联动控制过程与排烟风机、排烟阀口类似，联动控制器对中央空调机、

新风机的控制原理及接线方式也与排烟风机类似。

（七）电梯及其迫降控制

高层建筑中均设置有普通电梯与消防电梯。在火灾发生之时，均应安全地自动降到首层，并切断其自动控制系统。若消防队需要使用消防电梯时，可以在电梯轿厢内使用专用的手动操盘来控制其运行。

电梯迫降的联动控制过程为，当火灾报警控制器接收到探测点的火警信号后，在发出声光报警指示及显示（记录）报警地址与时间的同时，将报警点数据送至联动控制器，经其内部控制逻辑关系判断后，发出联动执行信号，通过了其配套执行件自动迫降电梯至首层，并返回显示迫降到底的信号。

（八）防火卷帘及其控制

防火卷帘在建筑物中通常用来分隔防火分区，建筑物中门洞宽度较大的场所，如商场、营业厅等，一般也要设置防火卷帘，有的还同时要求具有防烟性能。根据设计规范要求，防火卷帘两侧宜设感烟、感温火灾探测器组及其报警、控制装置，且两侧应设置手动控制按钮及人工升、降装置。

当火灾发生时，感烟火灾探测器动作报警，经火灾报警控制系统联动控制防火卷帘下降到距地 $1 \sim 5$ m 处；感温火灾探测器再动作报警，经火灾报警控制系统联动控制其下降到底。防火卷帘的动作状态信号（包括下降到 1.5 m 处和下降到底）均返回到消防控制室显示出来，可采用联动控制器及其输出模块进行控制，状态信号经输出模块反馈返回至主机上显示，一般在感温探测器动作后，还应联动水幕系统（如设计有）电磁阀，启动水幕系统对防火卷帘做降温防火保护。

目前，有些设计中只采用感烟火灾探测器动作报警，联动控制防火卷帘下降到离地 $1 \sim 5$ m 处，然后由防火卷帘自身控制装置完成其落底控制，即延时 30 s 后，防火卷帘自动下降到底。此时，动作状态信号仍应返回至消防控制室显示。

三、火灾自动报警系统接线制式及线路敷设

火灾自动报警系统的接线分总线制和多线制。当前，广泛使用总线制。总线制系统采用地址编码技术，整个系统只用几根总线，和多线制相比用线量明显减少，给设计、施工及维护带来了极大的方便，因此被广泛采用。值得注意的是：一旦总线回路中出现短路问题，则整个回路失效，甚至损坏部分控制器和探测器，因此，为了保证系统正常运行和免受损失，必须采取短路隔离措施，如分段加装短路隔离器。

总线制有二总线制和四总线制。目前使用最广泛的是二总线制。二总线制是一种最简单的接线方式，用线量最少，但技术的复杂性和难度也提高了。二总线中的 G 线为公共地线，P 线则完成供电、选址、自检、获取信息等功能。新型智能火灾报警系统也建立在二总线的运行机制上，二总线系统有树枝和环形两种接线。

火灾自动报警系统的传输线路和 50 V 以下供电的控制线路，应采用电压等级不低于交流 250 V 的铜芯绝缘导线或铜芯电缆。采用交流 220/380 V 的供电和控制线

路应采用电压等级不低于交流 500 V 的铜芯绝缘导线或铜芯电缆。导线线芯截面的选择，除满足自动报警装置技术条件的要求外，还应满足机械强度的要求。

消防控制、通信和报警线路采用暗敷设时，宜采用金属管或经阻燃处理的硬塑料管保护，并应敷设在不燃烧体（主要指混凝土层）的结构层内，保护层厚度不宜小于30mm。当采用明敷设时，应采用金属管或金属线槽保护，并应对金属管或金属线槽采取防火保护措施。采用经阻燃处理的电缆时，可不穿金属管保护，但应敷设在电缆竖井或吊顶内有防火保护措施的封闭式线槽内。但是不同系统、不同电压等级、不同电流类别的线路，不应穿在同一管内或线槽的同一槽孔内。导线在管内或线槽内，不应有接头或扭结。导线的接头，应在接线盒内焊接或用端子连接。

在吊顶内敷设各类管路和线槽时，宜采用单独的卡具吊装或支撑物固定。一般线槽的直线段应每隔 1 ～ 1.5 m 设置吊点或支点，吊杆直径不应小于 6mm。线槽接头处、线槽走向改变或转角处以及距接线盒 0.2 m 处，也应设置吊点或支点。

从接线盒、线槽等处引到探测器底座盒、控制设备盒、扬声器箱的线路均应加金属软管保护。

火灾探测器的传输线路，应根据不同用途选择不同颜色的绝缘导线或电缆。正极"+"线应为红色，负极"-"线应为蓝色或黑色。同一个工程中相同用途的导线颜色应一致，接线端子应有标号。

四、火灾探测器安装接线

（一）探测器的接线方式

探测器的接线端子数是由探测器的具体电子电路决定的，有两端、三端、四端或五端的，出厂时都已经设置好。通常就功能来说，有这样几个出线端：电源正极，记为"+"端，+24 V（或 +18 V）；电源负极或接地（零）线，记为"-"端；火灾信号线，记为"×"（或"S"）端；检查线，用以确定探测器与报警装置（或控制台）间是否断线的检查线，记为 J 端，一般分为检入线 J_R 和检出线 J_c。

探测器的接线端子一般以三端子和五端子为最多，如图 10-23 所示。但并非每个端子一定要有进出线相连接，工程中通常要采用 3 种接线方式，即两线制、三线制、四线制。

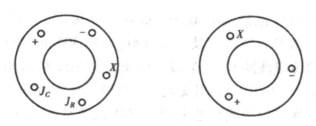

图 10-23　探测器出线端示意图

（二）探测器的安装

探测器的外形结构随制造厂家不同而略有差异，但总体形状大致相同。一般随使用场所不同，在安装方式上主要有嵌入式和露出式两种。为方便用户辨认探测器是否动作，探测器有带（动作）确认灯和不带确认灯之分。探测器的确认灯，应面向便于人员观察的主要入口方向。

探测器安装一般应在穿线完毕，线路检验合格之后即将调试时进行。探测器安装应先进行底座安装，安装时，要按照施工图选定的位置，现场定位画线。在吊顶上安装时，要注意纵横成排对称，内部接线紧密，固定的牢固美观。并应注意参考探测器的安装高度限制及其保护半径。

探测器的安装高度是指探测器安装位置（点）距该保护区域地面的高度。为了保证探测器在监测中的可靠性，不同类型的探测器其安装高度都有一定的范围限制，如表10-3所示。

表10-3 安装高度与探测器种类的关系

安装高度 H/m	感烟探测器	感温探测器			感光探测器
		一级	二级	三级	
12＜H≤20	不适合	不适合	不适合	不适合	适合
8＜H≤12	适合	不适合	不适合	不适合	适合
6＜H≤8	适合	适合	不适合	不适合	适合
4＜H≤6	适合	适合	适合	不适合	适合
H≤4	适合	适合	适合	适合	适合

当探测器装于探测区域不同坡度的顶棚上时，随着顶棚坡度的增大，烟雾沿斜顶向屋脊聚集，使得安装在屋脊（或靠近屋脊）的探测器感受烟或感受热气流的机会增加。因此，探测器的保护半径也相应地加大。

当探测器监测的地面面积较大时，安装在其顶棚上的感烟探测器受其他环境条件的影响较小。房间越高，火源同顶棚之间的距离越大，则那么烟均匀扩散的区域越大。因此，随着房间高度增加，探测器保护的地面面积也增大。

随着房间顶棚高度增加，能使感温探测器动作的火灾规模明显增大。因此，感温探测器需按不同的顶棚高度选用不同灵敏度等级。比较灵敏的探测器，宜使用于较大的顶棚高度上。

感烟探测器对各种不同类型的火灾，其敏感程度有所不同。因而难以规定感烟探测器灵敏度等级与房间高度的对应关系。但考虑到火灾初期房间越高烟雾越稀薄的情况，当房间高度增加时，可将探测器的感烟灵敏度等级调高。

探测器安装前应进行下列检验：①探测器的型号、规格是否与设计相符合。②改变或代用探测器是否具备审查手续和依据。③探测器的接线方式、采用线制、电源电压同设计选型设备，施工线路敷线是否相符合，配套使用是否吻合。④探测器的出厂时间、购置到货的库存时间是否超过规定期限。对保管条件良好，在出厂保修期内的探测器可采取 5% 的抽样检查试验。对于保管条件较差和已经越期的探测器必须逐个进行模拟试验检查，不合格者不得使用。

探测区域内的每个房间应至少设置一只探测器。探测器安装应符合下列要求：①探测器距墙壁或梁边的水平距离应大于 0.5 m，且在探测器周围水平距离 0.5 m 内不应有遮挡物。②在有空调的房间内，探测器要安装在距空调送风口 1.5 m 以外的地方，并宜接近回风口安装。探测器至多孔送风顶棚孔口的水平距离，不应小于 0.5 m。③如果探测区域内有隔梁，探测器安装在梁上时（一般不安装在梁上），其探测器下端到安装面必须在 0.3 m 以内。④在宽度小于 3 m 的内走廊顶棚上安装探测器时，宜居中布置。感温探测器的安装间距不应超过 10 m，感烟探测器的安装间距不应超过 15 m。探测器至端墙的距离不应大于探测器安装间距的一半。⑤探测器的底座应固定牢靠，与导线连接必须可靠压接或焊接。当采用焊接时，不应使用带腐蚀性的助焊剂。底座的外接导线，应留有不小于 150mm 的余量，且在其端部应有明显标志。探测器的"+"线应为红色，"-"线应为蓝色，其余线应根据不同用途采用其他颜色区分。但同一工程中相同用途的导线颜色应一致，探测器底座的穿线孔宜封堵，安装完毕后的探测器底座应采取保护措施。

五、手动报警按钮及其他装置的安装

（一）手动报警按钮的安装

一般手动火灾报警按钮应安装在公共活动场所的出入口明显处和便于操作的部位。当安装在墙上时，其底边距地（楼）面高度应该为 1.3 ~ 1.5 m，安装应牢固，不得倾斜。

手动火灾报警按钮的外接导线，应留有不小于 150mm 的余量，且在其端部应有明显标志。

（二）模块安装

同一报警区域内的模块宜集中安装在金属箱内。模块（或金属箱）应独立支撑或固定，安装牢固，并应采取防潮、防腐蚀等措施。模块的连接导线应留有不小于 150mm 的余量，其端部应有明显标志。模块隐蔽安装时，在安装之处应有明显的部位显示和检修孔。

（三）火灾应急广播扬声器和火灾警报装置安装

火灾应急广播扬声器和火灾警报装置安装应牢固可靠，表面不应有破损。火灾光警报装置应安装在安全出口附近明显处，距地面 1.8 m 以上。光警报器与消防应急疏散指示标志不宜在同一面墙上，安装在同一面墙上时，距离应大于 1 m。扬声器和火灾声警报装置宜在报警区域内均匀安装。

（四）消防电话安装

消防电话、电话插孔、带电话插孔的手动报警按钮宜安装在明显、便于操作的位置；当在墙面上安装时，其底边距地（楼）面高度宜为 1.3～1.5 m。消防电话及电话插孔应有明显的永久性标志。

六、火灾报警控制器安装

区域报警控制器和集中报警控制器分为台式、壁挂式和落地式 3 种。台式报警器设于桌上，它需配用嵌入式线路端子箱，装于报警器桌旁墙壁上，所有探测器线路均先集中于端子箱内，经端子后编成线束，再引至台式报警器。壁挂式报警器明装于墙壁上或嵌入墙内暗设，安装方法和照明配电箱安装类似，墙壁内需设分线箱，所有探测器线路汇集于箱内再引出至报警器下部的端子排上。落地式报警器的安装方法与配电屏的安装相同，通过墙壁上的分线箱将所有探测器线路联接在它的端子排上。

火灾报警控制器安装，一般应满足下列要求：①火灾报警控制器宜安装在专用房间或楼层值班室，也可设在经常有人值班的房间或场所，如确因建筑面积限制而不可能时，也可在过厅、门厅、走道墙上安装，但安装位置应能确保设备的安全。②火灾报警控制器安装在墙上时，其底边距地（楼）面高度宜为 1.3～1.5 m，其靠近门轴的侧面距墙不应小于 0.5 m，正面操作距离不应小于 1.2 m；落地安装时，其底边应高出地坪 100～00mm。控制器安装应横平竖直，固定牢固。安装在轻质墙上时，应采取加固措施。③引入火灾报警控制器的电缆或导线，应符合下列要求：配线应整齐，避免交叉，并应固定牢靠；电缆芯线和所配导线的端部，均应标明编号，并与图纸一致，字迹清晰不易褪色；端子板的每个接线端上，接线不得超过 2 根；电缆芯和导线，应留有不小于 200mm 的余量；导线应绑扎成束；导线引入线管、线槽之后，应将管口、槽口封堵。④控制器的主电源应有明显的永久性标志，并且应直接与消防电源连接，严禁使用电源插头。控制器与其外接备用电源之间应直接连接。⑤控制器的接地应牢固，并有明显的永久性标志。消防联动控制器的安装按上述要求执行。

第三节　有线电视及网络系统

有线电视采用同轴电缆、光缆或其组合作为信号传输介质，传输图像信号、声音信号和控制信号，故称为有线电视或电缆电视。由于这些信号在封闭的线缆中传输，信号传输过程中不向空间辐射电磁波，也又称为闭路电视系统，以区别于电视台无线传播的开路电视系统。

一、有线电视系统的组成

有线电视系统主要由信号源接收系统（天线）、前端系统、干线传输系统及用户分配网络组成，如图 10-24 所示。

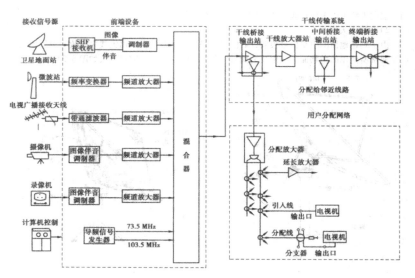

图 10-24　有线电视系统的基本组成

（一）接收天线

接收天线为获得地面无线电视信号、调频广播信号、微波传输电视信号和卫星电视信号而设立，对 C 波段微波和卫星电视信号大多采用抛物面天线；对 VHF，UHF 电视信号和调频信号大多采用引向天线（八木天线）。天线性能的高低对系统传送的信号质量起着重要的作用，因此常选用方向性强、增益高的天线，并且将其架设在易于接收、干扰少、反射波少的位置。

1. 引向天线

引向天线为 CATV 系统中最常用的天线，它由一个辐射器（即有源振子或称馈电振子）和多个无源振子组成，所有振子互相平行并在同一平面上，结构如图 10-25 所示。在有源振子前的若干个无源振子，统称作引向器。在有源振子后的一个无源振子，称为反射振子或反射器。引向器的作用是增大对前方电波的灵敏度，其数量越多越能提高增益。但数目也不宜过多，数目过多对天线增益的继续增加作用不大，反而使天线通频带变窄，输入阻抗降低，造成匹配困难，反射器的功能是减弱来自天线后方的干扰波，而提高前方的灵敏度。

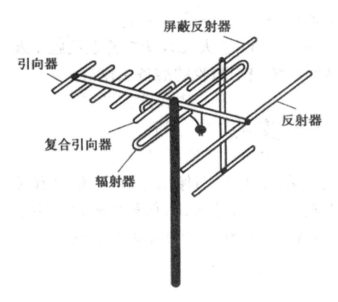

图 10-25 VHF 引向天线结构外形示意

引向天线具有结构简单、质量轻、架设容易、方向性好、增益高等优点，因此得到广泛的、大量的应用。引向天线可以做成单频道的，也可做成多频道或全频道的。

2. 抛物面天线

由于到达地面的卫星信号很弱，因此，须采用高增益的抛物面天线来接收。卫星地面接收站通常所使用抛物面天线由反射面、馈源及天线支撑体 3 部分组成，如图 10-26 所示。

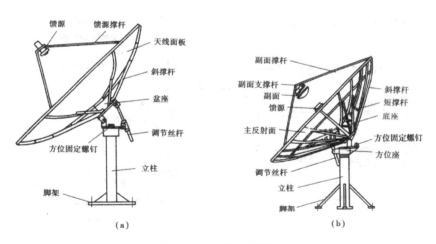

图 10-26 抛物面天线

（a）前馈式（b）后馈式

（1）天线反射面

通常用铝材或钢材等金属材料制成抛物面的形状，也有用加入金属或碳质导电体的强化玻璃纤维板做成的抛物面。它利用电磁波的反射特性，将从星体上向下发射的电磁波集中于抛物面的焦点上，进而使焦点处的功率束密度达到最大。

（2）天线馈源

馈源的作用是使被反射面所反射收集到的电磁波能最大限度地转换并为高频头所吸收。通常馈源安装在抛物面的焦点处（因为该处能量密度最大）（见图10-26（a）），这种结构的天线称为前馈式天线。如图10-26（b）所示的形式称为后馈式天线。在后馈式天线上，馈源并不安装在抛物面的焦点上，而安装在抛物面焦点上的是一凸形的反射体，称为副反射体。它使被抛物面反射收集到的电磁波在其焦点上被副反射体再次反射，而馈源安装在凸形副反射体的焦点处，即在前馈式天线上，电磁波经一次反射就被馈源吸收，而在后馈式天线上电磁波经过两次反射才被馈源吸收，故后馈式天线馈源所能得到的信号能量密度更大。尽管后馈式在安装、调试时较为复杂，但由于其天线增益高、接收效果好，仍然被广泛采用。

馈源通过其内部的极化转换器将信号转换成高频头能接收的模式信号，并通过波导管与高频头相连。

（3）天线支撑体

天线支撑体主要是用来固定天线的抛物面，并且使抛物面轴线的方位角和俯仰角符合设计要求，从而保证接收天线对准所接收的星体。

（二）前端系统

前端设备主要包括天线放大器、混合器和干线放大器等。

天线放大器的作用是提高接收天线的输出电平与改善信噪比，以满足处于弱场强区和电视信号阴影区共用天线电视传输系统主干线放大器输入电平的要求。天线放大器有宽频带型和单频道型两种，通常安装在离接收天线 1.2 m 左右的天线竖杆上。

干线放大器安装于干线上，主要用于干线信号电平放大，以补偿干线电缆的损耗，增加信号的传输距离。因为电缆有两个衰减特性，即衰减量与频率的平方根成正比；衰减量随温度升高而增加，温度每升高 1℃，衰减量约增加 0.2%（dB）。因此，要补偿干线电缆的损耗，就要求干线放大器上有增益控制和斜率控制的功能。一般用于干线比较短的小规模系统中的干线放大器采用手动增益控制和斜率均衡，并加上温度补偿的方法来实现增益控制。对于大型 CATV 系统，就要采用高性能的干线放大器，具有自动增益控制和自动斜率控制的功能。

混合器是将所接收的多路信号混合在一起，合成一路输送出去，而又不互相干扰的一种设备。使用它可以消除因不同天线接收同一信号而互相叠加所产生的重影现象。混合器按有无增益分为无源混合器和有源混合器，CATV 系统大多采用无源混合器。无源混合器又可分为滤波器式和宽带传输线变压器式两大类。混合器还按输入信号的路数，可分为二混合器、三混合器、五混合器等。

（三）传输分配网络

分配网络分为有源及无源两类：无源分配网络只有分配器、分支器和传输电缆等无源器件，其可连接的用户较少。有源分配网络增加了线路放大器，所以其所接的用户数可以增多。

分配器用于分配信号，将一路信号等分成几路。常见的有二分配器、三分配器、四分配器。分配器的输出端不能开路或短路，否则会造成输入端严重失配，同时还会影响到其他输出端。

分支器用于把干线信号取出一部分送到支线里去，它与分配器配合使用可组成形形色色的传输分配网络。因在输入端加入信号时，主路输出端加上反向干扰信号时，对主路输出则无影响。故分支器又称定向耦合器。

线路放大器是用于补偿传输过程中因用户增多、线路增长后的信号损失的放大器，多采用全频道放大器。线路放大器对频带内的增益偏差一般要求为 ±0.25 dB，这样当多个放大器联用时，在整个频段内高端与低端的增益差将不会太大。

在传输分配网络中均用同轴电缆作为馈线，它是提供信号传输的通路，分为主干线、干线、分支线等。主干线接在前端与传输分配网络之间；干线用于分配网络中信号的传输；分支线用于分配网络与用户终端的连接。电视用同轴电缆从内至外结构为铜单线导体、气体发泡聚乙烯绝缘、铝塑复合薄膜、镀锡丝编织层和聚氯乙烯护套所组成。同轴电缆不能与有强电流的线路并行敷设，也不可以靠近低频信号线路，如广播线和载波电话线。

（四）用户终端

有线电视系统的用户终端为供给电视机电视信号的接线器，又称为用户接线盒。用户接线盒有单孔盒和双孔盒之分，单孔盒仅输出电视信号，双孔盒既能输出电视信号又能输出调频广播的信号。

二、有线电视系统的安装

有线电视系统的安装主要包括天线安装、系统前端放大设备安装、线路敷设和系统防雷接地等。系统的安装质量对保证系统安全正常的运行起着决定性的作用。因此，系统安装必须认真筹划、充分准备及合理安排。

（一）系统安装施工应具备的条件

施工单位必须持有系统安装施工的施工执照。工程设计文件和施工图纸齐全，并经会审批准。施工人员应全面熟悉有关图纸和了解工程特点、施工方案、工艺要求、施工质量标准等。在施工之前应做好充分的施工准备工作：施工所需设备、器材准备齐全；预埋线管、支撑件及预留孔洞、沟、槽、基础等应符合设计要求；施工区域内应具备顺畅施工的条件等。

（二）接收天线安装

接收天线应按设计要求组装，并应平直牢固。天线竖杆基座应按设计要求安装，可用场强仪收测和用电视接收机收看，确定天线的最优方位后，把天线固定。

天线的固定底座是由铸铁铸造加工而成，它有 4 个地脚螺栓孔。安装时，应在底座下面预制混凝土基座，混凝土基座应与混凝土屋面同时浇灌，4 个地脚螺栓宜与楼房的顶面钢筋焊接在一起，并与接地网接通。

天线竖杆拉线的地锚必须与建筑物连接牢固，不得将拉线固定在屋面透气管、水管等构件上。拉线与竖杆的夹角一般应为 30°～45°，拉线间夹角为 120° 等分安装，在竖杆上的固定点应低于最底层天线 300mm，各根拉线受力应均匀。

天线应根据生产厂家的安装说明书，在地面组装好后，再安装于竖杆合适位置上。天线与地面应平行安装，其馈电端与阻抗匹配器、馈线电缆、天线放大器的连接应该正确、牢固、接触良好。

（三）前端设备安装

前端的设备（如频道放大器、衰减器、混合器、宽带放大器、电源和分配器等）多集中布置在一个铁箱内，俗称前端箱。前端箱一般分箱式、台式、柜式 3 种。箱式前端宜挂墙安装，明装于前置间内时，箱底距地 1.2 m，暗装时为 1.2～1.5 m，明装于走道等处时，箱底距地 1.5 m，暗装时为 1.6 m，安装方法如图 10-27 所示。台式前端可以安装在前置间内的操作台桌面上，高度不应小于 0.8 m，且应牢固。柜式前端宜落地安装在混凝土基础上面，例如同落地式动力配电箱的安装。

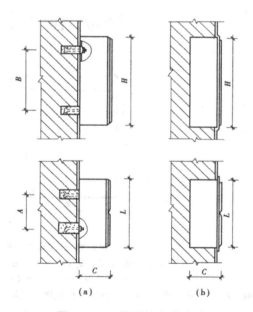

图 10-27　前端箱安装方法

（a）明装　（b）暗装

箱内接线应正确、牢固、整齐、美观，并应留有适当裕度，但不应有接头，箱内各设备间的连接及设备的进出线均应采用插头连接。

分配器、分支器、干线放大器分明装和暗装两种方法。明装是与线路明敷设相配套的安装方式，多用于已有建筑物的补装，其安装方法是根据部件安装孔的尺寸在墙上钻孔，埋设塑料胀管，再用木螺丝固定。安装位置应该注意防止雨淋。电缆与分支器、干线放大器、分配器的连接一般采用插头连接，且连接应紧密牢固。

新建建筑物的 CATV 系统，其线路多采用暗敷设，分配器、分支器、干线放大器也应暗装。即将分配器、分支器、干线放大器安装在预埋在建筑物墙体内的特制木箱或铁箱内。

当支线或用户线采用自承式同轴电缆（见图 10-28）时，电缆的受力应在自承线上。用户线进入房屋内可穿管暗敷，也可用卡子明敷在室内墙壁上，或布放在吊顶上。不论采用何种方式，都应做到牢固、安全、美观，走线应注意横平竖直。

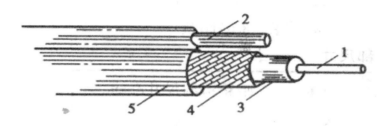

图 10-28　自承式同轴电缆

1- 导体；2- 自承线；3- 聚乙烯介质；4- 铜编织带；5- 聚乙烯外护套

（五）用户盒安装

用户盒分明装和暗装。明装用户盒可直接用塑料胀管和木螺丝固定在墙上。暗装用户盒应在土建施工时就将盒及电缆保护管入墙内，盒口应和墙面保持平齐，待粉刷完墙壁后再穿电缆，进行接线和安装盒体面板，面板可略高出墙面。

用户盒距地高度：宾馆、饭店和客房通常为 0.2～0.3 m，住宅一般为 1.2～1.5 m，或与电源插座等高，但彼此应相距 50～100mm。接收机和用户盒的连接应采用阻抗为 75°，屏蔽系数高的同轴电缆，长度不应超过 3 m。

三、有线电视系统的调试

系统的调试应依据设计图中系统各部分有关的电平设计值或系统各部分的载噪比、交互调比的指标分配值来进行。并应满足现行国家标准及行业标准的规定。其调试顺序：接收天线→前端设备→干线传输网络→支线及用户分配网络。

（一）接收天线的调试

将接收天线分别按系统设计时选点的方向，对准电视发射塔。再用场强仪或电平表监测天线输出电平，应符合设计要求。并用电视机监测图像质量。调试时，可以转动天线位置寻找最佳点。若天线输出电平与设计相差甚远，信号明显减弱时，应检查天线是否匹配，馈线的连接及天线方向是否正确等。

调整中，首先应注意天线输出有无重影，若无论怎样转动方向都摆脱不了重影的影响，就应考虑升高天线或改换天线。

（二）前端设备调试

前端设备是整个系统的心脏部分。前端的调试主要是对其各部位、各频道信号电平的逐个测试。先用场强仪测量各电视频道的输出电平，并同时用彩色电视监视器收看各频道信号的质量。调整各频道信号源的输出电平，使其与前端输入电平的设计值相符合。再逐个调试每一个频道上的频道放大器或频道滤波器的衰减量，使各个频道的输出电平达到频道放大器的最大输出电平或设计电平。

一般用八木天线接收单频道信号后送给带 AGC 控制的频道放大器。对这类频道放大器的调试应用场强仪摸清电视场强每天不同时间（早、中、晚）的变化引起的天线输出电平的变化规律，求出一天内的平均输出电平值，然后断开天线，用电视信号发生器送出该频道的这个平均电平值到此频道放大器的输入端，将 AGC 控制调节到中点，反复调节放大器的增益控制器和输出控制器，使频道放大器输出电平达到设计要求。

各频道信号逐个调试好后，即可接入频道混合器，混合成一路总信号输出。将场强仪与前端总输出口相连接，在上述调试的基础上，微调各频道的设备、部件的增益控制，使各频道的输出电平与设计值要求达到基本一致。若接上混合器后某一、二个频道电平下降很多，或微调单元频道作用不大，可以检测混合器是否良好。

（三）干线传输网络的调试

干线传输网络是一个有源分配网络。调试的目的就是将前端的输入信号，按设计的要求分配馈送到各用户区域。调试的主要对象就是干线放大器。调试是在干线检查无误后进行的，从前端后第一个干线放大器开始，到干线的最末一个放大器，逐台进行。

调试时应先调测放大器的输入电平。由于实际的干线电缆长度与设计值常有差异，所以实际到达放大器的输入电平也与设计值不同。为了保证系统的设计指标，应视实际情况调整放大器输入衰减和斜率均衡控制，若输入取样信号电平过高，可加入适当值的 75 Ω 固定衰减器或均衡器。使实际进入放大器的信号电平达到设计要求，如过低则应检查干线上电源电压是否正常或部件有否接触不良现象。

干线放大器输出电平的调试，可用场强仪接到放大器输出端，检测其输出电平。调整干线放大器的手动增益控制及手动斜率控制，使放大器取样频道的最高频道和最低频道的输出电平等于设计值，且使两者间电平差也符合设计要求。如调整放大器本身的控制钮不能最后解决问题，可以再次适当调整输入信号的衰减值和均衡值为补偿，使输出电平略呈倾斜状。

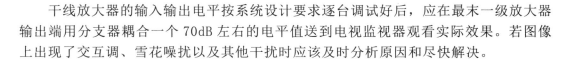

干线放大器的输入输出电平按系统设计要求逐台调试好后，应在最末一级放大器输出端用分支器耦合一个 70dB 左右的电平值送到电视监视器观看实际效果。若图像上出现了交互调、雪花噪扰以及其他干扰时应该及时分析原因和尽快解决。

（四）支线及用户分配网络的调试

支线及用户分配网络的调试工作直接关系到每一用户终端输出口电平和图像的质量。可参照干线传输网络的调试方法，按设计的电平值对支线上的延长放大器的输入、输出电平从先到后逐台调试。对分支线上穿插安装的用户分配放大器要事先检测其输入路径上相关的分支分配器之间的连接，器件与电缆的连接必须完好，到达该放大器的信号电平应与设计值相差不大，方可对放大器进行常规性调试。由于在实际的用户分配网络中，所用的同轴电缆长度与设计值估计有出入，有时出入还很大。另外，在系统设计时，各分支器、分配器的插入损耗与分支分配损耗均取为标准值，而实际上器件的各项损耗值与标准值有大小不同的偏差，这两种出入和偏差累计叠加后，设计值与实际值就差得更远了，故很可能造成用户放大器的输入电平过高或过低的现象。其电平过高会使放大器过载失真，若过低又会使载噪比差，用户电平下降，屏幕上产生雪花噪扰。同时其输入路径上其他分支分配器所提供的用户输出的电平会相应出现太高或特别低的情况，对这部分用户分配网络的调试不宜随便加衰减器或放大器来解决，而应该通过调换不同分支、分配损耗参数的分支器或分配器来调整其各部位的输入电平，补偿上述原因带来的较大偏差；必要时也可改变分配方式，以保证用户分配放大器和用户获得尽可能均衡的合适电平。

在用户分配部分，只要分支、分配器或串接单元连接无误，就可以对用户终端输出口进行电平测量和用电视机直接收看。主要测量各用户端最高和最低两个频道的电平值是否基本达到设计要求。若大部分达不到设计值，则应仔细检测输入电平，或对分配放大器重新调试；若只有少数几户达不到要求，则应摸清规律，对这几户的用户盒、用户线、分支线、分支器等相关器件进行检查测量，找出了故障部位，予以解决。

（五）系统统调

在对系统各部分调试完成之后，将前端设备、干线传输网络、支线及用户分配网络全部开通进行统调，在有代表性的用户点用场强仪测量其终端输出口电平，同时用电视机收看各频道图像，进行主观评价。

统调时，前端所有工作频道和导频信号全部开通，并传送高质量的信号源信号（如卫星节目等），对未开播的电视台信号，可用电视信号发生器的图像信号来代替。用场强仪检测前端输出的各个频道的电平均应符合设计值。

若用户终端输出口的电平值与电平差达不到技术指标规定值时，应根据设计图，查看前端、干线、支线等的调试记录，并分析原因，如果是系统各部分调试时积累误差造成的，应酌情考虑重新微调，或修改设计，或者更换某个部件，直至达到设计要求为止。

若测量电平及电平差已达到要求，但图像主观评价不过关，则应分清是属于设计失误，还是设备器件的质量问题，还是调试不当产生的。必要之时需从前端开始重新用彩色电视监视器逐个对每台放大器的输入输出信号进行收测和主观评价，直至找到原因或故障部件为止。如属设计失误，通过审核验算之后，从前端起适当降低有关部分信号电平，那么图像质量即可以改善。

参考文献

[1] 龙炎飞 . 建筑工程管理与实务百题讲坛 [M]. 北京：中国建材工业出版社，2020.

[2] 张弘 . 普通高等教育建筑及工程管理类专业系列规划教材中外建筑史第 3 版 [M]. 西安：西安交通大学出版社，2020.

[3] 赵媛静 . 建筑工程造价管理 [M]. 重庆：重庆大学出版社，2020.

[4] 王俊遐 . 建筑工程招标投标与合同管理案头书 [M]. 北京：机械工业出版社，2020.

[5] 沈毅 . 现代景观园林艺术与建筑工程管理 [M]. 长春：吉林科学技术出版社，2020.

[6] 索玉萍，李扬，王鹏 . 建筑工程管理与造价审计 [M]. 长春：吉林科学技术出版社，2019.

[7] 王辉，刘启顺 . 建筑工程资料管理 [M]. 北京：机械工业出版社，2019.

[8] 肖凯成，郭晓东，杨波，赵娇，顾艳阳，肖颖 . 建筑工程项目管理 [M]. 北京：北京理工大学出版社，2019.

[9] 卢驰，白群星，罗昌杰，徐德 . 建筑工程招标与合同管理 [M]. 北京：中国建材工业出版社，2019.

[10] 潘智敏，曹雅娴，白香鸽 . 建筑工程设计与项目管理 [M]. 长春：吉林科学技术出版社，2019.

[11] 王丽群，朱锋 . 建筑工程资料管理实训 [M]. 北京：北京理工大学出版社，2019.

[12] 杨莅滦，郑宇 . 建筑工程施工资料管理 [M]. 北京：北京理工大学出版社，2019.

[13] 李玉洁 . 基于 BIM 的建筑工程管理 [M]. 延吉：延边大学出版社，2018.

[14] 杨渝青 . 建筑工程管理与造价的 BIM 应用研究 [M]. 长春：东北师范大学出版社，2018.

[15] 任尚万 . 高职高专"十三五"建筑及工程管理类专业系列规划教材计算机辅助施工管理 [M]. 西安：西安交通大学出版社，2018.

[16] 左红军 .2018 全国一级建造师执业资格考试过关必备建筑工程管理与实务 [M]. 北京：中国建材工业出版社，2018.

[17] 刘先春 . 建筑工程项目管理 [M]. 武汉：华中科技大学出版社，2018.

[18]刘尊明，张永平，朱锋．建筑工程资料管理［M］.北京：北京理工大学出版社，2018.

[19]张争强，肖红飞，田云丽．建筑工程安全管理［M］.天津：天津科学技术出版社，2018.

[20]王永利，陈立春．建筑工程成本管理［M］.北京：北京理工大学出版社，2018.

[21]黄湘寒，陈智宣，潘颖秋．建筑工程资料管理［M］.重庆：重庆大学出版社，2018.

[22]庞业涛．建筑工程资料管理［M］.北京：北京理工大学出版社，2018.

[23]胡成海．建筑工程管理与实务［M］.北京：中国言实出版社，2017.

[24]海晓凤．绿色建筑工程管理现状及对策分析［M］.长春：东北师范大学出版社，2017.

[25]刘冰．绿色建筑理念下建筑工程管理研究［M］.成都：电子科技大学出版社，2017.

[26]王欣海，曹林同，郝会娟．高职高专"十三五"建筑及工程管理类专业系列规划教材建筑工程安全技术管理［M］.西安：西安交通大学出版社，2017.

[27]左红军，王双增，龙炎飞，孙凌志，李佳升，王树京，朱红．全国一级建造师执业资格考试过关必备建筑工程管理与实务2017版［M］.北京：中国建材工业出版社，2017.

[28]曾虹，殷勇．建筑工程安全管理［M］.重庆：重庆大学出版社，2017.

[29]胡戈，王贵宝，杨晶．建筑工程安全管理［M］.北京：北京理工大学出版社，2017.

[30]尹素花．建筑工程项目管理［M］.北京：北京理工大学出版社，2017.